westermann

W0353337

Herausgegeben von
Matthias Lösche
Friedrich Suhr

5

ELEMENTE

der Mathematik

Lösungen

ELEMENTE der Mathematik

Lösungen zum Schülerband Best.-Nr. 127800

Herausgegeben von
Matthias Lösche, Friedrich Suhr

Bearbeitet von
Lutz Breidert, Dr. Beate Goetz, Julia Berlin-Bonn, Bernhard Euler, Bodo Paul Hoffmann, Werner Ladenthin †, Matthias Lösche, Daniel Kiok, Annika Kiwatt, Carmen Kück, Kerstin Schäfer, Friedrich Suhr, Holger Wuschke, Ulrike Willms

Für Sachsen bearbeitet von
Dr. Roland Hagen, Annika Kiwatt, Jens Köcher, Matthias Lösche, Philipp Meyer, Ines Petzschler, Dr. Jens Spiegelhauer, Friedlrich Suhr, Holger Wuschke

westermann GRUPPE

Druck A[1] / Jahr 2019
Alle Drucke der Serie A sind im Unterricht parallel verwendbar.

Redaktion: Cassandra Noske, Lena Schenk
Umschlagentwurf und Innenlayout: Lio Designagentur, Braunschweig
Zeichnungen: Birgit und Olaf Schlierf, Lachendorf; Langner & Partner, Hemmingen
Druck und Bindung: Westermann Druck GmbH, Braunschweig

ISBN 978-3-14-**127801**-9

Bildquellenverzeichnis:

|iStockphoto.com, Calgary: majorosl Titel. |Microsoft Deutschland GmbH, München: 172, 173, 173.

Wir arbeiten sehr sorgfältig daran, für alle verwendeten Abbildungen die Rechteinhaberinnen und Rechteinhaber zu ermitteln. Sollte uns dies im Einzelfall nicht vollständig gelungen sein, werden berechtigte Ansprüche selbstverständlich im Rahmen der üblichen Vereinbarungen abgegolten.

1. Arbeiten mit natürlichen Zahlen

Seite 7
Einstiegsseite

Lotte ist 39 Minuten früher geboren als Luis.
Lotte war 1 cm größer als Luis.
Luis war schwerer. Er wog bei der Geburt 387 g mehr als Lotte.

1.1 Große Zahlen – Stellenwerttafel

Seite 8
Einstieg

Ein erwachsener Mensch kann 1 000 000 Farbabstufungen sehen; kann im Jahr fünfhundert kg essen; kann 1 000 Gerüche unterscheiden und hat zwischen neunzigtausend und einhundertfünfzigtausend Haare.

Seite 9
Üben

1 a) 34 000 000
b) 7 000 000 000
c) 370 000 000 000 000
d) 6 000 432
e) 28 000 000 000 000 000 000 000
f) 10 000 000 000 000 000 000
g) 318 000 000
h) 70 312

2 a) 10 000 und 99 999
b) 100 000 und 999 999
c) 1 000 000 000 und 9 999 999 999
d) 1 000 000 000 000 und 9 999 999 999 999

3

Nordamerika	618 000 000	Südamerika	353 000 000
Europa	741 000 000	Afrika	1 136 000 000
Asien	4 351 000 000	Australien/Ozeanien	39 000 000

4 a) 320 000
b) 67 000 000 000 000 000
c) 3 000 028
d) 3 050 000 000
e) 51 000 000 000 000 000 000 000
f) 13 000 000 020 000
g) 530 000 000
h) 523 000 000 000 000 000 000 000
i) 708 000 000 000
j) 3 000 020 000 000
k) 50 000 003 000 000 000

5 a) zwei Millionen
zweihundert Millionen
fünf Milliarden
drei Billionen
b) achthunderttausendfünfhundertdreiundzwanzig
fünfzig Millionen vierhunderttausend
siebenhunderteins Millionen zweihunderttausend
eine Milliarde vierhundertneunzig Millionen

Seite 9

5 **c)** vierzigtausendachthundertvierundsechzig
vierundneunzig Millionen zweihundertneunzehntausendachthundert
zehn Milliarden neunhundertvier Millionen sechzehntausend
sechshundertzwölf Millionen siebenhundertvierundzwanzigtausendachthundertsechzehn
d) dreihundertundeintausendvierhundertsechsundneunzig
eine Million zweihundertvierunddreißigtausendfünfhundertsiebenundsechzig
neun Millionen achthundertsechsundsiebzigtausendfünfhundertdreiundvierzig
zehn Millionen zweihundertvierunddreißigtausendfünfhundertsiebenundsechzig

Seite 10

6

Vorgänger	989 999	988 998	898 989	519 899	2 958 998	898 999	779 998	8 397 889
Zahl	990 000	988 999	898 990	519 900	2 958 999	899 000	779 999	8 397 890
Nachfolger	990 001	989 000	898 991	519 901	2 959 000	899 001	780 000	8 397 891

7

Vorgänger	990 998	89 899	19 998	99 899 998	9 190 999	88 888 998
Zahl	990 999	89 900	19 999	99 899 999	9 191 000	88 888 999
Nachfolger	991 000	89 901	20 000	99 900 000	9 191 001	88 889 000

8 Eine Zahl mit 101 Neunen ist z. B. größer.

9 **a)** 80 000 000; 7 Nullen
b) 305 000; 4 Nullen
c) 40 000 007 000; 9 Nullen
d) 9 000 000 009 009; 10 Nullen

10 **a)**

Deutsch	Englisch
Million	one million oder a million
Milliarde	one billion oder a billion
Billion	one trillion oder a trillion

b) 100 billion bedeutet im Deutschen 100 Milliarden = 100 000 000 000.
Es wurden 100 Milliarden Tetrapaks recycelt.

Zahlen vergleichen

11 **a)** 2 738 < 27 038
b) 538 098 > 49 049
c) 937 480 > 936 870
d) 2 393 049 < 2 393 102
e) 54 492 491 > 54 492 490
f) 197 485 321 > 197 485 231

12 **a)** Das Kleinerzeichen ist falsch. 999 hat weniger Ziffern. Richtig ist: 7 504 > 999
b) Das Größerzeichen ist richtig. An der Tausenderstelle ist 3 > 2.
c) Das Kleinerzeichen ist falsch. An der Zehntausenderstelle ist 8 > 6.
Richtig ist: 81 423 > 69 472
d) Das Größerzeichen ist falsch. An der Tausenderstelle ist 4 < 9.
Richtig ist: 74 829 < 79 999

13 Man wird versuchen, kleinere Augenzahlen an hinteren Stellen und größere Augenzahlen an vorderen Stellen einzuordnen.

Zahlen ordnen

Seite 11

14 **a)** 32 < 198 und 198 < 528, also 32 < 198 < 528
b) 427 < 428 und 428 < 472 und 472 < 599, also 427 < 428 < 472 < 599
c) 723514 < 725314 und 725314 < 725998 und 725998 < 726014,
also 723514 < 725314 <725998 < 726014

15 **a)** 3121 < 3658 < 3715 < 3750 < 6570
b) 6460 < 44646 < 44660 < 46640 < 66040
c) 9295 < 92590 < 92900 < 920000
d) 171250 < 314571 < 757170 < 4150000

16 **a)** (1) 31 < 49 < 76 (2) 123 > 105 > 88 (3) 29 < 52 < 61
b) (1) 14 ist kleiner als 34 und 34 ist kleiner als 44.
(2) 55 ist größer als 31 und 31 ist größer als 29.
(3) 56 ist kleiner als 67 und 67 ist kleiner als 76.
c) Man kann daraus nicht ablesen, dass 29 größer ist als 25.

17 Die Flughäfen sind im Schülerband alphabetisch geordnet. Wir ordnen sie hier nach der Anzahl der Fluggäste.

Frankfurt/Main	64409703
München	44546263
Berlin	33312016
Düsseldorf	24624895
Hamburg	17592278

Köln/Bonn	12372386
Stuttgart	10944096
Hannover	5855540
Nürnberg	4174639
Bremen	2535543

Hahn	2358215
Leipzig-Halle	2349612
Dortmund	2000655
Dresden	1702572
Erfurt-Weimar	275748

Die Flughäfen Frankfurt/Main, München, Berlin, Düsseldorf, Hamburg, Köln/Bonn und Stuttgart haben über 10 Millionen Fluggäste.

18 **a)** (1) 8877935, zusammengesetzt aus den Kärtchen mit 8, 87, 79, 35.
(2) 1235504, zusammengesetzt aus den Kärtchen mit 12, 35, 504.
b) (1) 88779623504, zusammengesetzt aus den Kärtchen mit 8, 87, 79, 623, 504.
(2) 12355046238, zusammengesetzt aus den Kärtchen mit 12, 35, 504, 623, 8.
c) (1) 887793512, zusammengesetzt aus den Kärtchen mit 8, 87, 79, 35, 12
(2) 123550479, zusammengesetzt aus den Kärtchen mit 12, 35, 504, 79.

Einteilung des Zahlenstrahls

19 **a)**

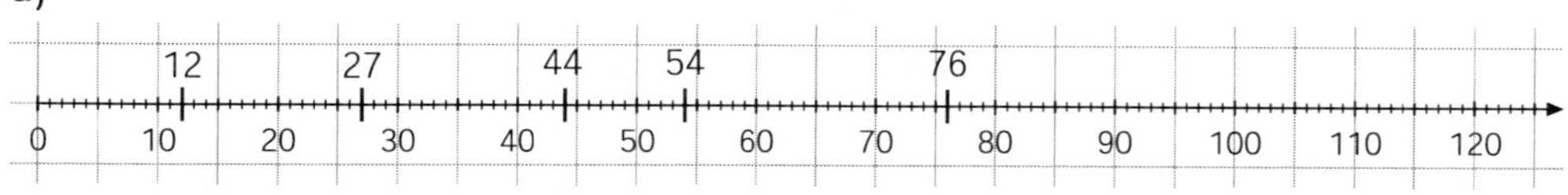

b)

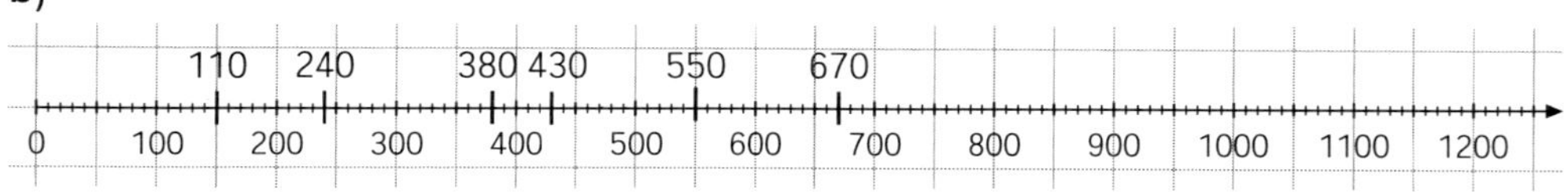

Seite 11

19 **c)**

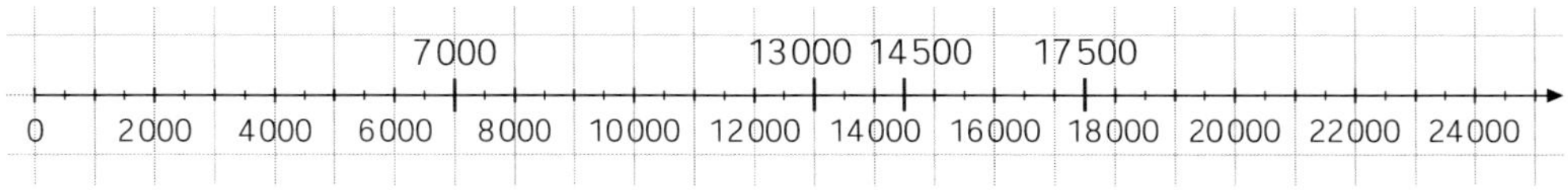

d)

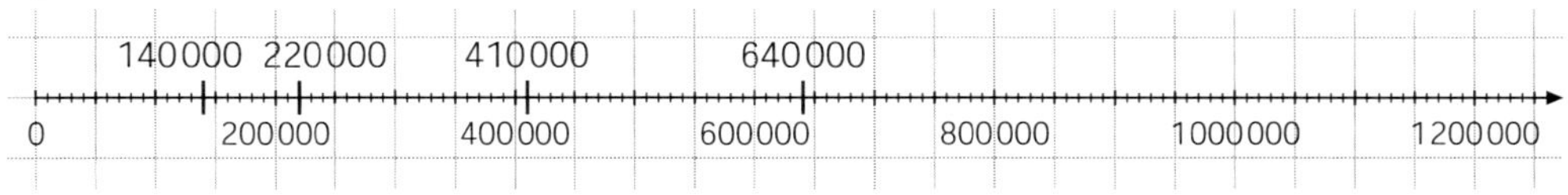

e)

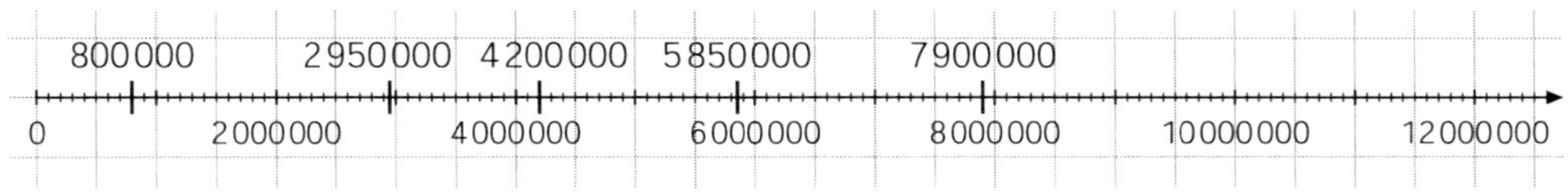

Seite 12

20 **a)** 300; 1 200; 2 800; 4 400; 5 700; 7 100; 8 600; 9 500; 10 600
b) 900 000; 1 800 000; 2 700 000; 4 100 000; 5 700 000; 7 400 000; 9 300 000; 10 600 000

21

Einzeller:	1 100 000 000 Jahre	Bakterien:	1 700 000 000 Jahre
erste Pflanzen:	2 900 000 000 Jahre	Wirbeltiere:	3 100 000 000 Jahre
Amphibien:	3 200 000 000 Jahre	Reptilien:	4 400 000 000 Jahre
größere Säugetiere:	4 500 000 000 Jahre	Mensch:	4 750 000 000 Jahre

22 **a)** (1) Bei Strahl (1) bedeutet eine Kästchenlänge 20 Einheiten. Die Zahl 720 muss also von 600 aus beim 6. Karostrich eingetragen werden.

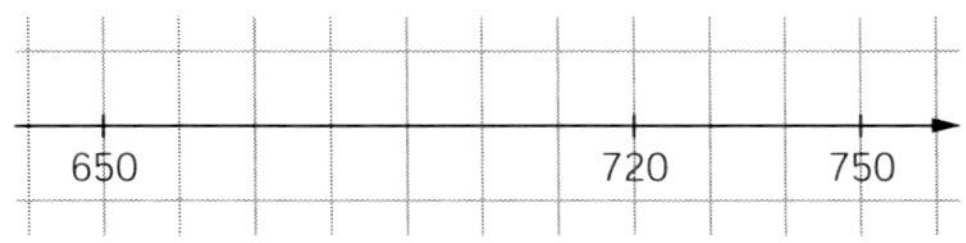

(2) Bei Strahl (2) bedeutet eine Kästchenlänge 10 Einheiten. Die Zahl 720 muss also von 600 aus beim 7. Karostrich eingetragen werden.

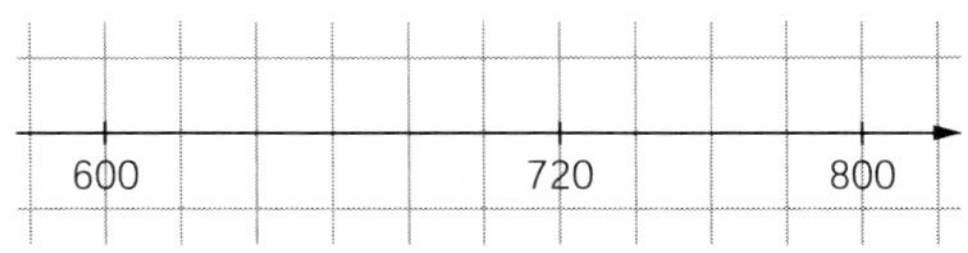

b) Ja, Lina hat richtig gearbeitet. Eine Kästchenlänge bedeutet 20 Einheiten.

Weiterüben

23 **a)**

achttausend:	8 000
300 Milliarden:	300 000 000 000
hundert Millionen:	100 000 000
10 Milliarden:	10 000 000 000

b) Keine Lösungen

24 **a)** (1) 450 000 (2) 2 500 000 (3) 9 500 000 (4) 1 004 000 000
b) (1) 2 und 8 (2) 80 und 88 (3) 111 und 127 (4) 0 und 2
c) (1) 25 und 29 (2) 24 und 30

1.2 Runden von Zahlen – Bilddiagramme

Seite 13
Einstieg

Zain hat immer ein Symbol für 1 Millionen Tiere gezeichnet. Er hat dafür die Anzahl der Tiere auf volle Millionen gerundet.
Katzen: 13700000 gerundet auf 14000000, da 13700000 näher an 14000000 als an 13000000 liegt. also 14 Symbole.
Hunde: 9200000 gerundet auf 9000000, da 9200000 näher an 9000000 als an 10000000 liegt. also 9 Symbole.
Kleintiere: 5000000 muss nicht mehr gerundet werden. also 5 Symbole.
Ziervögel: 5300000 gerundet auf 5000000, da 5300000 näher an 5000000 als an 6000000 liegt. also 5 Symbole.
Aus der grafischen Darstellung kann man die genauen Werte nicht ablesen.

Seite 14
Üben

1 a) (1) 248 ≈ 250; 329 ≈ 330; 28563 ≈ 28560; 264999 ≈ 265000; 4783969 ≈ 7783970
(2) 248 ≈ 200; 329 ≈ 300; 28563 ≈ 28600; 264999 ≈ 265000; 4783969 ≈ 4784000

1 b) (1) 8951 ≈ 9000; 25499 ≈ 25000; 4785934 ≈ 4786000; 1878049 ≈ 1878000
(2) 8951 ≈ 10000; 25499 ≈ 30000; 4785934 ≈ 4790000; 1878049 ≈ 1880000
c) (1) 6142718 ≈ 6000000; 295453640 ≈ 295000000; 2295000 ≈ 2000000
(2) 6142718 ≈ 10000000; 295453640 ≈ 300000000; 2295000 ≈ 0

2 Tim hat falsch auf Hunderter gerundet, denn 2548 liegt näher an 2500 als an 2600. Richtig ist also 2548 ≈ 2500.
Durch das Aufrunden auf den nächsten Zehner erhält er mit 2550 eine Zahl, die dann aufgerundet wird. Er darf also nicht schrittweise runden.

3 Wir zeichnen eine Figur für 1 Millionen Einwohner. Dazu runden wir die Einwohnerzahlen auf volle Millionen.

Berlin:	4000000,	4 Figuren.	Minsk:	2000000,	2 Figuren.
Bukarest:	2000000,	2 Figuren.	Moskau:	12000000,	12 Figuren.
Istanbul:	15000000,	15 Figuren.	Paris:	2000000,	2 Figuren.
Kiew:	3000000,	3 Figuren.	Rom:	3000000,	3 Figuren.
London:	9000000,	9 Figuren.	St. Petersburg:	5000000,	5 Figuren.
Madrid:	3000000,	3 Figuren.	Wien:	2000000,	2 Figuren.

4 a)

Altersgruppe	12 – 13 Jahre	14 – 15 Jahre	16 – 17 Jahre	18 – 19 Jahre
Anzahl	700000	1000000	1300000	1400000

b) 12 – 13 Jahre: Von 700001 bis 749999.
14 – 15 Jahre: Von 1000001 bis 1049999.
16 – 17 Jahre: Von 1250000 bis 1299999.
18 – 19 Jahre: Von 1400001 bis 1449999.

Seite 15

5 a) Von 35 bis 44; von 95 bis 104; von 3085 bis 3094.
b) Von 250 bis 349; von 4450 bis 4549; von 957950 bis 958049.
c) Von 2500 bis 3499; von 44500 bis 45499; von 789500 bis 790499.

Seite 15

6 Runden auf Zehner: Kleinste Zahl: 33 995 Größte Zahl: 34 004
Runden auf Hunderter: Kleinste Zahl: 33 950 Größte Zahl: 34 049
Runden auf Tausender: Kleinste Zahl: 33 500 Größte Zahl: 34 499

7 (1) Die Angabe kann man auf 750 Personen oder auf 700 Personen runden.
(2) Die Angabe darf man nicht runden.
(3) Für eine Rechnung wird die Angabe nicht gerundet. Man kann sie sonst auf 18 800 €, auf 19 000 € oder sogar auf 20 000 € runden.
(4) Der Kassierer wird die Zahl nicht runden, aber sonst kann man sie auf 21 400 Zuschauer oder auf 21 000 Zuschauer runden.
(5) Die Flugsicherung und der Pilot dürfen die Angabe 10 300 m nicht runden, da das Flugzeug sonst 300 m tiefer fliegen würde und Flugzeuge dann zusammenstoßen könnten. Man kann sie sonst aber auf 10 000 m runden.
(6) Die Entfernung kann man auf 400 000 km runden, allerdings nicht für physikalische Anwendungen.
(7) Die Kleidergröße kann man nicht runden.

8 **a)**

(1) 34 ≈ 30	Rundungsfehler: 4	(2) 385 ≈ 400	Rundungsfehler: 15
285 ≈ 290	Rundungsfehler: 5	2 675 ≈ 2 700	Rundungsfehler: 25
5 628 ≈ 5 630	Rundungsfehler: 2	29 522 ≈ 29 500	Rundungsfehler: 22
35 ≈ 40	Rundungsfehler: 5	967 321 ≈ 967 300	Rundungsfehler: 21
592 ≈ 590	Rundungsfehler: 2	435 211 ≈ 435 200	Rundungsfehler: 11
239 543 ≈ 239 540	Rundungsfehler: 3	666 356 ≈ 666 400	Rundungsfehler: 44

b) (1) Gerundet auf Zehner; ursprüngliche Zahlen: 366 oder 374
(2) Gerundet auf Hunderter; ursprüngliche Zahlen: 2 563 oder 2 637
(3) Gerundet auf Zehner; ursprüngliche Zahl: 1 225
(4) Gerundet auf Tausender; ursprüngliche Zahlen: 2 764 oder 3 236
(5) Gerundet auf Zehntausender; ursprüngliche Zahlen: 335 442 oder 344 558
(6) Gerundet auf Hunderter; ursprüngliche Zahl: 2250
c) (1) 5; (2) 50; (3) 500
Der größte Rundungsfehler tritt bei der 5 auf. Der Wert ist halb so groß wie der Wert der nächsten Stufenzahl, also 5, 50, 500, 5 000, 50 000, 500 000, 5 000 000, ...

9 Eine Figur steht für 50 Mitglieder. Etwa 200 Mitglieder spielen Fußball, etwa 100 Mitglieder spielen Tennis, etwa 100 Mitglieder turnen und etwa 50 Mitglieder schwimmen.

Weiterüben

10 Keine Lösungen

Auf den Punkt gebracht: Texte, Tabellen und Diagramme

Seite 16

1 **a)** Keine Lösungen

b) Da der Seehund in höchstens 12 Minuten 200 m tief taucht und wieder zum Luft holen auftaucht, kann man etwa 30 m pro Minute abschätzen. Das ist aber sehr ungenau.
Es müssen aber mehr als 17 m pro Minute sein, da er sonst in 12 Minuten nur 200 m tief tauchen, aber nicht mehr zum Luft holen auftauchen könnte.

2 **a)** Wir geben die Anzahl der Seehunde in den verschiedenen Jahren an.

Jahr	1996	1997	1998	1999	2000	2001	2002	2003	2004	2014	2017
Anzahl	4548	5003	5568	5850	6700	7534	3934	5038	6044	9343	9946

b) Wir zeichnen 1 mm für 100 Seehunde und runden dazu die Anzahl der Seehunde auf Hunderter.

Jahr	1996	1997	1998	1999	2000	2001	2002	2003	2004	2014	2017
Gerundete Anzahl	4500	5000	5600	5900	6700	7500	3900	5000	6000	9300	9900
Säulenlänge (in mm)	45	50	56	59	67	75	39	50	60	93	99

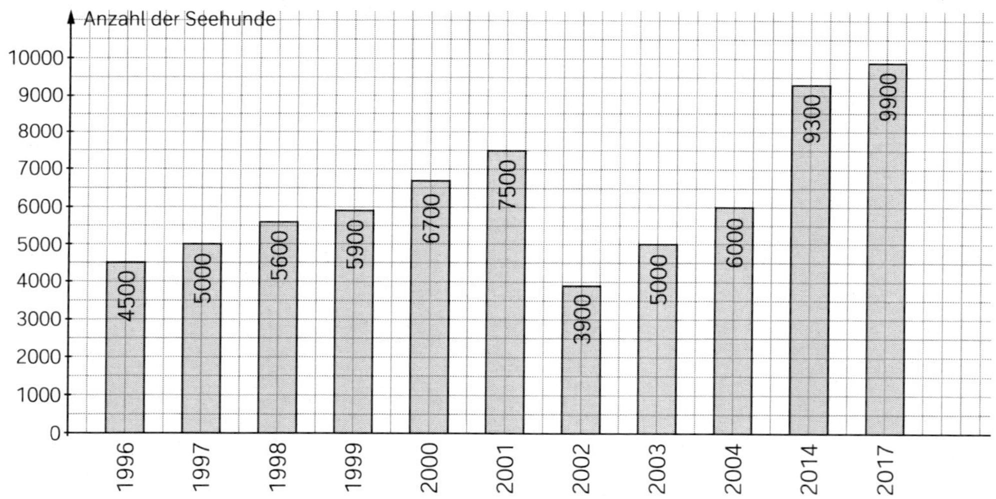

Seite 17

3 Auf der Achse nach oben bedeutet 1 Strich eine Futtermenge von 4 kg.

a) Tabelle für den Futterplan:

Tier	Heu	Möhren	Hafer	Weiteres
Nashorn	50 kg	2 kg	5 kg	4 kg
Elefant	100 kg	5 kg	1 kg	6 kg

b) Ein Nashorn frisst am Tag etwa 61 kg Futter, am meisten Heu mit 50 kg. Es folgen Hafer mit 5 kg und Möhren mit 2 kg. Die restlichen 4 kg sind andere Futterstoffe.
Ein Elefant frisst wesentlich mehr, nämlich 111 kg. Wie beim Nashorn ist Heu das Hauptfutter des Elefanten, nämlich 100 kg, also doppelt so viel wie das Nashorn. Auch Möhren isst der Elefant mehr als doppelt so viel, nämlich 5 kg. Hafer frisst der Elefant weniger, nur 1 kg am Tag. Auf die restlichen Futterstoffe entfallen noch 6 kg.

c) Am Diagramm sind die Verteilung auf die einzelnen Teile und auch der Vergleich zwischen Nashorn und Elefant übersichtlicher. Auch die Werte in der Tabelle kann man gut überblicken. Die Tabelle ist besonders geeignet, wenn man die Angaben für weitere Berechnungen benötigt.
Der Zeitungsartikel nennt sogar noch mehr Angaben (gesamte Futtermenge pro Tag) und vergleicht auch die Angaben. Die Angaben im Text sind allerdings unübersichtlicher.

4 Wir geben die Angaben in einer Tabelle an.

Art der Münze	Anzahl der Münzen (in Mio.) in		
	Finnland	Portugal	Deutschland
1 Cent	35	232	3700
2 Cent	23	272	1800
5 Cent	355	196	2300
10 Cent	285	220	3300
20 Cent	190	116	1600
50 Cent	72	152	1600
1 Euro	60	68	1700
2 Euro	50	40	1000

5 **a)** Wir wählen eine Säulenlänge von 1 cm für 1 g, also 1 mm für 100 mg und wählen als Überschrift „Immer weniger Insekten“..

b) Die Anzahl der Insekten hat sich von 1990 bis 2005 fast halbiert. 1990 gab es sogar gut viermal so viele Insekten wie 2015.

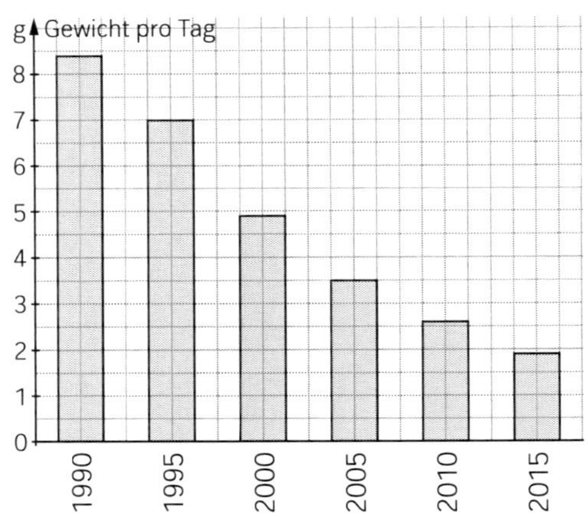

1.3 Addieren und Subtrahieren

Seite 18
Einstieg

Frage: Wie viele Schülerinnen und Schüler nahmen im vergangenen Jahr an der Skaternacht teil?
Rechnung: Da in diesem Jahr 91 Schülerinnen und Schüler mehr teilgenommen haben als im vergangenen Jahr, waren es im vergangenen Jahr 91 Schülerinnen und Schüler weniger als in diesem Jahr: $346 - 91 = 255$
Antwort: Im vergangenen Jahr haben 255 Schülerinnen und Schüler an der Skaternacht teilgenommen.

Frage: Wie viele Schülerinnen und Schüler haben sich für das nächste Jahr für die Skaternacht angemeldet?
Rechnung: Für das nächste Jahr haben sich 113 Skater mehr angemeldet als in diesem Jahr: $346 + 113 = 459$
Antwort: Für das nächste Jahr haben sich bereits 459 Schülerinnen und Schüler für die Skaternacht angemeldet.

Seite 19
Üben

1

a) 79	**b)** 80	**c)** 400	**d)** 266
e) 112	**f)** 235	**g)** 280	**h)** 214
i) 5970	**j)** 5350	**k)** 4850	**l)** 2870

2 **a)** Aufgabe: Wie viel kg Tomaten wurden Mittwoch verkauft?
Rechnung: $45\,kg + 17\,kg = 62\,kg$
Antwort: Am Mittwoch wurden 62 kg Tomaten verkauft.
b) Aufgabe: Wie viel kg Spargel wurden am Montag verkauft?
Rechnung: $71\,kg - 34\,kg = 37\,kg$
Antwort: Am Montag wurden 37 kg Spargel verkauft.
c) Aufgabe: Wie viel kg Kartoffeln wurden an beiden Tagen insgesamt verkauft?
Rechnung: $85\,kg + 125\,kg = 210\,kg$
Antwort: Insgesamt wurden an den beiden Tagen 210 kg Kartoffeln verkauft.
Aufgabe: Wie viel kg Kartoffeln wurden am Samstag mehr verkauft?
Rechnung: $125\,kg - 85\,kg = 40\,kg$
Antwort: Am Samstag wurden 40 kg Kartoffeln mehr verkauft als am Freitag.

3 (1) Der 2. Summand wurde in Hunderter und Einer zerlegt: $770 = 700 + 70$.
Mit den einzelnen Summanden kann man besser im Kopf rechnen.
(2) Der 2. Summand wurde als Differenz geschrieben: $98 = 100 - 2$.
100 kann man leicht im Kopf addieren und dann 2 subtrahieren.
(3) Der Subtrahend wurde zerlegt: $78 = 3 + 75$. Man erhält so im ersten Schritt eine Hunderterzahl, von der man 75 gut subtrahieren kann.
(4) Der Subtrahend wurde in Hunderter und Zehner zerlegt: $1\,410 = 1\,400 + 10$.
Mit den einzelnen Subtrahenden kann man besser im Kopf rechnen.

Vertauschen von Summanden

Seite 19

4 Vanessas Mutter rechnet so: 128 € + 22 € + 78 € = 150 € + 78 € + 228 €
Vanessa hingegen rechnet so: 78 € + 22 € + 128 € = 100 € + 128 € + 228 €

Seite 20

5 **a)** 25 + 38 + 62
= 25 + (38 + 62)
= 25 + 100
= 125

b) 21 + 54 + 79
= 54 + (21 + 79)
= 54 + 100
= 154

c) 42 + 58 + 87
= (42 + 58) + 87
= 100 + 87
= 187

d) 47 + 153 + 38
= (47 + 153) + 38
= 200 + 38
= 238

e) 134 + 29 + 71
= 134 + (29 + 71)
= 134 + 100
= 234

f) 168 + 46 + 44
= 168 + (46 + 44)
= 168 + 90
= 258

g) 65 + 57 + 253
= 65 + (57 + 253)
= 65 + 310
= 375

h) 219 + 27 + 54
= 219 + (1 + 26) + 54
= (219 + 1) + (26 + 54)
= 220 + 80
= 300

6 Beispiele für geschickte Zerlegungen.
a) 1 250 + 700 + 80 = 1 950 + 80 = 2 030
b) 287 + 70 + 8 = 357 + 8 = 365
c) 303 − 3 − 85 = 300 − 85 = 215
d) 498 + 2 + 61 = 500 + 61 = 561
e) 167 + 300 − 4 = 467 − 4 = 463
f) 2 520 − 100 − 50 = 2 420 − 50 = 2 370
g) 427 − 100 + 2 = 327 + 2 = 329
h) 903 − 3 − 55 = 900 − 55 = 845

7 **a)** 63 − 37 = 26 **b)** 81 − 18 = 63 **c)** 14 + 49 = 63 **d)** 54 − 26 = 28
e) 456 + 123 = 579 **f)** 517 − 403 = 114 **g)** 559 − 238 = 321 **h)** 888 − 417 = 471

8 Beispiele:
a) Summe: 43 kg + 19 kg
Rechengeschichte: Marie wiegt 43 kg, ihr Bruder 19 kg. Wie viel wiegen sie zusammen?
Rechnung: 43 kg + 19 kg = 62 kg
Ergebnis: Zusammen wiegen sie 62 kg.
b) Differenz: 55 € − 28 €
Rechengeschichte: Felix hat 55 € auf seinem Konto. Er hebt 28 € ab. Wie viel € hat er nun auf seinem Konto?
Rechnung: 55 € − 28 € = 27 €
Ergebnis: Er hat nun noch 27 € auf seinem Konto.
c) Differenz: 203 km − 87 km
Rechengeschichte: Frau Beyer ist in dieser Woche 203 km mit ihrem Auto gefahren. In der letzten Woche waren es 87 km weniger. Wie viel km waren es in der letzten Woche?
Rechnung: 203 km − 87 km = 116 km
Ergebnis: In der letzten Woche waren es 116 km.

Seite 20

8 **d)** Summe: 24 min + 33 min
Rechengeschichte: Herr Grobe hat heute für den Hinweg zur Arbeit 24 min benötigt. Auf dem Rückweg stand er im Stau und hat 33 min benötigt. Wie lange hat Herr Grobe an diesem Tag insgesamt für Hin- und Rückweg benötigt?
Rechnung: 24 min + 33 min = 57 min
Ergebnis: Herr Grobe hat heute 57 min benötigt.
e) Differenz: 365 m − 104 m
Rechengeschichte: Der Schulweg von der Schule zum Bahnhof ist 365 m lang. Man kommt nach 104 m an der Bushaltestelle vorbei. Wie viel m sind es von der Bushaltestelle zum Bahnhof?
Rechnung: 365 m − 104 m = 261 m
Ergebnis: Von der Bushaltestelle bis zum Bahnhof sind es 261 m.
f) Differenz: 9 l − 3 l
Rechengeschichte: In dem Saftbehälter sind noch 9 l Saft. Marie benötigt für ihre Geburtstagsparty 3 l. Wie viel l Saft sind dann noch im Behälter?
Rechnung: 9 l − 3 l = 6 l
Ergebnis: In dem Behälter sind dann noch 6 l Saft.
g) Differenz: 48 h − 19 h
Rechengeschichte: Ein Handwerker hat für das Verlegen eines neuen Parkettfußbodens insgesamt 48 Arbeitsstunden geplant. Für die vorbereitenden Arbeiten hat er 19 Stunden benötigt. Wie viele Stunden verbleiben ihm noch für das Verlegen des Parketts?
Rechnung: 48 h − 19 h = 29 h
Ergebnis: Für das Verlegen des Parketts verbleiben noch 29 Stunden.
h) Differenz: 1 550 g − 600 g
Rechengeschichte: Pia hat noch 1 550 g Reis. Für das Mittagessen benötigt sie 600 g Reis. Wie viel Reis ist dann noch im Behälter?
Rechnung: 1 550 g − 600 g = 950 g
Ergebnis: Es sind dann noch 950 g Reis übrig.

9 **a)** Die Rechnung ist richtig.
b) Die Rechnung ist richtig.
c) Die Rechnung ist richtig.
d) Die Rechnung ist falsch. Sergej hat addiert statt subtrahiert.
Richtig ist: 216 − 98 = 118
e) Die Rechnung ist falsch. Sergej hat sich bei der Zehnerziffer verrechnet.
Richtig ist: 840 − 84 = 756
f) Die Rechnung ist falsch. Sergej hat anscheinend 100 subtrahiert, dann aber auch noch die 2 subtrahiert statt addiert.
Richtig ist: 417 − 98 = 417 − 100 + 2 = 317 + 2 = 319
g) Die Rechnung ist falsch. Sergej hat sich bei der Zehnerziffer verrechnet.
Richtig ist: 220 − 123 = 97
h) Die Rechnung ist falsch. Sergej hat sich bei der Hunderter- und der Zehnerziffer verrechnet.
Richtig ist: 1 111 − 222 = 889

Seite 20

10 Tina benötigt für die Fahrt und das Abstellen des Fahrrades insgesamt 20 min. Tina möchte um 7:40 Uhr in der Klasse sein. Sie muss also um 7:20 Uhr zu Hause wegfahren.

11 Frage: Wie hoch lag der Schnee am 15.2.?
Rechnung: 54 cm − 18 cm = 36 cm
Ergebnis: Am 15.2. betrug die Schneehöhe 36 cm.

Frage: Wie viel cm Schnee sind vom 17.2. bis zum 20.2. getaut?
Rechnung: 54 cm − 37 cm = 17 cm
Ergebnis: Es sind 17 cm Schnee getaut.

12 a)

430			
234	196		
130	104	92	
63	67	37	55

b)

25			
57	32		
122	65	33	
260	138	73	40

Schriftliches Addieren und Subtrahieren

Seite 21

13 a) Überschlag: 600 + 1 300 + 1 500 = 3 400
Rechnung:

$$\begin{array}{rrrrr} & & 5 & 8 & 4 \\ + & 1 & 3 & 0 & 2 \\ + & 1 & 4 & 5 & 9 \\ & {\scriptstyle 1} & {\scriptstyle 1} & {\scriptstyle 1} & \\ \hline & 3 & 3 & 4 & 5 \end{array}$$

b) Überschlag: 3 900 + 400 + 5 400 = 9 700
Rechnung:

$$\begin{array}{rrrrr} & 3 & 8 & 7 & 9 \\ + & & 3 & 8 & 8 \\ + & 5 & 3 & 7 & 1 \\ & {\scriptstyle 1} & {\scriptstyle 2} & {\scriptstyle 1} & \\ \hline & 9 & 6 & 3 & 8 \end{array}$$

c) Überschlag: 24 000 + 39 000 + 9 000 = 72 000
Rechnung:

$$\begin{array}{rrrrrr} & 2 & 3 & 8 & 9 & 1 \\ + & 3 & 9 & 2 & 9 & 4 \\ + & & 8 & 7 & 0 & 9 \\ & {\scriptstyle 2} & {\scriptstyle 1} & {\scriptstyle 1} & {\scriptstyle 1} & \\ \hline & 7 & 1 & 8 & 9 & 4 \end{array}$$

Seite 21

14 **a)** Überschlag: 2400 – 1200 + 200 = 1000

Rechnung:

$$\begin{array}{r} 2380 \\ -\ 1184 \\ -\ 238 \\ \scriptstyle 1\ 1\ 2\ \ \\ \hline 958 \end{array}$$

b) Überschlag: 8000 – 4700 + 900 = 2400

Rechnung:

$$\begin{array}{r} 8000 \\ -\ 4650 \\ -\ 916 \\ \scriptstyle 2\ 1\ 1\ \ \\ \hline 2434 \end{array}$$

c) Überschlag: 79000 – 56000 – 1000 = 22000

Rechnung:

$$\begin{array}{r} 78914 \\ -\ 56240 \\ -\ 1213 \\ \scriptstyle 1\ \ \ \ \\ \hline 21461 \end{array}$$

d) Überschlag: 26000 – 11000 – 1000 = 14000

Rechnung:

$$\begin{array}{r} 25933 \\ -\ 11345 \\ -\ 703 \\ \scriptstyle 1\ 1\ 1\ \ \\ \hline 13885 \end{array}$$

e) Überschlag: 470000 – 130000 – 80000 = 260000

Rechnung:

$$\begin{array}{r} 468000 \\ -\ 126522 \\ -\ 78305 \\ \scriptstyle 1\ 1\ 1\ 1\ 1\ \ \\ \hline 263173 \end{array}$$

15 **a)** 5000 **b)** 260260 **c)** 9009 **d)** 54321 **e)** 51115 **f)** 444444

16 (1)

$$\begin{array}{r} 355 \\ +\ 3907 \\ +\ 11098 \\ \scriptstyle 1\ 1\ 2\ \ \\ \hline 15360 \end{array}$$

Die Rechnung ist richtig.

(2)

$$\begin{array}{r} 81703 \\ +\ 9956 \\ +\ 304589 \\ \scriptstyle 1\ 2\ 1\ 1\ \ \\ \hline 396248 \end{array}$$

Hier wurde anscheinend bei den Zehntausendern der Übertrag 2 statt 1 eingetragen.

(3)

$$\begin{array}{r} 75205 \\ -\ 4993 \\ -\ 10417 \\ \scriptstyle 1\ 2\ 2\ 1\ \ \\ \hline 59795 \end{array}$$

Hier wurde anscheinend bei den Hundertern der Übertrag 2 bei der Berechnung vergessen.

Seite 21

17 100 000 – 82 917 = 17 083
Es müssen noch 17 083 Wagen vom Band laufen.

18 **a)** 22 500 – 12 947 = 9 553
Nach dem Vorverkauf bleiben noch 9 553 Karten übrig.
b) Heidi und Silke haben Karten mit den Nummern 471 996 und 472 013 gekauft.
Dazwischen liegen 16 Karten mit den Nummern 471 997, 471 998, 471 999, 472 000, 472 001, 472 002, 472 003, 472 004, 472 005, 472 006, 472 007, 472 008, 472 009, 472 010, 472 011, 472 012.
Wenn man die Kartennummern von Heidi und Silke voneinander subtrahiert, erhält man 472 013 – 471 996 = 17, also eine Karte zu viel. Das liegt daran, dass man dabei die Karte von Silke mit der Nummer 472 013 noch mitzählt.
Man sollte hier also die Differenz von 472 012 – 471 996 = 16 bilden.

19 Beispiele:
a) Frage: Wie viel km fährt Herr Schmitz nun insgesamt?
Rechnung: 353 + 18 = 371
Antwort: Herr Schmitz fährt nun insgesamt 371 km.
b) Frage: Wie viel Euro hat Herr Mertes nach den Buchungen auf seinem Konto?
Rechnung: 879 + 376 = 1 255; 1 255 – 459 = 796
Antwort: Herr Mertes hat dann noch 796 € auf seinem Konto.
c) Frage: Wie viel kg Gepäck kann Familie Schneider noch mitnehmen?
Rechnung: 1 600 – 1 045 – 62 – 81 – 27 – 44 = 341
Antwort: Familie Schneider kann noch 341 kg Gepäck mitnehmen.

Seite 22

20 191 537 – 37 187 – 123 832 = 30 518
In der Nachsaison waren es 30 518 Übernachtungen.

Weiterüben

21 **a)** Der Wert der Differenz vermindert sich um 72.
b) Der Wert der Differenz vermindert sich um 16.
c) Der Wert der Differenz bleibt gleich.

22 **a)** (1) 9 345 + 8 492 = 17 873
Die beiden Karten mit den größten Zahlen ergeben auch die größte Summe.
(2) 9 435 + 1 380 = 7 965
Die Karten mit den Zahlen, die am weitesten auseinander liegen, ergeben die größte Differenz.
b) (1) 1 380 – 1 400 = 2 780
Die beiden Karten mit den kleinsten Zahlen ergeben auch die kleinste Summe.
(2) 1 400 – 1 380 = 20
Die beiden Karten mit den Zahlen, die am dichtesten beisammenliegen, ergeben die kleinste Differenz.
c) (1) 2 107 + 2 453 = 4 560
Alle anderen Summanden sind entweder zu groß oder zu klein.
(2) 6 456 – 2 453 = 4 003
Bei allen anderen Karten liegen Dividend und Divisor entweder zu nah beieinander oder zu weit entfernt.

Seite 22

23 **a)** Richtig; jede dreistellige Zahl ist kleiner als 1000. Daher liegt die Summe dreier Zahlen unter 3000.
b) Falsch; zum Beispiel: $1000 - 999 = 1$
c) Falsch; zum Beispiel: $1000 + 1001 + 1500 + 1448 = 4949$

24 Folgende Überlegungen können helfen:
Die Zahlen werden nach oben immer größer; oben steht die größte Zahl.
Die Summe zweier gerader Zahlen ist immer gerade, die Summer zweier ungerader Zahlen ist auch immer gerade.
Die Summe einer geraden und einer ungeraden Zahl ist immer ungerade.

25 **a)** Der kürzeste Weg geht von P aus über E und C nach B.
Der Weg ist $1090\,m + 1420\,m + 1240\,m = 3750\,m$ lang.
Der Weg von P über E und A nach B ist weiter.
b) Zum Beispiel von P über E, A, P, D, E, C, A, B, C, D und P. Dabei geht man den Weg von P nach D doppelt. Die Weglänge ist:
$1090\,m + 1280\,m + 1640\,m + 1860\,m + 1310\,m + 1420\,m + 2050\,m + 1550\,m$
$+ 1240\,m + 2040\,m + 1860\,m$
$= 17340\,m$

Das kann ich noch!

A 1) 456789
vierhundertsechsundfünfzigtausendsiebenhundertneunundachzig
2) 987654
neunhundertsiebenundachzigtausendsechshundertvierundfünzig
3) 498765
4) 897654

1.4 Multiplizieren und Dividieren

Seite 23
Einstieg

Anzahl der Vertragsabschlüsse vor fünf Jahren: $500 : 4 = 125$
Üblicher Preis des Smartphones: $3 \cdot 125\,€ = 375\,€$

Seite 24
Üben

1

a) $8 \cdot 24$ $8 \cdot 20 = 160$ $8 \cdot 4 = 32$ $8 \cdot 24 = 192$	**b)** $6 \cdot 37$ $6 \cdot 30 = 180$ $6 \cdot 7 = 42$ $6 \cdot 37 = 222$	**c)** $5 \cdot 74$ $5 \cdot 70 = 350$ $5 \cdot 4 = 20$ $5 \cdot 74 = 370$	**d)** $78 : 6$ $60 : 6 = 10$ $18 : 6 = 3$ $78 : 6 = 13$
e) $6 \cdot 207$ $6 \cdot 200 = 1\,200$ $6 \cdot 7 = 42$ $6 \cdot 207 = 1\,242$	**f)** $7 \cdot 215$ $7 \cdot 200 = 180$ $7 \cdot 10 = 42$ $7 \cdot 5 = 20$ $7 \cdot 215 = 242$	**g)** $132 : 6$ $120 \cdot 6 = 20$ $12 \cdot 6 = 2$ $132 \cdot 6 = 22$	**h)** $936 : 9$ $900 : 9 = 100$ $36 : 9 = 4$ $936 : 9 = 104$
i) $7 \cdot 16$ $7 \cdot 10 = 70$ $7 \cdot 6 = 42$ $7 \cdot 16 = 112$	**j)** $3 \cdot 48$ $3 \cdot 40 = 120$ $3 \cdot 8 = 24$ $3 \cdot 37 = 144$	**k)** $76 : 4$ $40 : 4 = 10$ $36 : 4 = 9$ $76 : 4 = 19$	**l)** $72 : 3$ $60 : 3 = 20$ $12 : 3 = 4$ $72 : 3 = 24$

2 $13\,€ + 13\,€ + 13\,€ + 13\,€ + 13\,€ = 5 \cdot 13\,€ = 65\,€$
Bei der ersten Kasse wurden die Preise für die Tapetenrollen einzeln eingegeben und dann addiert.
Bei der zweiten Kasse wurde der Preis für eine Tapetenrolle mit 5 multipliziert.

3 (1) Der zweite Faktor 24 wurde in die Summe $20 + 4$ zerlegt.
$6 \cdot 24 = 6 \cdot 20 + 6 \cdot 4 = 120 + 24 = 144$
(2) Der zweite Faktor 59 wurde in die Differenz $60 - 1$ zerlegt.
$8 \cdot 59 = 8 \cdot 60 - 8 \cdot 1 = 480 - 8 = 472$
(3) Der Dividend 144 wurde in die Summe $120 + 24$ zerlegt.
$144 : 4 = 120 : 4 + 24 : 4 = 30 + 6 = 36$
(4) Der Divisor 400 wurde in das Produkt $100 \cdot 4$ zerlegt. Man dividiert zunächst durch 100 und das Ergebnis dann durch 4.
$28\,000 : 400 = 28\,000 : 100 : 4 = 280 : 4 = 70$

4 **a)** Richtig; $405 : 5 = 81$, denn $5 \cdot 81 = 405$
b) Falsch; $434 : 7 = 62$, denn $7 \cdot 62 = 434$
c) Falsch; $279 : 9 = 31$, denn $9 \cdot 31 = 279$
d) Richtig; $220 : 4 = 55$, denn $4 \cdot 55 = 220$

Vertauschen von Faktoren

5 (1) $7 \cdot 25 \cdot 4 = 25 \cdot 4 \cdot 7 = 100 \cdot 7 = 700$
(2) $9 \cdot 125 \cdot 7 \cdot 8 = 125 \cdot 8 \cdot 9 \cdot 8 = 1\,000 \cdot 9 \cdot 8 = 72\,000$

Seite 24

6 **a)** $5 \cdot 19 \cdot 2$
$= (5 \cdot 2) \cdot 19$
$= 10 \cdot 19$
$= 190$

b) $2 \cdot 7 \cdot 50$
$= 7 \cdot (2 \cdot 50)$
$= 7 \cdot 100$
$= 700$

c) $5 \cdot 31 \cdot 20$
$= (5 \cdot 20) \cdot 31$
$= 100 \cdot 31$
$= 3100$

d) $11 \cdot 8 \cdot 5$
$= 11 \cdot (8 \cdot 5)$
$= 11 \cdot 40$
$= 440$

e) $25 \cdot 7 \cdot 4$
$= (25 \cdot 4) \cdot 7$
$= 100 \cdot 7$
$= 700$

f) $8 \cdot 5 \cdot 7 \cdot 2$
$= (8 \cdot 7) \cdot (5 \cdot 2)$
$= 56 \cdot 10$
$= 560$

g) $2 \cdot 7 \cdot 4 \cdot 50$
$= (7 \cdot 4) \cdot (2 \cdot 50)$
$= 28 \cdot 100$
$= 2800$

h) $8 \cdot 40 \cdot 125 \cdot 5$
$= (8 \cdot 125) \cdot (40 \cdot 5)$
$= 1\,000 \cdot 200$
$= 200\,000$

i) $125 \cdot 18 \cdot 8$
$= 125 \cdot 8 \cdot 18$
$= 1\,000 \cdot 18$
$= 18\,000$

j) $5 \cdot 17 \cdot 2000$
$= 5 \cdot 2000 \cdot 17$
$= 10\,000 \cdot 17$
$= 170\,000$

k) $15 \cdot 8 \cdot 125 \cdot 60$
$= (15 \cdot 60) \cdot (8 \cdot 125)$
$= 900 \cdot 1\,000$
$= 900\,000$

l) $25 \cdot 7 \cdot 90 \cdot 4$
$= (25 \cdot 4) \cdot (7 \cdot 90)$
$= 100 \cdot 630$
$= 63\,000$

Rechnen mit der Null

Seite 25

7 **a)** Es gilt: $0 \cdot 4 = 4 \cdot 0 = 0 + 0 + 0 + 0 = 0$

$4 \underset{\cdot 0}{\overset{:0}{\rightleftarrows}} ■$

b) Es ist $0 : 4 = 0$, denn $4 \cdot 0 = 0$

$0 \underset{\cdot 4}{\overset{:4}{\rightleftarrows}} 0$

c) Wir versuchen $4 : 0$ zu berechnen. Welche Zahl wir auch immer für ■ wählen, stets erhalten wir beim Rückgängigmachen der Division als Produkt von ■ und 0 den Wert 0 und nie die Zahl 4. Daher kann $4 : 0$ nicht berechnet werden. Man kann nicht durch 0 dividieren.

d) Wir versuchen $0 : 0$ zu berechnen. Welche Zahl wir auch immer für ■ wählen, stets erhalten wir beim Rückgängigmachen der Division als Produkt von ■ und 0 den Wert 0. Man könnte also jede Zahl als Ergebnis für $0 : 0$ schreiben. $0 : 0$ ist nicht erklärt, weil die Divisionsaufgabe kein eindeutiges Ergebnis hat.

$0 \underset{\cdot 0}{\overset{:0}{\rightleftarrows}} ■$

8 **a)** 0
b) 0
c) 1
d) 0
e) Durch 0 kann man nicht dividieren.
f) 0
g) 1
h) Durch 0 kann man nicht dividieren.

Seite 25

9 **a)** $80 \cdot 0 = 0$
b) $0 \cdot 1 = 0$
c) Ergebnis ist immer 0.
d) $0 : 8 = 0$
e) Ergebnis ist nie 0.
f) $0 + 33 = 33$
g) Durch 0 kann man nicht dividieren.
h) $72 - 0 = 72$

Mit Größen rechnen

10 150 € : 6 € = 25
An der Schulveranstaltung haben 25 Personen teilgenommen.

11 (1) 800 m : 50 m = 16
Der Schwimmer muss 18 Bahnen zurücklegen.
(2) 1 500 m : 50 m = 30
Der Schwimmer muss 30 Bahnen zurücklegen.

12 12 m : 120 cm = 1 200 cm : 120 cm = 10
Man erhält 10 Baumstücke. Dafür muss man 9 Schnitte durchführen.
(Beim letzten Schnitt erhält man 2 Stücke.)
$9 \cdot 30\,s = 270\,s = 4\,min\ 30\,s$
Man benötigt 4 min 30 s.

13 **a)** 224 g **b)** 4 **c)** 2 kg **d)** 140 mm = 14 cm
e) 2 108 g = 2,108 kg **f)** 12

Schriftliches Multiplizieren

Seite 26

14 **a)** Überschlag: $7000 \cdot 6 = 42000$
Rechnung:
```
7 0 9 3 · 6
  5 1
---------
4 2 5 5 8
```

b) Überschlag: $10000 \cdot 5 = 50000$
Rechnung:
```
9 6 2 8 · 5
3 1 4
---------
4 8 1 4 0
```

c) Überschlag: $500 \cdot 15 = 7500$
Rechnung:
```
5 1 3 · 1 5
-----------
    5 1 3
    2 5 6 5
-----------
    7 6 9 5
```

d) Überschlag: $700 \cdot 25 = 17500$
Rechnung:
```
7 0 3 · 2 4
-----------
  1 4 0 6
    2 8 1 2
-----------
  1 6 8 7 2
```

e) Überschlag: $500 \cdot 50 = 25000$
Rechnung:
```
4 7 9 · 5 0
-----------
2 3 9 5 0
```

f) Überschlag: $2000 \cdot 80 = 160000$
Rechnung:
```
1 9 3 0 · 8 3
1 5 4 4 0
    5 7 9 0
  1 1
-------------
1 6 0 1 9 0
```

g) Überschlag: $3500 \cdot 900 = 3150000$
Rechnung:
```
3 5 1 8 · 9 2 1
3 1 6 6 2
    7 0 3 6
      3 5 1 8
  1 1 1
---------------
3 2 4 0 0 7 8
```

h) Überschlag: $7000 \cdot 700 = 4900000$
Rechnung:
```
7 1 1 9 · 7 3 4
4 9 8 3 3
  2 1 3 5 7
    2 8 4 7 6
1 1 1 1 1
---------------
5 2 2 5 3 4 6
```

Seite 26

15 **a)** Überschlag: $500 \cdot 50 = 25\,000$
Rechnung:
$$\begin{array}{r} 476 \cdot 50 \\ \hline 23800 \end{array}$$

b) Überschlag: $700 \cdot 60 = 42\,000$
Rechnung:
$$\begin{array}{r} 702 \cdot 60 \\ \hline 42120 \end{array}$$

c) Überschlag: $5000 \cdot 80 = 400\,000$
Rechnung:
$$\begin{array}{r} 4860 \cdot 80 \\ \hline 388800 \end{array}$$

d) Überschlag: $2000 \cdot 40 = 80\,000$
Rechnung:
$$\begin{array}{r} 1930 \cdot 40 \\ \hline 77200 \end{array}$$

e) Überschlag: $2500 \cdot 400 = 1\,000\,000$
Rechnung:
$$\begin{array}{r} 2513 \cdot 400 \\ \hline 1005200 \end{array}$$

f) Überschlag: $3500 \cdot 200 = 70\,000$
Rechnung:
$$\begin{array}{r} 3518 \cdot 200 \\ \hline 703600 \end{array}$$

g) Überschlag: $7000 \cdot 500 = 3\,500\,000$
Rechnung:
$$\begin{array}{r} 7119 \cdot 500 \\ \hline 3559500 \end{array}$$

h) Überschlag: $6000 \cdot 300 = 1\,800\,000$
Rechnung:
$$\begin{array}{r} 6097 \cdot 300 \\ \hline 1829100 \end{array}$$

16 **a)**

14 929 920
864 | 17 280
12 | 72 | 240
2 | 6 | 12 | 20
1 | 2 | 3 | 4 | 5

b)

31 610 880
4 704 | 6 720
84 | 56 | 120
12 | 7 | 8 | 15

17 $587 \cdot 17 = 9979$ Der Wert der verschenkten Möbel liegt fast bei 10 000 €.

18 **a)** $8 \cdot 27 = 216$ Robin ist 216 s = 3 min 36 s geschwommen.
b) 4 min 8 s : 8 = 248 s : 8 = 31 s Jan benötigt 31 s für eine Bahn.
c) 6 min 24 s : 32 s = 384 s : 32 s = 12 Tim ist 12 Bahnen geschwommen.

19 **a)** Vincenzo hat das Produkt $3 \cdot 215 = 645$ ein Karo zu weit nach rechts eingetragen.
Richtig ist:
$$\begin{array}{r} 215 \cdot 35 \\ \hline 645 \\ 1075 \\ \hline 7525 \end{array}$$

b) Vincenzo hat anscheinend $6 \cdot 0 = 1$ statt $6 \cdot 0 = 0$ und $7 \cdot 0 = 1$ statt $7 \cdot 0 = 0$ gerechnet.
Richtig ist:
$$\begin{array}{r} 580 \cdot 67 \\ \hline 3480 \\ 4060 \\ \hline 38860 \end{array}$$

c) Vincenzo hat in der ersten Zeile die 0 vergessen und dadurch die zweite Zeile ein Karo zu weit links begonnen.
Richtig ist:
$$\begin{array}{r} 23 \cdot 408 \\ \hline 920 \\ 184 \\ \hline 9384 \end{array}$$

d) Vincenzo hat in der zweiten Zeile hinten die 0 vergessen.
Richtig ist:
$$\begin{array}{r} 74 \cdot 320 \\ \hline 222 \\ 1480 \\ \hline 23680 \end{array}$$

Schriftliches Dividieren

Seite 27

20 a)
```
  6 1 5 : 5 = 1 2 3
– 5
  1 1
– 1 0
    1 5
  – 1 5
      0
```

b)
```
  2 8 5 : 3 = 9 5
– 2 7
    1 5
  – 1 5
      0
```

c)
```
  4 1 6 : 8 = 5 2
– 4 0
    1 6
  – 1 6
      0
```

d)
```
  1 5 4 : 7 = 2 2
– 1 4
    1 4
  – 1 4
      0
```

e)
```
  4 5 9 : 9 = 5 1
– 4 5
    0 9
  –   9
      0
```

f)
```
  6 2 4 : 6 = 1 0 4
– 6
  0 2
–   0
    2 4
  – 2 4
      0
```

g)
```
  1 4 7 : 3 = 4 9
– 1 2
    2 7
  – 2 7
      0
```

h)
```
  8 9 6 : 4 = 2 2 4
– 8
  0 9
–   8
    1 6
  – 1 6
      0
```

i)
```
  7 9 2 : 3 = 2 9 4
– 6
  1 9
– 1 8
    1 2
  – 1 2
      0
```

j)
```
  5 8 8 : 4 = 1 4 7
– 4
  1 8
– 1 6
    2 8
  – 2 8
      0
```

Seite 27

21 a)

```
  9 8 4 : 8 = 1 2 3
– 8
  1 8
– 1 6
    2 4
  – 2 4
      0
```

b)

```
  5 4 5 : 5 = 1 1 5
– 5
  0 7
–   5
    2 5
  – 2 5
      0
```

c)

```
  7 0 5 : 3 = 2 3 5
– 6
  1 0
–   9
    1 5
  – 1 5
      0
```

b)

```
  6 1 6 : 4 = 1 5 4
– 4
  2 1
– 2 0
    1 6
  – 1 6
      0
```

e)

```
  5 9 4 : 6 = 9 9
– 5 4
    5 4
  – 5 4
      0
```

f)

```
  8 9 1 : 9 = 9 9
– 8 1
    8 1
  – 8 1
      0
```

22 a)

```
  8 5 2 : 3 = 2 8 4
– 6
  2 5
– 2 4
    1 2
  – 1 2
      0
```

Das waren durchschnittlich 284 km in Monat.

b)

```
1 2 : 3 = 4
   4 · 8 5 2
   ---------
     3 2
       2 0
           8
   ---------
     3 4 0 8
```

Sie wird voraussichtlich 3408 km innerhalb eines Jahres fahren.

23 $1\,152 : 72 = 16$ Ein T-Shirt kostet 16 €.

$9 \cdot 16 = 144$ Zusätzlich müssen noch 144 € aufgewandt werden.

Schriftliches Dividieren mit Rest

24 a) Überschlag: $480 : 4 = 120$

```
4 8 7 : 4 = 1 2 1 R 3
4
0 8
  8
  0 7
    4
    3
```

Probe: $121 \cdot 4 = 484$; $484 + 3 = 487$

b) Überschlag: $360 : 6 = 60$

```
3 6 8 : 6 = 6 1 R 2
3 6
  0 8
    6
    2
```

Probe: $61 \cdot 6 = 366$; $366 + 2 = 368$

Seite 27

24 **c)** Überschlag: 420 : 7 = 60

4 2 5 : 7 = 6 0 R 5
4 2
0 5
0
5

Probe: $60 \cdot 7 = 420$; $420 + 5 = 425$

d) Überschlag: 340 : 20 = 17

3 4 7 : 2 0 = 1 7 R 7
2 0
1 4 7
1 4 0
7

Probe: $17 \cdot 20 = 340$; $340 + 7 = 347$

e) Überschlag: 690 : 30 = 23

6 8 5 : 3 0 = 2 2 R 2 5
6 0
8 5
6 0
2 5

Probe: $22 \cdot 30 = 660$; $660 + 25 = 685$

f) Überschlag: 400 : 100 = 4

4 0 0 : 9 0 = 4 R 4 0
3 6 0
4 0

Probe: $4 \cdot 90 = 360$; $360 + 40 = 400$

g) Überschlag: 960 : 30 = 32

9 7 3 : 3 0 = 3 2 R 1 3
9 0
7 3
6 0
1 3

Probe: $32 \cdot 30 = 960$; $960 + 13 = 973$

h) Überschlag: 800 : 80 = 10

7 5 8 : 8 0 = 9 R 3 8
7 2 0
3 8

Probe: $9 \cdot 80 = 720$; $720 + 38 = 758$

25 (1) 2,08 m = 2 080 mm;
Überschlag: 2 100 : 100 = 21;
Man erhält 26 Stücke zu 8 cm.

Rechnung:
2 0 8 Ø : 8 Ø
2 0 8 : 8 = 2 6
1 6
4 8
4 8
0

(2) 1,70 m = 1 700 mm;
Überschlag: 1 600 : 80 = 20;
Man erhält 21 Stücke zu 8 cm. Es bleibt ein 2 cm langes Reststück übrig.

Rechnung:
1 7 0 Ø : 8 Ø
1 7 0 : 8 = 2 1 R 2
1 6
1 0
8
2

Seite 28
Weiterüben

26 1 427 : 7 = 203 R 6 Vom Pyramidenzelt „Pennsylvania" werden 204 Zelte benötigt.
1 427 : 5 = 285 R 2 Vom Rundzelt „Ohio" werden 286 Zelte benötigt.
1 427 : 12 = 118 R 11 Vom Hauszelt „New Jersey" werden 119 Zelte benötigt.

27 **a)** Anzahl der gekauften Äpfel: $25 \cdot 50 = 1\,250$
Anzahl der verkauften Äpfel: $1\,250 - 75 = 1\,175$
Einnahmen: $1\,175 \cdot 20\,ct = 23\,500\,ct = 235\,€$
b) Preis für die Äpfel beim Großhändler: $25 \cdot 5\,€ = 125\,€$
Gewinn: $235\,€ - 125\,€ = 110\,€$

Seite 28

28 **a)** Frage: Wie viele Kästen werden pro Sorte benötigt, wie viele insgesamt, wenn Apfelsaft und Traubensaft getrennt werden?
Rechnung: $770 : 12 = 64$ R 2; $550 : 12 = 45$ R 10
Antwort: Für den Apfelsaft benötigt man 65 Kästen. Der letzte Kasten enthält nur 2 Flaschen. Für den Traubensaft benötigt man 46 Kästen. Der letzte Kasten enthält 10 Flaschen. Das sind insgesamt $65 + 46 = 111$ Kästen.
Frage: Wie viele Kästen benötigt man, wenn ein Kasten auch Apfelsaft und Traubensaft gemeinsam enthalten darf?
Rechnung: $770 + 550 = 1\,320$; $1\,320 : 12 = 110$
Antwort: Wenn ein Kasten auch Apfelsaft und Traubensaft gemeinsam enthalten darf, benötigt man nur 110 Kästen.

b) Fragen: Wie viel muss insgesamt bezahlt werden? Wie viele Schülerinnen und Schüler sind es insgesamt? Wie viel muss jeder bezahlen?
Rechnung: Gesamtbetrag: $1\,256\,€ + 520\,€ = 1\,776\,€$; Personenzahl: $23 + 25 = 48$;
Betrag pro Person: $1\,776\,€ : 48 = 37$
Antwort: Es muss insgesamt 1 776 € bezahlt werden. Für die 48 Schülerinnen und Schüler sind das 37 € pro Person.
c) Frage: Wie viel kostet ein T-Shirt der Größe M?

Rechnung: $120 - 86 = 34$	Es werden 34 T-Shirts der Größe L bestellt.
$86 \cdot 21 = 1\,806$	Die T-Shirts der Größe L kosten insgesamt 1 806 €.
$2\,452 - 1\,806 = 646$	Die T-Shirts der Größe M kosten insgesamt 646 €.
$646 : 34 = 19$	

Antwort: Ein T-Shirt der Größe M kostet 19 €.

29 Keine Lösungen

30 Stehplätze: $95 : 6 = 15$ R 5 Sitzplätze: $140 : 9 = 15$ R 5
Eine Saisonkarte für Stehplätze bzw. Sitzplätze lohnt sich erst ab 16 Spielen.

Seite 29

31 Wir rechnen mit 30 Tagen im Monat, also 300 Tagen in 10 Monaten.
a) Eine Kuh liefert $300 \cdot 24\,l = 7\,200\,l$ Milch in einem Jahr.
34 Kühe liefern dann $34 \cdot 7\,200\,l = 244\,800\,l$ Milch im Jahr.
Die gesamte Milchproduktion von Landwirt Egen beträgt 244 800 l im Jahr.
b) Die Milchlieferung in einem Monat beträgt $244\,800\,l : 12 = 20\,400\,l$;
$20\,400\,l : 9\,l = 2\,266$ R 6
Es können in einem Monat 2 266 kg Käse hergestellt werden.
c) Der Erzeugerpreis ab Hof liegt 2019 bei etwa 0,35 € für einen Liter Milch.
Das sind dann im Jahr $244\,800 \cdot 35\,ct = 8\,568\,000\,ct = 85\,680\,€$.
Über die Kosten, die Landwirt Egen in einem Jahr entstehen, liegen in der Aufgabe keine Angaben vor.

Seite 29

32 **a)** 680 400 000 km : 225 = 3 024 000 km; 3 024 000 km : 24 = 126 000 km
Der Planet Venus legt in einer Stunde 126 000 km zurück.
b) Für einen Umlauf benötigt der Satellit 24 h : 12 = 2 h.
Für 7 Umläufe benötigt er also 7 · 2 h = 14 h.
In 50 Stunden schafft er 50 h : 2 h = 25 Umläufe.
c) Hier die Angaben zur Umlaufdauer und zur Geschwindigkeit der Planeten.

Planet	Umlaufdauer in Tagen	Geschwindigkeit in 1 Stunde
Merkur	88 Tage	172 332 km
Venus	225 Tage	126 072 km
Erde	365 Tage	107 208 km
Mars	687 Tage	86 868 km
Jupiter	11 Jahre 314 Tage	47 052 km
Saturn	29 Jahre 166 Tage	34 884 km
Uranus	84 Jahre 4 Tage	24 516 km
Neptun	164 Jahre 288 Tage	19 548 km

33 Man benötigt die Länge eines Autos und den Abstand zum Vordermann. Wir gehen davon aus, dass dieses für jedes Auto 7 m sind.
11 km : 7 m = 11 000 m : 7 m = 1 571 R 3
In einer Spur sind es etwa 1 500 Autos, auf 3 Spuren also 3 · 1 500 = 4 500 Autos.

34 **a)** Nur die Multiplikation von 278 mit 1 ergibt im Ergebnis hinten die 78. Die letzte Stelle des zweiten Faktors ist also eine 1.

278 · 21
556
2**78**
5838

b) Nur die Multiplikation von 314 mit 4 ergibt ein Ergebnis, in dem hinten eine 6 und vorne 1 200 steht. Die letzte Stelle des zweiten Faktors ist also eine 4.

314 · 24
628
1256
7536

34 **c)** ■ · 3 = 471; 471 : 3 = 157.
Der erste Faktor ist also 157.
Nur 157 · 4 ergibt ein Ergebnis, in dem vorne 600 steht. Da im Ergebnis an der letzten Stelle eine 9 steht, steht auch im Ergebnis der dritten Multiplikation mit 157 an der letzten Stelle eine 9.
Die letzte Stelle beim zweiten Faktor muss also eine 7 sein (7 · 7 = 49).

157 · ■**3**	157 · **4**30	157 · 437
6■■	**6**28	628
471	471	471
■■■■	■■■■	1099
■■■■9	■■■■9	68609

d) 3 · ■ = 2 202; 2 202 : 3 = 734. Der erste Faktor ist 734.

734 · 5**3**8
3670
2202
5872
394892

Seite 29

35 **a)** 2 · ■ = 350; 350 : 2 = 175. Der Divisor ist 175.

```
411075 : 175 = 2349
350
 610
 525
  857
  700
  1575
  1575
     0
```

b) Man kann zunächst aus den Differenzen die fett gedruckten Ziffern bestimmen.

```
■ ■ ■ 8 0 ■ : ■ ■ ■ = ■ ■ 5 ■
■ ■ ■ ↑ ↑
3 1 2 8 |
2 9 2 0 |
  2 0 8 0
  1 8 2 5
    2 5 5 ■
    ■ ■ ■ ■
          0
```

Daraus erhält man den Divisor:
1825 : 5 = 365
Mit 2920 : 365 = 8 erhält man im Ergebnis an der 2. Stelle eine 8.

```
■ ■ ■ 8 0 ■ : 3 6 5 = ■ 8 5 ■
■ ■ ■
3 1 2 8
2 9 2 0
  2 0 8 0
  1 8 2 5
    2 5 5 ■
    ■ ■ ■ ■
          0
```

An der 1. Stelle im Ergebnis muss eine 1 stehen, denn bereits 2 · 365 = 730 ist zu groß, da sonst wegen 730 + 312 > 999 der Divisor links eine weitere Stelle hätte. Damit erhält man dann auch die ersten drei Ziffern des Divisors.

```
6 7 7 8 0 ■ : 3 6 5 = 1 8 5 ■
3 0 5
3 1 2 8
2 9 2 0
  2 0 8 0
  1 8 2 5
    2 5 5 ■
    ■ ■ ■ ■
          0
```

b) Die Multiplikation von 365 mit der letzten
Ziffer des Ergebnisses muss eine Zahl zwischen 2550 und 2559 ergeben.
An der letzten Stelle des Ergebnisses steht also eine 7, denn 7 · 365 = 2555. Damit erhält man auch unten die letzten Ziffern.
An der letzten Stelle des Divisors steht also eine 5.

```
6 7 7 8 0 5 : 3 6 5 = 1 8 5 7
3 0 5     ↑
3 1 2 8   |
2 9 2 0   |
  2 0 8 0 |
  1 8 2 5 |
    2 5 5 5
    2 5 5 5
          0
```

Fokus: Muster beim Rechnen erforschen

Seite 30

1

$1 \cdot 1 = 1$
$11 \cdot 11 = 121$
$111 \cdot 111 = 12321$
$1111 \cdot 1111 = 1234321$

Im Ergebnis steigen die Ziffern von links nach rechst zunächst von 1 an bis zur Ziffer, die die Anzahl der Stellen eines Faktors angibt, dann fallen die Ziffern wieder bis zur 1. Der Aufbau dieser Ergebnisse wird deutlich, wenn man schriftlich multipliziert.

```
1 1 · 1 1      1 1 1 · 1 1 1      1 1 1 1 · 1 1 1 1
-----------    ---------------    ------------------
    1 1            1 1 1              1 1 1 1
      1 1            1 1 1              1 1 1 1
    -----              1 1 1              1 1 1 1
    1 2 1          ---------                1 1 1 1
                   1 2 3 2 1          -------------
                                      1 2 3 4 3 2 1
```

Dieses kann man fortsetzen bis zu der Zahl mit 9 Einern.

$111111111 \cdot 111111111 = 12345678987654321$

Sobald man aber eine Zahl mit 10 Einern oder mehr wählt, erhält man einen Übertrag, und das Muster ist nicht mehr vorhanden.

```
1 1 1 1 1 1 1 1 1 1 · 1 1 1 1 1 1 1 1 1 1
------------------------------------------
    1 1 1 1 1 1 1 1 1 1
      1 1 1 1 1 1 1 1 1 1
        1 1 1 1 1 1 1 1 1 1
          1 1 1 1 1 1 1 1 1 1
            1 1 1 1 1 1 1 1 1 1
              1 1 1 1 1 1 1 1 1 1
                1 1 1 1 1 1 1 1 1 1
                  1 1 1 1 1 1 1 1 1 1
                    1 1 1 1 1 1 1 1 1 1
                      1 1 1 1 1 1 1 1 1 1
                  1 1
    --------------------------------------
    1 2 3 4 5 6 7 9 0 0 9 8 7 6 5 4 3 2 1
```

2

$2 \cdot 2 = 4$
$22 \cdot 22 = 484$
$222 \cdot 222 = 49284$

Auch hier zeigt die schriftliche Multiplikation, dass ab $222 \cdot 222$ ein Übertrag auftritt und das Muster zerstört.

```
2 2 · 2 2      2 2 2 · 2 2 2
---------      -------------
    4 4            4 4 4
      4 4            4 4 4
---------              4 4 4
    4 8 4            1
               -------------
                   4 9 2 8 4
```

3 a)

$1 \cdot 1 = 1$
$11 \cdot 11 = 121$
$101 \cdot 101 = 10201$
$1001 \cdot 1001 = 1002001$

Man erhält ein Ergebnis, das eine Stelle weniger hat als beide Faktoren zusammen.
Vorne und hinten steht eine 1. Ab $11 \cdot 11$ steht in der Mitte jeweils eine 2.
Ab $101 \cdot 101$ stehen zwischen den beiden Einern und der 2 jeweils Nullen.

Seite 30

3 **b)** Betrachtet man wieder die schriftlichen Multiplikationen, so wird klar, dass man dieses auch bei noch so großen Zahlen erhält, denn die Faktoren stehen im Schema bei der schriftlichen Multiplikation so, dass die letzte Ziffer der ersten Multiplikation und die erste Ziffer der letzten Multiplikation untereinander stehen und als Summe die 2 ergeben.

$$\begin{array}{r} 101 \cdot 101 \\ \hline 1010 \\ 101 \\ \hline 10201 \end{array} \qquad \begin{array}{r} 1001 \cdot 1001 \\ \hline 100100 \\ 1001 \\ \hline 1002001 \end{array}$$

$$\begin{array}{r} 10001 \cdot 10001 \\ \hline 100010000 \\ 10001 \\ \hline 100020001 \end{array}$$

c)
$2 \cdot 2 = 4$
$22 \cdot 22 = 484$
$202 \cdot 202 = 40804$
$2002 \cdot 2002 = 4008004$

Man erhält auch hier ein ähnliches Schema, nur 4 statt 1, 8 statt 2. Auch dieses Schema kann man unendlich fortsetzen.

d) Keine Lösungen

1.5 Potenzieren

Seite 31
Üben

1 **a)** $4^3 = 64$ **b)** $12^2 = 144$
c) $10^4 = 10000$ **d)** $9^3 = 729$
e) $7^4 = 2401$ **f)** $8^1 = 8$
g) $3^2 = 9$ **h)** $1^1 = 1$; auch z. B. $6^0 = 1$

2 **a)** $5^2 = 5 \cdot 5 = 25$ **b)** $6^3 = 6 \cdot 6 \cdot 6 = 216$
c) $10^1 = 10$ **d)** $1^8 = 1 \cdot 1 \cdot 1 \cdot 1 \cdot 1 \cdot 1 \cdot 1 \cdot 1 = 1$
e) $0^4 = 0 \cdot 0 \cdot 0 \cdot 0 = 0$ **f)** $4^1 = 4$
g) $1\,^3 = 100 \cdot 100 \cdot 100 = 1000000$ **h)** $7^0 = 1$

Seite 32

3 Bei jeder Generation zurück verdoppelt sich die Anzahl. Man kann die Anzahl daher auch als Potenz von 2 schreiben.

Eltern:	$2 = 2^1$	(1. Vorfahrengeneration)
Großeltern:	$4 = 2^2$	(2. Vorfahrengeneration)
Urgroßeltern:	$8 = 2^3$	(3. Vorfahrengeneration)
Ururgroßeltern:	$16 = 2^4$	(4. Vorfahrengeneration)
Urururgroßeltern:	$32 = 2^5$	(5. Vorfahrengeneration)
Ururururgroßeltern:	$64 = 2^6$	(6. Vorfahrengeneration)

4 **a)** $6 + 6 = 6 \cdot 2 = 12$; $6 \cdot 6 = 6^2 = 36$ **b)** $4 + 3 = 7$; $4 \cdot 3 = 12$; $4^3 = 64$
c) $7 + 1 = 8$; $7 \cdot 1 = 7$; $7^1 = 7$ **d)** $8^2 = 64$; $8 \cdot 2 = 2 \cdot 8 = 16$; $2^8 = 256$

Seite 32

5 **a)** $16 = 16$ **b)** $32 > 25$
c) $128 > 27$ **d)** $1 = 1$
e) $16807 > 343$ **f)** $125 < 512$
g) $4 \cdot 25 = 100 > 5 \cdot 16 = 80$ **h)** $81 \cdot 4 = 324 > 64 \cdot 3 = 192$

6 **a)** $2^4 = 16$ **b)** $11^2 = 121$
c) $13^2 = 169$ **d)** $12^2 = 144$
e) $2 \cdot 2^3 = 16$ **f)** $4^3 = 64$
g) $2^3 \cdot 18 = 144$ **h)** $2^{10} = 1024$ oder $4^5 = 1024$

7 **a)** Quadratzahlen geben die Anzahl der Kästchen in einem Quadrat an. Die Kästchenlänge einer Quadratseite ist die Basis.
b) $10^2 = 100$ $14^2 = 196$ $18^2 = 324$ $22^2 = 484$
$11^2 = 121$ $15^2 = 225$ $19^2 = 361$ $23^2 = 529$
$12^2 = 144$ $16^2 = 256$ $20^2 = 400$ $24^2 = 576$
$13^2 = 169$ $17^2 = 289$ $21^2 = 441$ $25^2 = 625$**c)**
c) (1) $10^1 = 10$
$10^2 = 100$
$10^3 = 1000$
$10^4 = 10000$
$10^5 = 100000$
$10^6 = 1000000$
$10^7 = 10000000$
$10^8 = 100000000$
$10^9 = 1000000000$

(2) $2^1 = 2$
$2^2 = 4$
$2^3 = 8$
$2^4 = 16$
$2^5 = 32$
$2^6 = 64$
$2^7 = 128$
$2^8 = 256$
$2^9 = 512$
$2^{10} = 1024$

8 **a)** $25 = 5^2$; $8 = 2^3$; $121 = 11^2$; $343 = 7^3$
b) $16 = 4^2 = 2^4$; $81 = 9^2 = 3^4$; $64 = 8^2 = 4^3 = 2^6$; z. B. 0^4; z. B. 1^5 oder 5^0

9

Basis	Exponent	Wert der Potenz
6	3	216
2	6	64
100	3	1 Million

10 **a)** Der Kandidat beginnt mit $2 = 2^1$ Punkten. Für eine richtige Antwort verdoppelt sich die Punktzahl. Er hat dann $4 = 2^2$ Punkte. Nach 2 richtigen Antworten hat er $8 = 2^3$ Punkte, usw.
Die Punktzahl ist eine Potenz von 2. Der Exponent ist um 1 höher als die Anzahl der hintereinander richtig beantworteten Fragen.
Nach 8 richtig beantworteten Fragen hat der Kandidat $2^9 = 512$ Punkte.
b) Nach 9 richtig beantworteten Fragen hat der Kandidat $2^{10} = 1024$ Punkte und nach 10 richtig beantworteten Fragen $2^{11} = 2048$ Punkte. Er muss also 10 Fragen nacheinander richtig beantworten, um mindestens 2000 Punkte zu haben.

1.6 Vorrangregeln

Seite 33
Einstieg

100 € – (2 · 40 € + 4 · 4 €)
= 100 € – (80 € + 16 €)
= 100 € – 96 €
= 4
Frau Weißer erhält 4 € Wechselgeld.

Seite 34
Üben

1

a) 712 – (72 – 12)
= 712 – 60
= 652

712 – (72 + 12)
= 712 – 84
= 628

712 – 72 – 12
= 640 – 12
= 628

b) 293 + (73 – 23)
= 293 + 50
= 343

293 + 73 – 23
= 366 – 23
= 343

293 – (73 – 23)
= 293 – 50
= 243

c) 844 – (27 – 19)
= 844 – 8
= 836

= 844 – 27 – 19
= 817 – 19
= 798

844 – (27 + 19)
= 844 – 46
= 798

d) 943 – (83 – 50)
= 943 – 33
= 910

943 + (83 – 50)
= 943 + 33
= 976

943 – 83 – 50
= 860 – 50
= 810

2

a) 8 + 72 : 8
= 8 + 9
= 17

b) 36 + 24 : 6
= 36 + 4
= 40

c) 84 : 7 – 7
= 12 – 7
= 5

d) 12 + 78 : 6
= 12 + 13
= 25

e) 105 – 45 : 15
= 105 – 3
= 102

f) 45 : 3 + 12 : 2
= 15 + 6
= 21

g) 84 : 12 + 91 : 7
= 7 + 13
= 20

h) 12 · 8 + 14 : 7
= 96 + 2
= 98

i) 78 : 6 – 2 · 5
= 13 – 10
= 3

j) 135 : 45 – 48 : 16
= 3 – 3
= 0

k) 117 – 17 · 5 + 25
= 117 – 85 + 25
= 32 + 25
= 57

l) 123 + 27 · 3 – 2
= 123 + 81 – 2
= 204 – 2
= 202

3

a) $4 \cdot 3^2 = 4 \cdot 9 = 36$
b) $5^3 \cdot 4 = 125 \cdot 4 = 500$
c) $4^2 \cdot 3^1 \cdot 2 = 16 \cdot 3 \cdot 2 = 96$
d) $2 \cdot 3^2 + 9 \cdot 5 = 2 \cdot 9 + 45 = 18 + 45 = 63$
e) $5^2 \cdot 3 - 5 \cdot 4 = 25 \cdot 3 - 20 = 75 - 20 = 55$
f) $2^3 \cdot 2 + 4^2 \cdot 7 = 8 \cdot 2 + 16 \cdot 7 = 16 + 112 = 128$
g) $3 \cdot 4^3 - 8^1 \cdot 5 = 3 \cdot 64 - 8 \cdot 5 = 192 - 40 = 152$
h) $3 \cdot 7^2 - 4 \cdot 2^2 = 3 \cdot 49 - 4 \cdot 4 = 147 - 16 = 131$
i) $5 \cdot 2^3 \cdot 3 + 7 \cdot 2^4 = 5 \cdot 8 \cdot 3 + 7 \cdot 16 = 120 + 112 = 232$
j) $4^3 - 4^2 + 4 \cdot 5 = 64 - 16 + 20 = 68$
k) $2^2 \cdot 4^2 - 2^4 = 4 \cdot 16 - 16 = 64 - 16 = 48$
l) $3^3 - (3^2 - 3) = 27 - (9 - 3) = 27 - 6 = 21$

Seite 34

4 **a)** Es wurde mit 3 multipliziert statt potenziert.
Richtig ist: $(6 + 8)^3 = 14^3 = 2\,744$
b) Die Regel „Punktrechnung vor Strichrechnung" wurde nicht beachtet.
Richtig ist: $(22 - 2 \cdot 8)^2 = (22 - 16)^2 = 6^2 = 36$
c) Die Regel „Potenzrechnung vor Punktrechnung" wurde nicht beachtet.
Richtig ist: $5 \cdot 4^4 = 5 \cdot 256 = 1\,280$
d) Die Regel „Klammer zuerst" wurde nicht beachtet.
Richtig ist: $(8 + 11 \cdot 2)^2 = (8 + 22)^2 = 30^2 = 900$

Seite 35

5 **a)** $41 + (58 - 44)$
$= 41 + 14$
$= 55$

b) $48 - 3 \cdot 7$
$= 48 - 21$
$= 27$

c) $(48 + 67) \cdot 20$
$= 115 \cdot 20$
$= 2\,300$

d) $(108 : 12) \cdot (83 - 56)$
$= 9 \cdot 27$
$= 243$

6 **a)** Addiere zur Zahl 37 die Differenz der Zahlen 48 und 12.
$37 + (48 - 12) = 73$
b) Subtrahiere das Produkt der Zahlen 7 und 13 von der Zahl 117.
$117 - 7 \cdot 13 = 117 - 91 = 26$
c) Subtrahiere von der Differenz der Zahlen 34 und 17 die Zahl 12.
$(34 - 17) - 12 = 17 - 12 = 5$
d) Dividiere die Differenz der Zahlen 51 und 15 durch die Zahl 12.
$(51 - 15) : 12 = 36 : 12 = 3$
e) Dividiere die Zahl 216 durch die Differenz der Zahlen 51 und 15.
$216 : (51 - 15) = 216 : 36 = 6$
f) Multipliziere die Differenz der Zahlen 19 und 7 mit der Summe der Zahlen 7 und 5.
$(19 - 7) \cdot (7 + 5) = 12 \cdot 12 = 144$
g) Subtrahiere von der Differenz der Zahlen 150 und 98 die Differenz der Zahlen 100 und 49.
$(150 - 98) - (100 - 49) = 52 - 51 = 1$
h) Subtrahiere von der Differenz der Zahlen 101 und 68 das Produkt der Zahlen 8 und 3.
$(101 - 68) - 8 \cdot 3 = 33 - 24 = 9$

Seite 35

7 **a)** Rechengeschichte: Marie hat 13 €. Sie erhält in den nächsten vier Wochen jede Woche 7 €. Wie viel € hat sie dann?
Rechnung: $13 + 4 \cdot 7 = 13 + 28 = 41$
Antwort: Marie hat dann 41 €.
b) Rechengeschichte: Eine Schnur ist 100 m lang. Es wird ein 40 m langes Stück abgeschnitten. Der Rest wird in drei gleich lange Stücke geteilt. Wie lang ist ein Stück?
Rechnung: $(100 - 40) : 3 = 60 : 3 = 20$
Antwort: Ein Stück ist 20 m lang.
c) Rechengeschichte: Niclas spart im Monat 16 € Taschengeld, von dem er aber seiner Mutter 8 Monate lang immer 12 € für sein neues Handy abgeben muss. Nach 8 Monaten erhält er von seiner Oma noch 56 € zum Geburtstag. Wie viel € hat Niclas dann?
Rechnung: $(16 - 12) \cdot 8 + 56 = 4 \cdot 8 + 56 = 32 + 56 = 88$
Antwort: Niclas hat dann 88 €.
d) Rechengeschichte: Eine Tippgemeinschaft aus drei Spielern hat 38 € gewonnen. 14 € mussten sie für den Tippschein bezahlen. Der verbleibende Gewinn wird auf alle drei Spieler verteilt. Anschließend muss jeder Spieler noch 5 € für einen gemeinsamen Grillabend zahlen. Wie viel € bleibt für jeden Spieler übrig?
Rechnung: $(38 - 14) : 3 - 5 = 24 : 3 - 5 = 8 - 5 = 3$
Antwort: Für jeden Spieler bleiben noch 3 € übrig.

8 $[10\,\text{m} - (2 \cdot 1{,}60\,\text{m} + 3 \cdot 80\,\text{cm})] : 2$
$= [1\,000\,\text{cm} - (2 \cdot 160\,\text{cm} + 3 \cdot 80\,\text{cm})] : 2$
$= [1\,000\,\text{cm} - (320\,\text{cm} + 240\,\text{cm})] : 2$
$= [1\,000\,\text{cm} - 560\,\text{cm}] : 2$
$= 440\,\text{cm} : 2$
$= 220\,\text{cm} = 2{,}20\,\text{m}$
Ein Teil ist 2,20 m lang.

9 **a)** $740 - [120 - (67 - 47)]$
$= 740 - [120 - 20]$
$= 740 - 100$
$= 640$

b) $[400 - (300 - 100)] : 2$
$= [400 - 200] : 2$
$= 200 : 2$
$= 100$

c) $482 - [72 - (50 - 20)]$
$= 482 - [72 - 30]$
$= 482 - 42$
$= 440$

d) $700 - [300 - (200 - 100)] \cdot 2$
$= 700 - [300 - 100] \cdot 2$
$= 700 - 200 \cdot 2$
$= 700 - 400$
$= 300$

e) $800 : [600 - (2 \cdot 350 - 300)]$
$= 800 : [600 - (700 - 300)]$
$= 800 : [600 - 400]$
$= 800 : 200$
$= 4$

10

$9 + (3 - 2) = 10$	$(9 + 2) - 3 = 8$	$3 + (9 - 2) = 10$	$2 + (9 - 3) = 8$
$(9 + 3) - 2 = 10$	$9 - (2 + 3) = 4$	$(3 + 9) - 2 = 10$	$(2 + 9) - 3 = 8$
$9 - (3 + 2) = 4$	$(9 - 2) + 3 = 10$	$(3 - 2) + 9 = 10$	
$(9 - 3) + 2 = 8$			

Seite 35

11 $57\,\text{min}\ 30\,\text{s} + 10 \cdot 10\,\text{s} + 2 \cdot 35\,\text{s} = 3450\,\text{s} + 100\,\text{s} + 70\,\text{s} = 3620\,\text{s} = 60\,\text{min}\ 20\,\text{s} = 1\,\text{h}\ 20\,\text{s}$
Die Läuferin benötigt 1 h 20 s.

Seite 36
Weiterüben

12 **a)** $(6 + 4) \cdot 3 = 30$ **b)** $70 - (50 - 10) + 3 = 33$
c) $200 : (50 - 10) + 8 = 13$ **d)** $(8 + 3) \cdot (9 - 3) - 11 = 55$

13 **a)** 10^2 **b)** 10^4 **c)** 10^6 **d)** 10^{13}

14 Die Erde ist vor $5 \cdot 10^9 = 5\,000\,000\,000$ = 5 Milliarden Jahren entstanden.
Bakterien: $6 \cdot 10^8 = 600\,000\,000$ = 600 Millionen Jahre
Fische: $45 \cdot 10^7 = 450\,000\,000$ = 450 Millionen Jahre
Insekten: $4 \cdot 10^8 = 400\,000\,000$ = 400 Millionen Jahre
Saurier: $2 \cdot 10^8 = 200\,000\,000$ = 200 Millionen Jahre
Blütenpflanzen: $7 \cdot 10^7 = 70\,000\,000$ = 70 Millionen Jahre
Mensch: $10^5 = 100\,000$ = 100 Tausend Jahre

15 $150\,000 = 15 \cdot 10^4$; $37\,000\,000 = 37 \cdot 10^6$; $3\,500\,000 = 35 \cdot 10^5$; $25\,000 = 25 \cdot 10^3$

16 Wir gehen von dem unteren Wert der Leermasse aus (1 449 kg). Wenn man von dem oberen Wert der Leermasse (1634 kg) ausgeht, können jeweils 1 634 kg – 1 449 kg also 185 kg weniger zugeladen werden.
a) Überschlag: $2100 - 1500 = 600$
Rechnung: $2060 - 1449 = 611$
Antwort: Die Nutzlast beträgt 611 kg. Beim oberen Wert der Leermasse sind es 420 kg.
b) Überschlag: $600 - (80 + 40 + 30) = 600 - 150 = 450$
Rechnung: $611 - (78 + 37 + 31) = 611 - 146 = 465$
Antwort: Es können 465 kg zugeladen werden. Beim oberen Wert der Leermasse sind es 280 kg.
c) Überschlag: $6 \cdot 10\,\text{kg} + 40\,\text{kg} = 100\,\text{kg}$
Rechnung: $6 \cdot 12 + 40 = 72 + 40 = 112$
Antwort: Die 112 kg können noch leicht zugeladen werden, auch beim oberen Wert der Leermasse.

1.7 Rechengesetze

Seite 37
Einstieg

1. Rechenweg:
Jährliches Taschengeld von Leonie: $12 \cdot 20\,€ = 240\,€$
Jährliches Taschengeld von Tim: $12 \cdot 12\,€ = 144\,€$
Jährliches Taschengeld zusammen: $240\,€ + 144\,€ = 384\,€$
Term: $12 \cdot 20 + 12 \cdot 12 = 240 + 144 = 384$
2. Rechenweg:
Monatliches Taschengeld von Leonie und Tim zusammen: $20\,€ + 12\,€ = 32\,€$
Jährliches Taschengeld von Leonie und Tim zusammen: $12 \cdot 32\,€ = 384\,€$
Term: $12 \cdot (20 + 12) = 12 \cdot 32 = 384$
Antwort: Die Eltern zahlen ihren Kindern in einem Jahr 384 € Taschengeld.

Üben

1

a) $4 \cdot 19 + 4 \cdot 6 = 76 + 24 = 100$; $4 \cdot (19 + 6) = 4 \cdot 25 = 100$
Der 2. Term ist vorteilhafter.

b) $9 \cdot 100 + 9 \cdot 12 = 900 + 108 = 1\,008$; $9 \cdot (100 + 12) = 9 \cdot 112 = 1\,008$
Der 1. Term ist vorteilhafter.

c) $4 \cdot 17 + 4 \cdot 23 = 68 + 92 = 160$; $4 \cdot (17 + 23) = 4 \cdot 40 = 160$
Der 2. Term ist vorteilhafter.

d) $8 \cdot 17 + 2 \cdot 17 = 136 + 34 = 170$; $(8 + 2) \cdot 17 = 10 \cdot 17 = 170$
Der 2. Term ist vorteilhafter.

e) $23 \cdot 64 + 23 \cdot 36 = 1\,472 + 828 = 2\,300$; $23 \cdot (64 + 36) = 23 \cdot 100 = 2\,300$
Der 2. Term ist vorteilhafter.

f) $10 \cdot 12 + 5 \cdot 12 = 120 + 60 = 180$; $(10 + 5) \cdot 12 = 15 \cdot 12 = 180$
Der 1. Term ist vorteilhafter.

g) $100 \cdot 8 + 9 \cdot 8 = 800 + 72 = 872$; $(100 + 9) \cdot 8 = 109 \cdot 8 = 872$
Der 1. Term ist vorteilhafter.

h) $76 \cdot 18 + 24 \cdot 18 = 1\,368 + 432 = 1\,800$; $(76 + 24) \cdot 18 = 100 \cdot 18 = 1\,800$
Der 2. Term ist vorteilhafter.

i) $59 \cdot 11 + 11 \cdot 11 = 649 + 121 = 770$; $(59 + 11) \cdot 11 = 70 \cdot 11 = 770$
Der 2. Term ist vorteilhafter.

j) $15 \cdot 30 + 15 \cdot 9 = 450 + 135 = 585$; $15 \cdot (30 + 9) = 15 \cdot 39 = 585$
Der 1. Term ist vorteilhafter.

Seite 38

2

a) $8 \cdot (17 + 3) = 8 \cdot 20 = 160$

b) $(23 + 27) \cdot 14 = 50 \cdot 14 = 700$

c) $(10 + 17) \cdot 20 = 10 \cdot 20 + 17 \cdot 20 = 200 + 340 = 540$

d) $9 \cdot (20 + 4) = 9 \cdot 20 + 9 \cdot 4 = 180 + 36 = 216$

e) $(40 + 3) \cdot 9 = 40 \cdot 9 + 3 \cdot 9 = 360 + 27 = 387$

f) $12 \cdot (20 + 3) = 12 \cdot 20 + 12 \cdot 3 = 240 + 36 = 276$

g) $7 \cdot (30 + 12) = 7 \cdot 30 + 7 \cdot 12 = 210 + 84 = 294$

h) $(100 + 9) \cdot 18 = 100 \cdot 18 + 9 \cdot 18 = 1\,800 + 162 = 1\,962$

Seite 38

3 *1. Rechenweg:*
Kosten für die Klasse 5a insgesamt: $23 \cdot 5\,€ = 115\,€$
Kosten für die Klasse 5b insgesamt: $27 \cdot 5\,€ = 135\,€$
Kosten für beide Klassen zusammen: $115\,€ + 135\,€ = 250\,€$
Term: $23 \cdot 5 + 27 \cdot 5 = 115 + 135 = 250$
2. Rechenweg:
Schülerinnen und Schüler der beiden Klassen zusammen: $23 + 27 = 50$
Kosten für beide Klassen zusammen: $50 \cdot 5\,€ = 250\,€$
Term: $(23 + 27) \cdot 5 = 50 \cdot 5 = 250$
Antwort: Clara muss insgesamt 250 € einsammeln.

4 1. Rechenweg:
$7 \cdot 95 + 7 \cdot 25$
$= 665 + 175$
$= 840$

2. Rechenweg:
$7 \cdot (95 + 25)$
$= 7 \cdot 120$
$= 840$

Maik muss $840\,ct = 8{,}40\,€$ bezahlen. Der 2. Rechenweg ist günstiger.

5 Wir begründen das Distributivgesetz an einem Zahlenbeispiel. Die Begründung gilt für alle Zahlen. Die Anzahl der Felder kann man auf zwei Weisen bestimmen:
In einer Reihe sind $4 + 2 = 6$ Felder. In 3 Reihen sind $3 \cdot (4 + 2) = 3 \cdot 6 = 18$ Felder.
Man bestimmt erst die Anzahl der grünen sowie die Anzahl der gelben Felder und addiert dann diese Anzahlen: $3 \cdot 4 + 3 \cdot 2 = 12 + 6 = 18$ Felder.
Folglich gilt: $3 \cdot (4 + 2) = 3 \cdot 4 + 3 \cdot 2$

Weitere Distributivgesetze

6 **a)** (1) $8 \cdot (12 - 7) = 8 \cdot 5 = 40$ $\quad$ $8 \cdot 12 - 8 \cdot 7 = 96 - 56 = 40$
Der 1. Term ist vorteilhafter.

(2) $9 \cdot 16 - 5 \cdot 16 = 144 - 80 = 64$ $\quad$ $(9 - 5) \cdot 16 = 4 \cdot 16 = 64$
Der 2. Term ist vorteilhafter.

b) (1) $(56 + 35) : 7 = 91 : 7 = 13$ $\quad$ $56 : 7 + 35 : 7 = 8 + 5 = 13$
Der 2. Term ist vorteilhafter.

(2) $96 : 12 - 72 : 12 = 8 - 6 = 2$ $\quad$ $(96 - 72) : 12 = 24 : 12 = 2$
Terme etwa gleich vorteilhaft.

7 *1. Rechenweg:*
Anzahl der Kästen für Apfelsaft: $380 : 20 = 19$
Anzahl der Kästen für Traubensaft: $120 : 20 = 6$
Anzahl der Kästen insgesamt: $19 + 6 = 25$
Term: $380 : 20 + 120 : 20 = 19 + 6 = 25$
2. Rechenweg:
Anzahl der Flaschen für Apfel- und Traubensaft zusammen: $380 + 120 = 500$
Anzahl der Kästen insgesamt: $500 : 20 = 25$
Term: $(380 + 120) : 20 = 500 : 20 = 25$
Antwort: Man benötigt insgesamt 25 Kästen.

Seite 39

8 **a)** Man zerlegt eine Zahl in eine Summe oder eine Differenz, um mithilfe des Distributivgesetzes einfache Produkte bzw. Quotienten zu erhalten.

b)

(1) $7 \cdot 36 = 7 \cdot (30 + 6) = 7 \cdot 30 + 7 \cdot 6 = 210 + 42 = 252$

(2) $84 \cdot 6 = (80 + 4) \cdot 6 = 80 \cdot 6 + 4 \cdot 6 = 480 + 24 = 504$

(3) $187 : 17 = (170 + 17) : 17 = 170 : 17 + 17 : 17 = 10 + 1 = 11$

(4) $9 \cdot 98 = 9 \cdot (100 - 2) = 9 \cdot 100 - 9 \cdot 2 = 900 - 18 = 882$

(5) $8 \cdot 149 = 8 \cdot (150 - 1) = 8 \cdot 150 - 8 \cdot 1 = 1\,200 - 8 = 1\,192$

(6) $156 : 13 = (130 + 26) : 13 = 130 : 13 + 26 : 13 = 10 + 2 = 12$

(7) $69 \cdot 4 = (70 - 1) \cdot 4 = 70 \cdot 4 - 1 \cdot 4 = 280 - 4 = 276$

(8) $152 \cdot 3 = (150 + 2) \cdot 3 = 150 \cdot 3 + 2 \cdot 3 = 450 + 6 = 456$

(9) $247 : 13 = (260 - 13) : 13 = 260 : 13 - 13 : 13 = 20 - 1 = 19$

(10) $917 : 7 = (910 + 7) : 7 = 910 : 7 + 7 : 7 = 130 + 1 = 131$

(11) $104 : 8 = (80 + 24) : 8 = 80 : 8 + 24 : 8 = 10 + 3 = 13$

(12) $330 : 15 = (300 + 30) : 15 = 300 : 15 + 30 : 15 = 20 + 2 = 22$

Anwenden des Distributivgesetzes – Ausklammern

9 **a)** Im Distributivgesetz ist die linke Seite der Gleichung gleich der rechten Seite der Gleichung. Man liest es jetzt rückwärts: Die rechte Seite der Gleichung ist gleich der linken Seite der Gleichung.

b)

(1) $8 \cdot 96 + 8 \cdot 4 = 8 \cdot (96 + 4) = 8 \cdot 100 = 800$

(2) $4 \cdot 16 + 4 \cdot 34 = 4 \cdot (16 + 34) = 4 \cdot 50 = 200$

10

a) $8 \cdot 17 + 2 \cdot 17 = (8 + 2) \cdot 17 = 10 \cdot 17 = 170$

b) $39 \cdot 24 + 11 \cdot 24 = (39 + 11) \cdot 24 = 50 \cdot 24 = 1\,200$

c) $23 \cdot 64 + 23 \cdot 36 = 23 \cdot (64 + 36) = 23 \cdot 100 = 2\,300$

d) $176 \cdot 36 + 24 \cdot 36 = (176 + 24) \cdot 36 = 200 \cdot 36 = 7\,200$

e) $72 \cdot 30 + 72 \cdot 70 = 72 \cdot (30 + 70) = 72 \cdot 100 = 7\,200$

f) $45 \cdot 15 + 55 \cdot 15 = (45 + 55) \cdot 15 = 100 \cdot 15 = 1\,500$

Seite 39

10 **g)** $123 \cdot 12 + 77 \cdot 12$
$= (123 + 77) \cdot 12$
$= 200 \cdot 12$
$= 2400$

h) $340 \cdot 22 + 340 \cdot 78$
$= 340 \cdot (22 + 78)$
$= 340 \cdot 100$
$= 34000$

11 **a)** $17 \cdot 13 + 87 \cdot 17$
$= 17 \cdot 13 + 17 \cdot 87$
$= 17 \cdot (13 + 87)$
$= 17 \cdot 100$
$= 1700$

b) $24 \cdot 33 - 33 \cdot 14$
$= 24 \cdot 33 - 14 \cdot 33$
$= (24 - 14) \cdot 33$
$= 10 \cdot 33$
$= 330$

c) $102 : 6 + 78 : 6$
$= (102 + 78) : 6$
$= 180 : 6$
$= 30$

d) $16 \cdot 13 + 16 \cdot 29 + 16 \cdot 8$
$= 16 \cdot (13 + 29 + 8)$
$= 16 \cdot 50$
$= 800$

e) $54 \cdot 19 - 9 \cdot 54$
$= 54 \cdot 19 - 54 \cdot 9$
$= 54 \cdot (19 - 9)$
$= 54 \cdot 10$
$= 540$

f) $47 \cdot 73 - 23 \cdot 47$
$= 47 \cdot 73 - 47 \cdot 23$
$= 47 \cdot (73 - 23)$
$= 47 \cdot 50$
$= 2350$

g) $135 : 15 + 15 : 15$
$= (135 + 15) : 15$
$= 150 : 15$
$= 10$

h) $14 \cdot 38 - 3 \cdot 14 + 65 \cdot 14$
$= 38 \cdot 14 - 3 \cdot 14 + 65 \cdot 14$
$= (38 - 3 + 65) \cdot 14$
$= 100 \cdot 14$
$= 1400$

Weiterüben

12 Ein solches Gesetz gibt es nicht, denn es gilt nicht für das folgende Beispiel.

Linke Seite:
$12 : (2 + 4)$
$= 12 : 6$
$= 2$

Rechte Seite:
$12 : 2 + 12 : 4$
$= 6 + 3$
$= 9$

Also: $12 : (2 + 4) \neq 12 : 2 + 12 : 4$

Das kann ich noch!

A 1) 40: 35; 36; 37; 38; 39; 41; 42; 43; 44
100: 95; 96; 97; 98; 99; 101; 102; 103; 104
3090: 3085; 3086; 3087; 3088; 3089; 3091; 3092; 3093; 3094
2) 300: 250–299; 301–349
4500: 4450–4499; 4501–4549
958 000: 957 950–957 999; 958001–958049
3) 1000: 500–999; 1001–1499
14 000: 13 500–13 999;14001–14 499
47 000: 47 500–48 999; 48 001–48 499
4) 600 000: 595 000–599 999; 600 001–604 999
6 500 000: 6 495 000–649 999; 6 000 001–6 504 999

B 1) 596 517 2) 39 631 3) 30 392 4) 6013

Fokus: Chinesische Linien-Multiplikation

Seite 40

1 **a)** Das Produkt der Einer der beiden Faktoren ergibt die Anzahl der Schnittpunkte der Einerlinien des 1. Faktors mit den Einerlinien des 2. Faktors: $1 \cdot 2 = 2$
Dieses sind Einer des Produkts $21 \cdot 42$.
Das Produkt der Einer des 1. Faktors mit den Zehnern des 2. Faktors ergibt die Anzahl der Schnittpunkte der Einerlinien des 1. Faktors mit den Zehnerlinien des 2. Faktors:
$1 \cdot 4 = 4$
Dieses sind Zehner des Produkts $21 \cdot 42$.
Das Produkt der Zehner des 1. Faktors mit den Einern des 2. Faktors ergibt die Anzahl der Schnittpunkte der Zehnerlinien des 1. Faktors mit den Einerlinien des 2. Faktors:
$2 \cdot 2 = 4$
Dieses sind auch Zehner des Produkts $21 \cdot 42$.
Zusammen erhält man 8 Schnittpunkte für die Zehner des Produkts $21 \cdot 42$.
$1 \cdot 4 + 2 \cdot 2 = 4 + 4 = 8$
Das Produkt der Zehner der beiden Faktoren ergibt die Anzahl der Schnittpunkte der Zehnerlinien des 1. Faktors mit den Zehnerlinien des 2. Faktors: $2 \cdot 4 = 2$
Dieses sind Hunderter des Produkts $21 \cdot 42$.
$21 \cdot 42$
$= 21 \cdot (40 + 2)$
$= 21 \cdot 40 + 21 \cdot 2$
$= (20 + 1) \cdot 40 + (20 + 1) \cdot 2$
$= 20 \cdot 40 + 1 \cdot 40 + 20 \cdot 2 + 1 \cdot 2$
$= 800 + 40 + 40 + 2$
$= 8 \cdot 100 + 8 \cdot 10 + 2 \cdot 1$
$= 882$

b) 10 Zehner werden zu einem Hunderter zusammengefasst. Man verfährt mit den Überträgen wie beim schriftlichen Addieren bzw. Multiplizieren.

2 **a)** $22 \cdot 23 = 506$

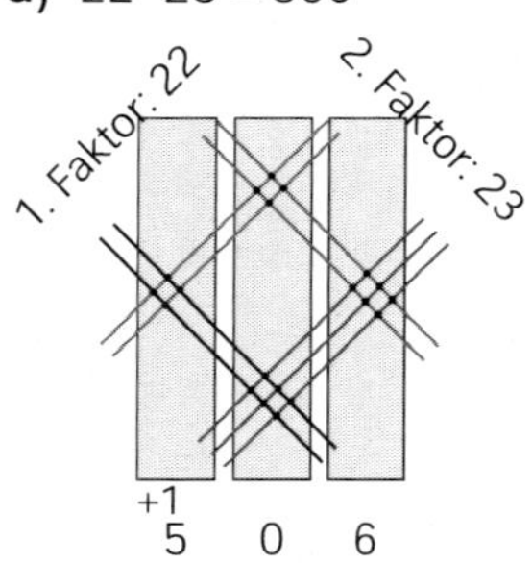

b) $41 \cdot 35 = 1\,435$

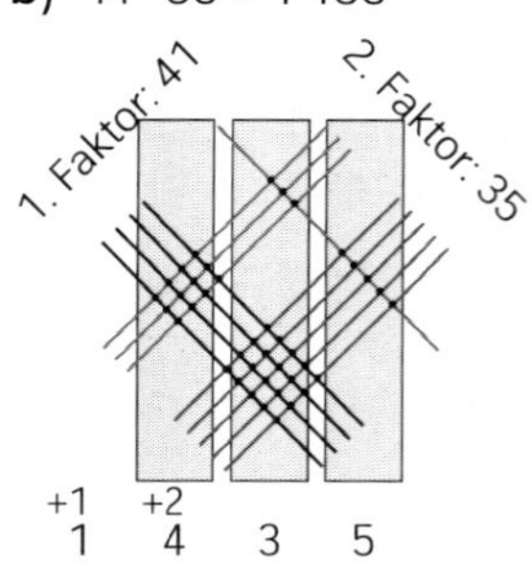

Seite 40

2 c) $24 \cdot 31 = 744$

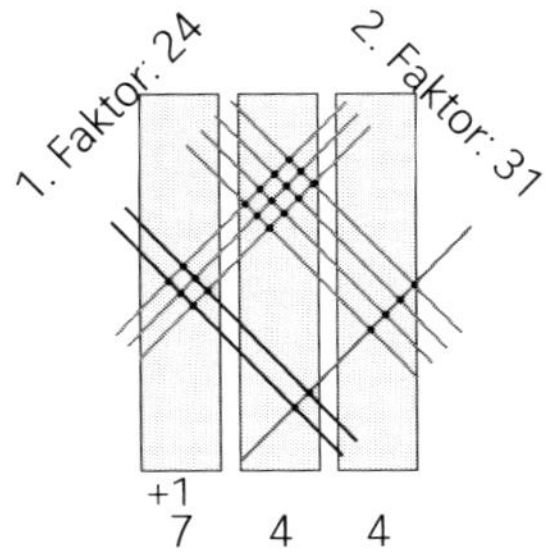

d) $32 \cdot 51 = 1632$

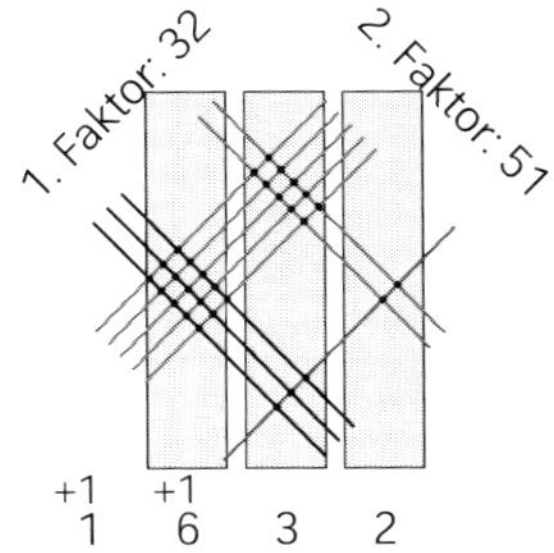

3 a) $23 \cdot 41 = 943$

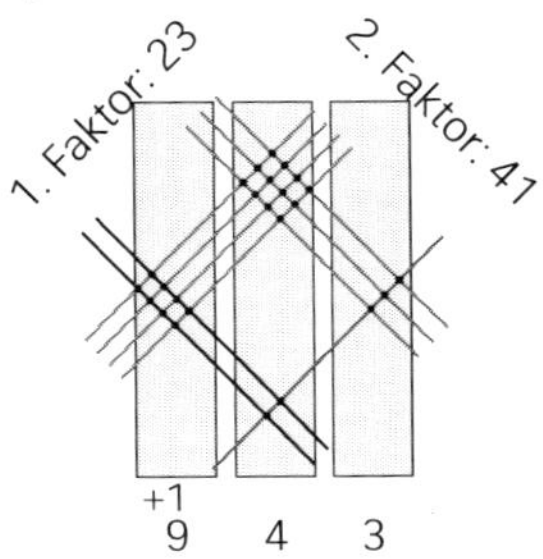

b) $34 \cdot 55 = 1870$

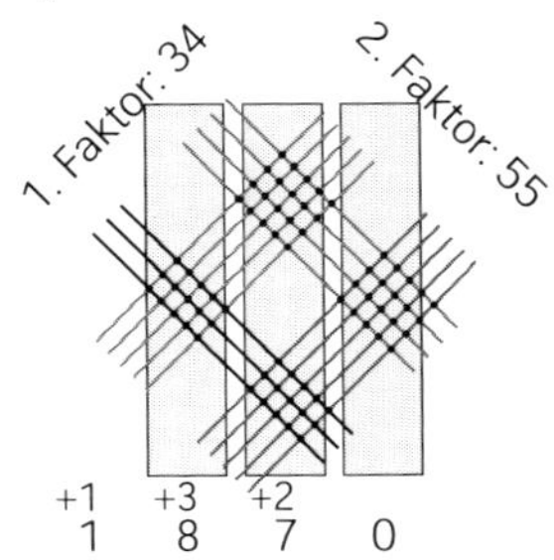

c) $26 \cdot 41 = 1066$

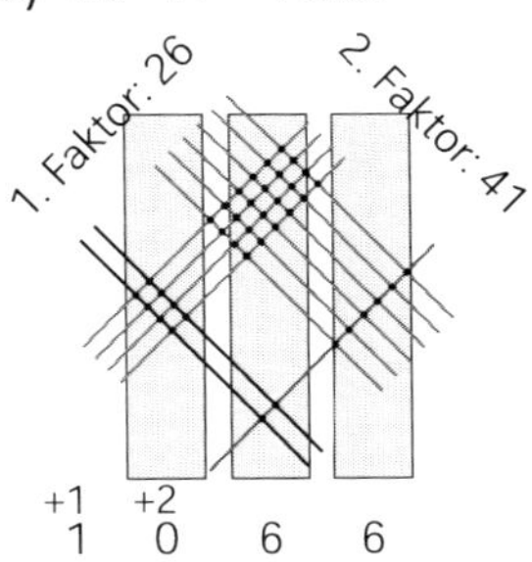

d) $35 \cdot 17 = 595$

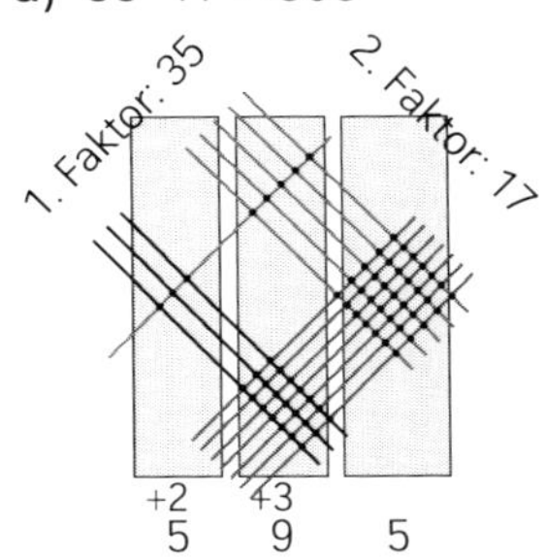

4 $89 \cdot 93 = 8277$

Das Abzählen der Anzahl der Schnittpunkte ist hier aufwendiger. Man erhält sie aber auch schnell durch Multiplizieren der beiden Anzahlen der Linien.

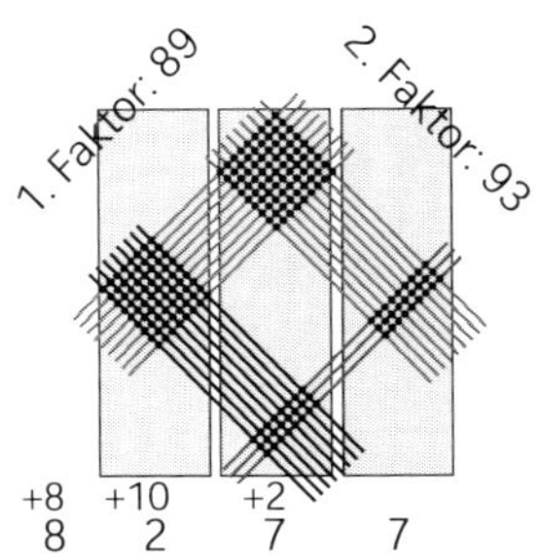

Seite 40

5 **a)** (1) $213 \cdot 34 = 7242$

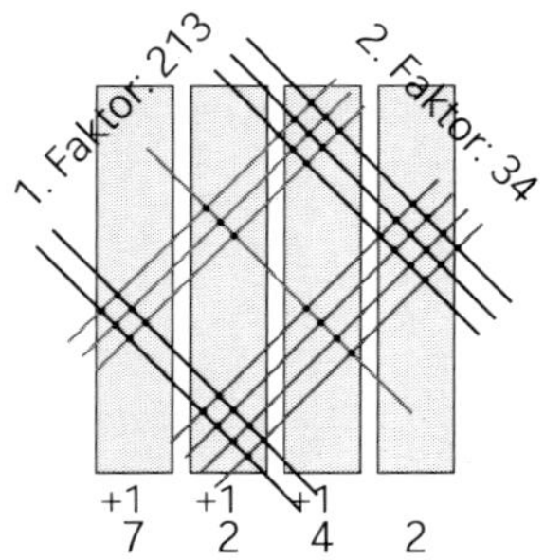

(2) $322 \cdot 214 = 68908$

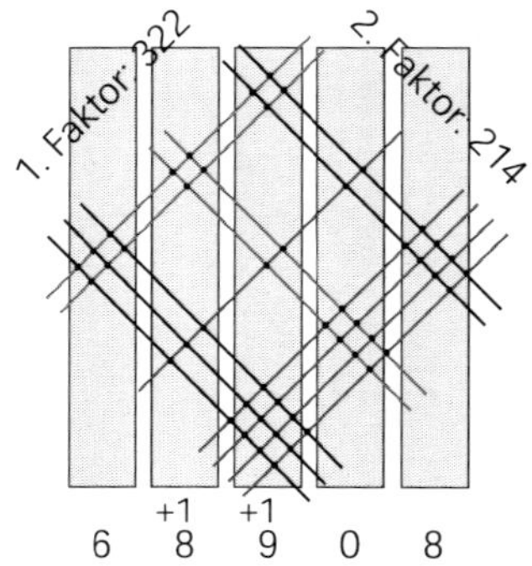

b) (1) $123 \cdot 31 = 3813$

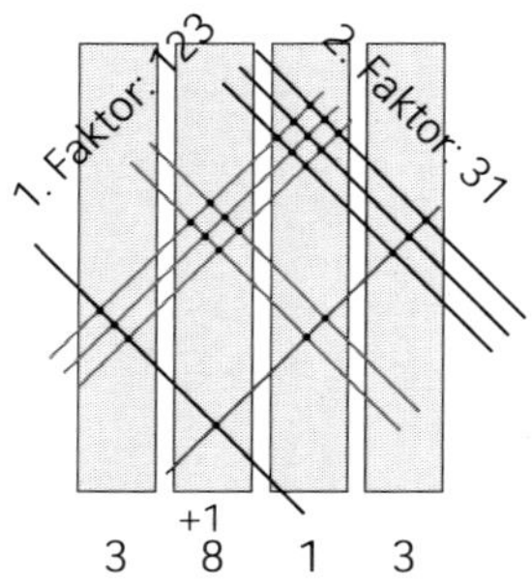

(2) $241 \cdot 325 = 78325$

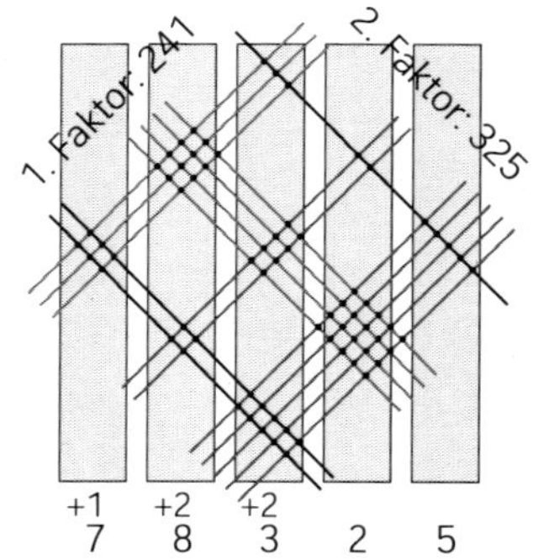

1.8 Teiler und Vielfache

Seite 41
Einstieg

Es gibt folgende Möglichkeiten:
20 Mannschaften mit je 3 Kindern.
15 Mannschaften mit je 4 Kindern.
12 Mannschaften mit je 5 Kindern.
10 Mannschaften mit je 6 Kindern.
6 Mannschaften mit je 10 Kindern.
5 Mannschaften mit je 12 Kindern.
4 Mannschaften mit je 15 Kindern.
3 Mannschaften mit je 20 Kindern.
2 Mannschaften mit je 30 Kindern.

Seite 42
Üben

1 **a)** Richtig; 4 ist Teiler von 36, denn $36 : 4 = 9$.
b) Falsch; 5 ist nicht Teiler von 56, denn $56 : 5 = 11$ R 1.
c) Richtig; 20 ist Teiler von 20, denn $20 : 20 = 1$.
d) Falsch; 8 ist nicht Teiler von 98, denn $98 : 8 = 12$ R 2.
e) Richtig; 13 ist Teiler von 260, denn $260 : 13 = 20$.
f) Falsch; 11 ist nicht Teiler von 111, denn $111 : 11 = 10$ R 1.
g) Falsch; 10 ist nicht Teiler von 133, denn $133 : 10 = 13$ R 3.
h) Richtig; 5 ist Teiler von 75, denn $75 : 5 = 15$.

Seite 42

2 **a)** 10 hat die Teiler 1, 2, 5, 10
b) 28 hat die Teiler 1, 2, 4, 7, 14, 28
c) 13 hat die Teiler 1, 13
d) 30 hat die Teiler 1, 2, 3, 5, 6, 10, 15, 30
e) 16 hat die Teiler 1, 2, 4, 8, 16
f) 51 hat die Teiler 1, 3, 17, 51
g) 21 hat die Teiler 1, 3, 7, 21
h) 18 hat die Teiler 1, 2, 3, 6, 9, 18
i) 15 hat die Teiler 1, 3, 5, 15
j) 23 hat die Teiler 1, 23
k) 25 hat die Teiler 1, 5, 25
l) 56 hat die Teiler 1, 2, 4, 7, 8, 14, 28, 56

3 **a)** 153 ist durch 3 teilbar, also keine Primzahl.
135 ist durch 5 teilbar, also keine Primzahl.
137 ist nicht durch 2, 3, 5, 7, 11, 13 teilbar, 137 ist also eine Primzahl.
143 ist durch 11 teilbar, also keine Primzahl.
151 ist nicht durch 2, 3, 5, 7, 11, 13 teilbar, 151 ist also eine Primzahl.
129 ist durch 3 teilbar, also keine Primzahl.
136 ist durch 2 teilbar, also keine Primzahl.
131 ist nicht durch 2, 3, 5, 7, 11, 13 teilbar, 131 ist also eine Primzahl.
139 ist nicht durch 2, 3, 5, 7, 11, 13 teilbar, 139 ist also eine Primzahl.
134 ist durch 2 teilbar, also keine Primzahl.
159 ist durch 3 teilbar, also keine Primzahl.
149 ist nicht durch 2, 3, 5, 7, 11, 13 teilbar, 149 ist also eine Primzahl.
b) 211 ist nicht durch 2, 3, 5, 7, 11, 13, 17 teilbar, 211 ist also eine Primzahl.
251 ist nicht durch 2, 3, 5, 7, 11, 13, 17 teilbar, 251 ist also eine Primzahl.
279 ist durch 3 teilbar, also keine Primzahl.
242 ist durch 2 teilbar, also keine Primzahl.
213 ist durch 3 teilbar, also keine Primzahl.
277 ist nicht durch 2, 3, 5, 7, 11, 13, 17 teilbar, 277 ist also eine Primzahl.
265 ist durch 5 teilbar, also keine Primzahl.
269 ist nicht durch 2, 3, 5, 7, 11, 13, 17 teilbar, 269 ist also eine Primzahl.
214 ist durch 2 teilbar, also keine Primzahl.
233 ist nicht durch 2, 3, 5, 7, 11, 13, 17 teilbar, 233 ist also eine Primzahl.
243 ist durch 3 teilbar, also keine Primzahl.
291 ist durch 3 teilbar, also keine Primzahl.

4 (1) Falsch, denn 2 ist eine gerade Primzahl.
(2) Richtig, 2 und 3 sind die einzigen Primzahlen, deren Differenz 1 ist. Alle anderen Primzahlen sind ungerade, die Differenz beträgt damit mindestens 2.
(3) Falsch, denn $5 - 2 = 3$.
(4) Falsch. Die andere Zahl hat dann einen Teiler, der weder 1 noch die Zahl selbst ist. Sie ist dann keine Primzahl.

Seite 43

5 **a)** $50 = 2 \cdot 5 \cdot 5 = 2 \cdot 5^2$
b) $48 = 2 \cdot 2 \cdot 2 \cdot 2 \cdot 3 = 2^4 \cdot 3$
c) $135 = 3 \cdot 3 \cdot 3 \cdot 5 = 3^3 \cdot 5$
d) $300 = 2 \cdot 2 \cdot 3 \cdot 5 \cdot 5 = 2^2 \cdot 3 \cdot 5^2$
e) $4410 = 2 \cdot 3 \cdot 3 \cdot 5 \cdot 7 \cdot 7 = 2 \cdot 3^2 \cdot 5 \cdot 7^2$
f) $22295 = 5 \cdot 7 \cdot 7 \cdot 7 \cdot 13 = 5 \cdot 7^3 \cdot 13$

6 **a)** $30 = 2 \cdot 3 \cdot 5$ **b)** $44 = 2 \cdot 2 \cdot 11$ **c)** $350 = 2 \cdot 5 \cdot 5 \cdot 7$ **d)** $338 = 2 \cdot 13 \cdot 13$

Vielfache einer Zahl

Seite 43

7

Packungen	1	2	3	4	5	6	7	8	9	10	11	12	...
Stückzahl	6	12	18	24	30	36	42	48	54	60	66	72	...

8 **a)** 4, 8, 12, 16, 20, 24, 28, 32
b) 12, 24, 36, 48, 60, 72, 84, 96
c) 15, 30, 45, 60, 75, 90, 105, 120
d) 22, 44, 66, 88, 110, 132, 154, 176
e) 31, 62, 93, 124, 155, 186, 217, 248
f) 104, 208, 312, 416, 520, 624, 728, 832

9 Wir erklären den Satz am Beispiel des Schülerbandes für die Zahlen 5 und 30.
5 ist Teiler von 30 bedeutet, dass 30 ohne Rest durch 5 dividiert werden kann: $30:5=6$
Dann gilt auch $30=6\cdot5$, also ist 30 das Sechsfache von 5, also Vielfaches von 5.
Umgekehrt gilt auch: 30 ist das Sechsfache von 5, also $30=6\cdot5$ bzw. $30:5=6$.
5 ist also Teiler von 30.

10 Richtig; 25 ist Vielfaches von 5, denn $25=5\cdot5$.
Falsch; 88 ist Vielfaches von 11, denn $88=8\cdot11$.
Richtig; 8 ist Teiler von 56, denn $56:8=7$.
Richtig; 9 ist nicht Teiler von 98, denn $98:9=10$ R 8
Richtig; 9 ist Vielfaches von 9, denn $9=1\cdot9$.
Falsch; 168 ist Vielfaches von 14, denn $168=12\cdot14$.
Richtig; 7 ist Teiler von 7, denn $7:7=1$.
Richtig; 12 ist nicht Teiler von 130, denn $130:12=10$ R 10.

Weiterüben

11 Beispiele:
a) 6, 12
b) 9, 18
c) 30,60
d) 60,120

12 **a)** gesuchte Zahl: 49
b) gesuchte Quadratzahlen: 144; 256; 324; 576; 729

1.9 Teilbarkeitsregeln

Seite 44
Einstieg

Regel durch 3 teilbar: Eine Zahl ist durch 3 teilbar, wenn ihre Quersumme durch 3 teilbar ist, sonst nicht.
Regel durch 4 teilbar: Eine Zahl ist durch 4 teilbar, wenn die Zahl aus den lezten beiden Ziffern durch 4 teilbar ist, sonst nicht.
Regel durch 6 teilbar: Eine Zahl ist durch 6 teilbar, wenn sie durch 2 und 3 teilbar ist, sonst nicht.

Seite 45
Üben

1 **a)** 624, 5556, 770, 3828, 3740, 1014, 3792
b) 624, 5556, 1014, 21
c) 624, 5556, 3828, 3740, 3792
d) 624, 5556, 1014

2 (1) 348, 572, 700, 780, 1250, 5216, 17700, 124110
(2) 375, 855, 700, 780, 1250, 2175, 8415, 17700, 124110, 324805
(3) 700, 780, 1250, 17700, 124110
(4) 348, 572, 700, 780, 5216, 17700

3 **a)** (1) 0, 2, 4, 6, 8
(2) 0, 2, 4, 6, 8
(3) Zehner beliebig, Einer 0, 2, 4, 6, 8
(4) Zehner beliebig, Einer 0, 2, 4, 6, 8
(5) 0, 2, 4, 6, 8
(6) Zehner beliebig, Einer 0, 2, 4, 6, 8
b) (1) 0, 4, 8
(2) 0, 4, 8
(3) 00, 04, 08, 12, ...84, 88, 92 ,96
(4) 00, 04, 08, 12, ...84, 88, 92 ,96
(5) 2, 6
(6) 00, 04, 08, 12, ...84, 88, 92 ,96
c) (1) 0, 5
(2) 0, 5
(3) Zehner beliebig, Einer 0, 5
(4) Zehner beliebig, Einer 0, 5
(5) 0, 5
(6) Zehner beliebig, Einer 0, 5
d) (1) 0
(2) 0
(3) Zehner beliebig, Einer 0
(4) Zehner beliebig, Einer 0
(5) 0
(6) Zehner beliebig, Einer 0

Teilbarkeit durch 5, 10 und 100

4 Durch 5 teilbar: 70, 2220, 505, 100100, 12350
Durch 10 teilbar: 70, 2220, 100100, 12350
Durch 100 teilbar: 2220, 100100

5 **a)** Durch 2 teilbar: 80, 108, 720, 7500, 3384
Durch 3 teilbar: 108, 720, 7500, 3384
Durch 4 teilbar: 80, 108, 720, 7500, 3384
Durch 5 teilbar: 80, 720, 7500
Durch 6 teilbar: 108, 720, 7500, 3384
Durch 10 teilbar: 80, 720, 7500

Seite 45

5 **b)** Durch 2 teilbar: 9000, 4572, 2880, 82124, 82126, 1440, 1234
Durch 3 teilbar: 6375, 9000, 4572, 2880, 82125, 1440
Durch 4 teilbar: 9000, 4572, 2880, 82124, 1440
Durch 5 teilbar: 6375, 9000, 2880, 82125, 1440, 1445
Durch 6 teilbar: 9000, 4572, 2880, 1440
Durch 10 teilbar: 9000, 2880, 1440

Seite 46
Weiterüben

6 Die Quersumme muss durch 3 teilbar sein.
a) Die Quersumme der vorliegenden Ziffern ist 12. Passende Ziffern sind 0, 3, 6, 9.
Es gibt 4 Möglichkeiten.
b) Die Quersumme der vorliegenden Ziffern ist 17. Passende Ziffern sind 1, 4, 7.
Es gibt 3 Möglichkeiten.
c) Die Quersumme der vorliegenden Ziffern ist 24. Passende Ziffern sind 0, 3, 6, 9.
Es gibt 4 Möglichkeiten.
d) Die Quersumme der vorliegenden Ziffern ist 18. Passende Ziffern sind 0, 3, 6, 9.
Es gibt 4 Möglichkeiten.
e) Die Quersumme der vorliegenden Ziffern ist 26. Passende Ziffern sind:
0 und 1, 0 und 4, 0 und 7, 1 und 0, 1 und 3, 1 und 6, 1 und 9, 2 und 2,
2 und 5, 2 und 8, 3 und 1, 3 und 4, 3 und 7, 4 und 0, 4 und 3, 4 und 6
4 und 9, 5 und 2, 5 und 5, 5 und 8, 6 und 1, 6 und 4, 6 und 7, 7 und 0,
7 und 3, 7 und 6, 7 und 9, 8 und 2, 8 und 5, 8 und 8, 9 und 1, 9 und 4,
9 und 7
Es gibt 33 Möglichkeiten.
f) Die Quersumme der vorliegenden Ziffern ist 14. Passende Ziffern sind:
0 und 1, 0 und 4, 0 und 7, 1 und 0, 1 und 3, 1 und 6, 1 und 9, 2 und 2,
2 und 5, 2 und 8, 3 und 1, 3 und 4, 3 und 7, 4 und 0, 4 und 3, 4 und 6
4 und 9, 5 und 2, 5 und 5, 5 und 8, 6 und 1, 6 und 4, 6 und 7, 7 und 0,
7 und 3, 7 und 6, 7 und 9, 8 und 2, 8 und 5, 8 und 8, 9 und 1, 9 und 4,
9 und 7
Es gibt 33 Möglichkeiten.

7 **a)** Zweistellige Vielfache von 10: 10, 20, 30, 40, 50, 60, 70, 80, 90
b) Zweistellige Vielfache von 6: 12, 18, 24, 30, 36, 42, 48, 54, 60, 66, 72, 78, 84, 90, 96
c) Zweistellige Vielfache von 12: 12, 24, 36, 48, 60, 72, 84, 96
d) Zweistellige Vielfache von 18: 18, 36, 54, 72, 90

8 (1) Eine Zahl ist durch 12 teilbar, wenn die Zahl sowohl durch 3 als auch durch 4 teilbar ist.
(2) Eine Zahl ist durch 15 teilbar, wenn die Zahl sowohl durch 3 als auch durch 5 teilbar ist.

9 **a)** Alle dreistelligen Zahlen mit den Endziffern 2, 4, 6 oder 8, z. B. 346, 558.
b) Durch 12 teilbare Zahlen, also Vielfache von 12, z. B. 132, 576.

10 **a)** Schaltjahre waren 1904, 1884, 1968, 2000.
b) 2020, 2024, 2028, 2032, 2036, 2040

Seite 46

11 Wir prüfen wie in der Aufgabe mit Lösung auf Seite 90 des Schülerbandes, ob 1 467 durch 9 teilbar ist und ob die 1 467 Personen in Gruppen zu je 9 Personen aufgeteilt werden können.
Wir zerlegen die Zahl wie in der Lösung auf Seite 90 des Schülerbandes:

$$1\,467 = 1 \cdot 1\,000 + 4 \cdot 100 + 6 \cdot 10 + 7$$
$$= 1 \cdot (999 + 1) + 4 \cdot (99 + 1) + 6 \cdot (9 + 1) + 7$$
$$= 1 \cdot 999 + 4 \cdot 99 + 6 \cdot 9 + 1 + 4 + 6 + 7$$

999 und 99 und 9 sind durch 9 teilbar, also auch alle Vielfachen. Man muss also nun noch den Rest betrachten:

$1 + 4 + 6 + 7 = 18$

Dieser Rest, der die Summe der Ziffern der Zahl 1 467 ist, ist auch wieder durch 9 teilbar. Die Gruppe kann also in 9er-Gruppen aufgeteilt werden.
Eine natürliche Zahl ist also durch 9 teilbar, wenn die Quersumme der Zahl durch 9 teilbar ist, sonst nicht.

12 **a)** Beispiel: Lassen sich 2 475 Schokokugeln in Portionen zu 25 Kugeln verpacken?
Man zerlegt die Zahl in Hunderter und dem Rest: $2\,475 = 24 \cdot 100 + 75$
Da man 100 in 25er-Portionen aufteilen kann, kann man auch jedes Vielfache davon in 25er-Pakete aufteilen. Ob Kugeln übrig bleiben, entscheidet sich also über die Zahl aus den letzten beiden Ziffern. 75 Schokoladenkugeln sind auch in 25er-Portionen aufteilbar. Also ist die Zahl 2 475 durch 25 teilbar. Die Schokokugeln lassen sich wie vorgesehen verpacken.
Eine natürliche Zahl ist also durch 25 teilbar, wenn die aus den letzten beiden Ziffern gebildete Zahl durch 25 teilbar ist, sonst nicht.
b) Beispiel: Lassen sich 2 488 Schokokugeln in Portionen zu 8 Kugeln verpacken?
Man zerlegt die Zahl in Tausender und dem Rest: $2\,488 = 2 \cdot 1\,000 + 488$
Da man 1 000 in 8er-Portionen aufteilen kann, kann man auch jedes Vielfache davon in 8er-Portionen aufteilen. Ob Kugeln übrig bleiben, entscheidet sich also über die Zahl aus den letzten drei Ziffern. 488 Schokoladenkugeln sind auch in 8er-Portionen aufteilbar, denn $488 : 8 = 61$. Also ist die Zahl 2 488 durch 8 teilbar. Die Schokokugeln lassen sich wie vorgesehen verpacken.
Eine natürliche Zahl ist also durch 8 teilbar, wenn die aus den letzten drei Ziffern gebildete Zahl durch 8 teilbar ist, sonst nicht.

13 **a)** Die aus den letzten beiden Ziffern gebildete Zahl muss durch 4 teilbar sein, die aus den letzten drei Ziffern gebildete Zahl darf aber nicht durch 8 teilbar sein. Beispiele sind 1 116 und 5 860.
b) Die Zahl muss ein Vielfaches von 8 und ein Vielfaches von 25 sein. Das sind die Vielfachen von 200. Beispiele sind 1 200 und 7 600.
c) Die durch 2 und durch 5 teilbaren Zahlen, sind die durch 10 teilbaren Zahlen.
Die gesuchten Zahlen sind also durch 10 und durch 9 teilbar. Die Endziffer der Zahl ist also eine 0 und ihre Quersumme muss durch 9 teilbar sein. Beispiele sind 1 710 und 8 460.
d) Die aus den letzten beiden Endziffern gebildete Zahl darf nicht durch 4 teilbar sein und nicht die Endziffer 0 und 5 haben. Beispiele sind 1 173 und 9 558.

Seite 46

13 **e)** Die Quersumme der Zahl muss durch 3, darf aber nicht durch 9 teilbar sein. Die aus den drei letzten Ziffern gebildete Zahl muss durch 8 teilbar sein. Beispiel sind 1 176 und 9552.

14 Begründung am Beispiel der Zahl 23765913:
Die Quersumme von 23765913 ist:
$2 + 3 + 7 + 6 + 5 + 9 + 1 + 3$
$= 3 + 6 + 9 + 3 + 2 + 7 + 5 + 1$
$= 2 \cdot 3 + 6 + 9 + 2 + 7 + 5 + 1$
$2 \cdot 3$ und 6 sowie 9 sind durch 3 teilbar, also entscheidet die restliche Summe $2 + 7 + 5 + 1$, ob die Quersumme der Zahl durch 3 teilbar ist. Die Ziffern 3, 6 und 9 kann man also bei der Quersummenbildung weglassen.

Das kann ich noch!

A 1)

$$\begin{array}{rr} & 3573 \\ + & 409 \\ + & 27 \\ & {\scriptstyle 111} \\ \hline & 4009 \end{array}$$

2)

$$\begin{array}{rr} & 6457 \\ - & 3179 \\ & {\scriptstyle 111} \\ \hline & 2778 \end{array}$$

3)

$$\begin{array}{rr} & 5312 \\ - & 490 \\ - & 1279 \\ & {\scriptstyle 121} \\ \hline & 3543 \end{array}$$

4)

$$\begin{array}{r} \underline{427 \cdot 35} \\ 1281 \\ \underline{2135} \\ 14945 \end{array}$$

Wahlbereich: Zählen und Rechnen – einst und jetzt

Zahlzeichen anderer Kulturen

Seite 50

1 

10 + 10 + 3 = 23

60 + 4 · 10 + 5 = 105

600 + 6 · 60 + 3 · 10 + 9 = 999

600 + 600 + 600 + 60 + 60 + 60 + 10 + 10 + 4 = 2004

2 **a)** 2435 **b)** Keine Lösungen

3 Keine Lösungen

Zahlen der Ägypter und Babylonier

Seite 51

4 (1) 11116 (2) 102223 (3) 201107 (4) 2040028

5 3456

20346

6 Die Ägypter nutzten auch die Stufenzahlen 1, 10, 100, ... Sie kannten dann aber für die Anzahl an den einzelnen Stufen keine verschiedenen Ziffern, sondern stellten die Anzahlen (von 1 bis 9) durch die Anzahl der Symbole dar. Sie kannten auch nicht die 0, sondern haben dann die Stufenzahl einfach weggelassen.
Die Zahlen werden im Gegensatz zum Zehnersystem von links nach rechts geschrieben. Die größere Stufenzahl steht hier rechts von der kleineren Stufenzahl.

7 **a)** 2 · 60 + 1 · 1 = 121 **b)** 1 · 60 + 2 · 1 = 61

8 2 · 1 = 2
1 · 60 + 1 · 1 = 61
1 · 3600 + 0 · 60 + 1 · 1 = 3601

So schrieben die Römer Zahlen

Seite 52

9 **a)** X + X + X + V + I + I = 37
b) C + X + X + V = 125
c) D + C + C + L + I + I = 752
d) M + C + C + C + X + X + V + I = 1 326
e) M + D + C + L + X + V + I = 1 666
f) M + D + C + C + L + X + X + I + I + I = 1 773
g) L − X + I + I = 42
h) X + X + V − I = 24
i) X + X + X + X − I = 39
j) C − X + I + I + I = 93
k) C − X + V − I = 94
l) M + M − C + L − X + X − I = 1 949

10 **a)** M D C C C L X X V
1 000 + 500 + 100 + 100 + 100 + 50 + 10 + 10 + 5 = 1 875
b) 1 000 + 500 + 100 + 100 + 100 + 10 + 10 + 5 + 1 = 1 826

11 **a)** I; II; III; IV; V; VI; VII; VIII; IX; X; XI; XII; XIII; XIV; XV; XVI; XVII; XVIII; XIX; XX
b) XXXIII; LXVI; LXXXV
c) DCCCXXI; DCXXIV; MDCCCLXXII
d) MMCMLXXXVII; CCCXII; XLIX

12 **a)** Größte Zahl: LXXX = 80 Kleinste Zahl: XL = 40
b) Größte Zahl: MMMCCC = 3 300 Kleinste Zahl: CM = 900
c) Größte Zahl: CCCXXXV =335 Kleinste Zahl: XCV = 95
d) Größte Zahl: MMMDCCCXXXIII = 3 833 Kleinste Zahl: MCDIX = 1 409

Rechnen mit dem Abakus

Seite 53

13 **a)** MDCCLXIII
b) CXVII = 117
c) LXIX = 69. Die Regel (3) aus der Information gilt beim Rechnen mit dem Abakus nicht.
d) IMXL = 940

14 Die zwei Pfennige aus dem ersten Spacio werden zu einem Pfennig auf der zweiten Linie. Danach werden die 5 Pfennige aus der ersten Linie zu einem Pfennig im ersten Spacio.

Seite 53

15 a)
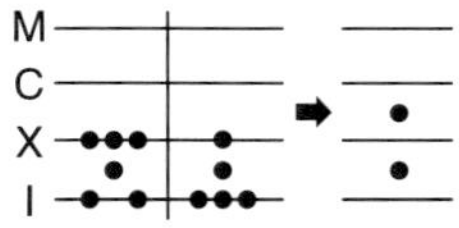

XXXVII + XVIII = LV

b)
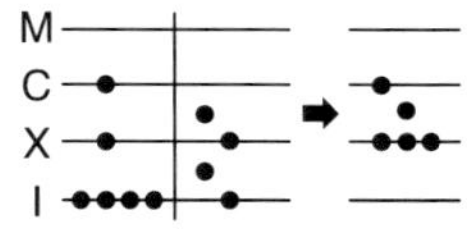

CXIV + LXVI = CLXXX

c)
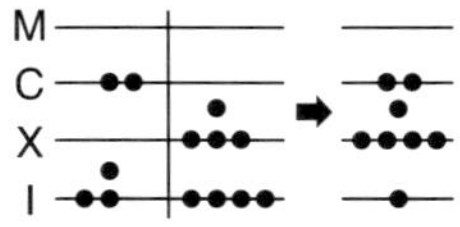

207 + 84 = 291

d)
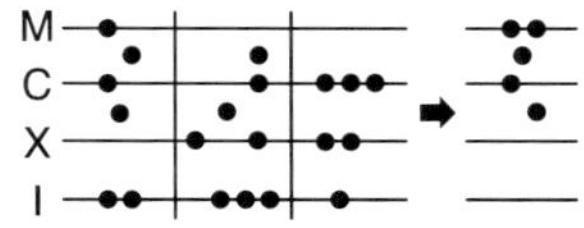

1 652 + 673 + 325 = 1 650

Seite 54

16 Liegen im ersten und zweiten Bankir dieselbe Anzahl an Pfennigen auf einer Linie oder in einem Spacio, so entferne alle Pfennige dieser Reihe. Liegen links mehr als rechts, so entferne nun die Anzahl an Pfennigen, die rechts liegt, und zwar in beiden Bankiren. Die Regel beim Zehner-/Hunderterübergang lässt sich anhand des Beispiels nicht ableiten.

17 a)
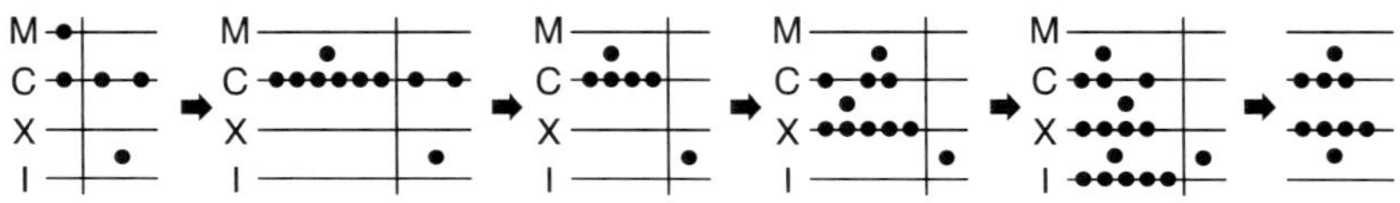

b)
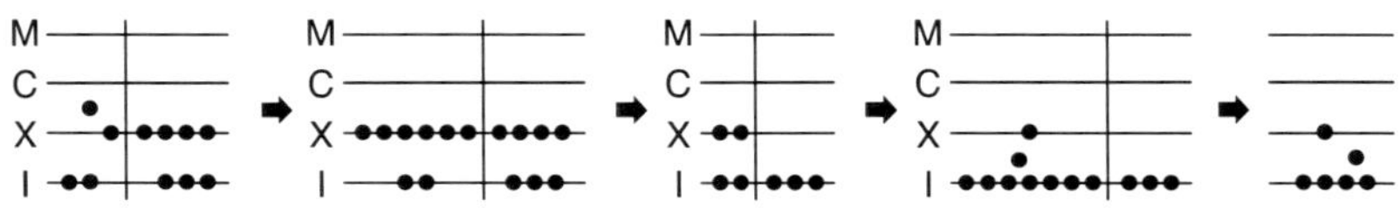

18 a)
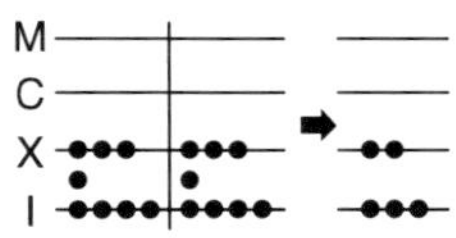

XXXIX − XVI = XXIII

b)
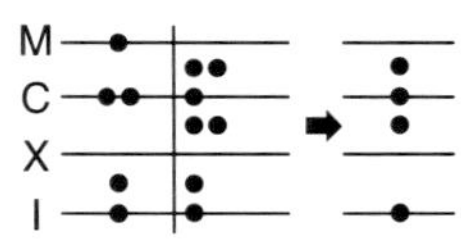

MCCVI − DLV = DCLI

c)
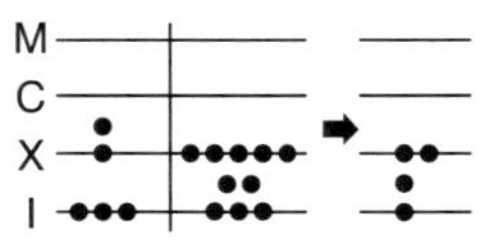

63 − 37 = 26

d)
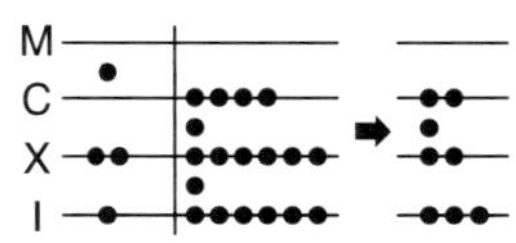

521 − 248 = 273

19 Keine Lösungen

20 Keine Lösungen

Adam Ries

Seite 55

21 Die Inder, die schon vor mehr als 2 500 Jahren ein Stellenwertsystem benutzten, erfanden die Ziffer Null. In einem Stellenwertsystem braucht man ein Symbol, das freigelassene Stellen kennzeichnet.

22 Keine Lösungen

Seite 55

23 **a)** $2 \cdot (2$ Gulden $+ 15$ Groschen $+ 9$ Pfennige$)$
$= 4$ Gulden $+ 30$ Groschen $+ 18$ Pfennige
$= 4$ Gulden $+ 1$ Gulden $+ 9$ Groschen $+ 1$ Groschen $+ 6$ Pfennige
$= 5$ Gulden $+ 10$ Groschen $+ 6$ Pfennige
b) 3 Gulden : 2
$= 1$ Gulden $+ (1$ Gulden $: 2)$
$= 1$ Gulden $+ (21$ Groschen $: 2)$
$= 1$ Gulden $+ 10$ Groschen $+ (1$ Groschen $: 2)$
$= 1$ Gulden $+ 10$ Groschen $+ (12$ Pfennige $: 2)$
$= 1$ Gulden $+ 10$ Groschen $+ 6$ Pfennige
c) 8 Äpfel kosten 11 Groschen und 4 Pfennige.
4 Äpfel kosten 5 Groschen und 8 Pfennige.
2 Äpfel kosten 2 Groschen und 10 Pfennige.
1 Apfel kosten 1 Groschen und 5 Pfennige.
11 Äpfel = 8 Äpfel + 2 Äpfel + 1 Apfel
$= 11$ Groschen $+ 4$ Pfennige $+ 2$ Groschen $+ 10$ Pfennige $+ 1$ Groschen $+ 5$ Pfennige
$= 14$ Groschen $+ 19$ Pfennige
$= 15$ Groschen $+ 7$ Pfennige

Positionssysteme

Seite 56

24 **a)** $10001_{(2)} = 1 \cdot 16 + 1 \cdot 1 = 17$
b) $101010_{(2)} = 1 \cdot 32 + 1 \cdot 8 + 1 \cdot 2 = 42$
c) $11010_{(2)} = 1 \cdot 16 + 1 \cdot 8 + 1 \cdot 2 = 26$
d) $101000_{(2)} = 1 \cdot 32 + 1 \cdot 8 = 40$
e) $10000011_{(2)} = 1 \cdot 128 + 1 \cdot 2 + 1 \cdot 1 = 131$
f) $1100111_{(2)} = 1 \cdot 64 + 1 \cdot 32 + 1 \cdot 4 + 1 \cdot 2 + 1 \cdot 1 = 103$
g) $1110011_{(2)} = 1 \cdot 64 + 1 \cdot 32 + 1 \cdot 16 + 1 \cdot 2 + 1 \cdot 1 = 115$
h) $1000111_{(2)} = 1 \cdot 64 + 1 \cdot 4 + 1 \cdot 2 + 1 \cdot 1 = 71$

25 **a)** (1) $101011_{(2)}$ (2) $101101_{(2)}$ **b)** (1) $10110_{(2)}$ (2) $11000_{(2)}$
c) (1) $111110_{(2)}$ (2) $1000000_{(2)}$ **d)** (1) $1010100_{(2)}$ (2) $1010110_{(2)}$

26 **a)** $18 = 16 + 2$, also $18 = 10010_{(2)}$ **b)** $31 = 16 + 8 + 4 + 2 + 1$, also $31 = 11111_{(2)}$
c) $56 = 32 + 16 + 8$, also $56 = 111000_{(2)}$ **d)** $70 = 64 + 4 + 2$, also $70 = 1000110_{(2)}$

27 **a)** $1011_{(2)}$ **b)** $1001001_{(2)}$ **c)** $11001_{(2)}$ **d)** $100010_{(2)}$

Seite 57

28 **a)** Die Zahlen bestehen alle aus lauter Einsen.
(1) $1111_{(2)} = 15$ (2) $11111_{(2)} = 31$ (3) $111111_{(2)} = 63$ (4) $1111111_{(2)} = 127$
b) (1) 4 dreistellige Zahlen (2) 8 vierstellige Zahlen
(3) 16 fünfstellige Zahlen (4) 32 sechsstellige Zahlen

29 Keine Lösungen

30 **a)** 81; 153; 90; 243; 255 **b)** 46; 50; 64; 7B; BB; CA; 100; 12 A

Bleib fit: Umgang mit Größen

Seite 58
Aktivieren

1 a) 2 km = 2000 m b) 4,50 m = 450 cm c) 2 t = 2000 kg d) 1,5 kg = 1 500 g
e) 4 h = 240 min f) 3 min = 180 s g) 3 min = 180 s h) 180 S = 3 min

Seite 59
Festigen

2 a) 5000 m b) 40 mm c) 9990 dm d) 32 cm
e) 170 cm f) 7000 m g) 210 mm h) 6 250 dm

3 a) 80 cm b) 23 m c) 3 km d) 2 dm
e) 130 dm f) 740 dm g) 4 cm h) 8 km

4 a) 1 cm 2 mm = 12 mm b) 7 cm 5 mm = 75 mm
c) 27 cm 8 mm = 278 mm d) 0 cm 5 mm = 5 mm
e) 0 km 703 m = 703 m f) 7 km 3 m = 7 003 m
g) 7 km 300 m = 7 300 m h) 7 km 30 m = 7 030 m

5 a) 16,8 cm = 16 cm 8 mm bis 17,2 cm = 17 cm 2 mm
b) 48,77 m = 48 m 77 cm; 9,14 m = 9 m 14 cm; 91,44 m = 91 m 44 cm

6 a) L = 4,432 m; B = 1,757 m; H = 1,544 m
b) L = 4 750 mm; B = 1 700 mm; H = 1 430 mm

7 a) 12 000 kg b) 999 000 mg c) 120 000 kg d) 83 000 kg
e) 17 000 g f) 108 000 g g) 3000 mg h) 23 000 g

8 a) 12 kg b) 102 g c) 3 t d) 3,6 kg
e) 0,24 t f) 60 kg g) 58 g h) 1,3 g

9 a) 4,007 t = 4 t 7 kg = 4 007 kg b) 66,8 t = 66 t 800 kg = 66 800 kg
c) 23,200 g = 23 g 200 mg = 23 200 mg d) 23,05 g = 23 g 20 mg = 23 020 mg
e) 7,8 kg = 7 kg 800 g = 7 800 g f) 7,08 kg = 7 kg 80 g = 7 080 g
g) 7,008 kg = 7 kg 8 g = 7 008 g h) 0,78 kg = 0 kg 780 g = 780 g

10 a) 3 kg 700 g = 3 700 g = 3,7 kg b) 3 t 635 kg = 3635 kg =3,635 t
c) 4 g 200 mg = 4200 mg = 4,2 g d) 12 t 80 kg = 12 080 kg = 12,08 t
e) 5 g 7 mg = 5 007 mg = 5,007 g f) 6 kg 40 g = 6 040 g = 6,04 kg
g) 17 g 3 mg = 17 003 mg = 17,003 g h) 1 kg 1 g = 1 001 g = 1,001 kg

Seite 60

11

Eiweiß	10,3 g = 10 300 mg	Ballaststoffe:	18,6 g = 18 600 mg
Fett:	7,2 g = 7 200 mg	Kohlenhydrate:	50,8 g = 50 800 mg
Natrium:	0,01 g = 10 mg	– davon Zucker:	14,9 g = 14 900 mg
Eisen:	4 mg = 0,004 g	Magnesium:	151 mg = 0,151 g
Vitamin C:	60 mg = 0,06 g		

Seite 60

12 Um die Größen zu ordnen, können wir sie in den beiden Einheiten kg und g angeben:
14 kg = 14 kg 0 g 40 g = 0 kg 40 g 1,3 kg = 1 kg 300 g 0,003 kg = 0 kg 3 g
0,1 t = 100 kg 0 g 700 kg = 700 kg 0 g 1,5 t = 1 500 kg 0 g 1 kg 500 g
2 700 g = 2 kg 700 g
0,003 kg < 40 g < 1,3 kg < 1 kg 500 g < 2 700 g < 14 kg < 0,1 t < 700 kg < 1,5 t

13 Der kleine Bruder wiegt an seinem Geburtstag mindestens 10 250 g und höchstens 10 349 g. Am nächsten Tag wiegt er mindestens 10 350 g und höchstens 10 449 g. Die Waage würde 10,3 kg und 10,4 kg auch anzeigen, wenn der kleine Bruder am Geburtstag 10 349 g und am nächsten Tag 10 350 g gewogen hätte. Das wäre nur eine Gewichtszunahme von 1 g gewesen.

14 **a)** 240 s **b)** 72 h **c)** 300 min **d)** 2 400 s
e) 360 s **f)** 1 800 min **g)** 480 h **h)** 720 min

15 **a)** 6 min **b)** 4 h **c)** 20 d **d)** 12 h
e) 5 d **f)** 5 min **g)** 9 h **h)** 240 h

16 **a)** (1) 79 min (2) 307 min (3) 694 min (4) 1 040 min
b) (1) 1:40 Uhr (2) 3:23 Uhr (3) 9:15 Uhr (4) 18:31 Uhr

17 Der Film ist 3 Minuten kürzer als 2 Stunden.
a) 22:12 Uhr **b)** Es wurde 36 Minuten Werbung gesendet.

18 In Auckland ist es 11 Stunden früher. Nach mitteleuropäischer Zeit ist Ben einen Tag später um 17:10 Uhr in Auckland. Dort ist es dann schon 11 Stunden weiter, also 04:10 Uhr, morgens.

19 **a)** Lena muss in Ulm spätestens den Zug um 10:09 Uhr nehmen.
b)

Abfahrzeit in Ulm	Ankunftszeit in Berlin	Fahrzeit
08:09 Uhr	15:28 Uhr	7 h 19 min
08:50 Uhr	15:28 Uhr	6 h 38 min
09:51 Uhr	16:30 Uhr	6 h 39 min
09:56 Uhr	15:29 Uhr	5 h 33 min
10:09 Uhr	15:51Uhr	5 h 42 min
10:51 Uhr	17:28 Uhr	6 h 37 min

Der Zug um 09:56 aus Ulm ist am schnellsten, der Zug um 08:09 am langsamsten.

2. Gemeine Brüche und Dezimalzahlen

Seite 61
Einstiegsseite

Die Pizza links unten wurde in 8 gleich große Teile geteilt. Davon ist noch ein Teil übrig, das ist ein Achtel der ganzen Pizza.
Die Pizza links oben wurde in 4 gleich große Teile geteilt. Davon sind noch 3 Teile übrig, das sind drei Viertel der ganzen Pizza.
Die Flasche mit der gelben Limo ist halb leer. Es ist noch die Hälfte übrig. Der Inhalt der Flasche ist damit in 2 gleich große Teile geteilt. Die Hälfte der Flasche ist noch übrig.
Die Flasche mit der roten Limo ist auch halb leer. Es ist noch die Hälfte übrig, also ein Halbes der ganzen Flasche ist noch übrig.
Die Baguette-Stangen wurden beide in 5 gleich große Teile geteilt. Die eine Stange ist noch ganz übrig und von der anderen Stange sind 2 Teile übrig. Insgesamt sind noch eine Stange und zwei Fünftel einer Stange übrig.
Die Schokoladentafel bestand aus 18 Stücken. Davon wurden 6 Stücke weggenommen und 12 Stücke sind noch übrig. Also sind noch zwölf Achtzehntel der Tafel übrig.
Der Kuchen bestand aus 12 Stücken. Davon wurden 4 Stücke weggenommen und 8 Stücke sind noch übrig. Also sind noch acht Zwölftel des Kuchens übrig.

2.1 Brüche – Anteile eines Ganzen

Seite 62
Einstieg

Heidelbeertorte: Die Torte wurde in vier gleich große Teile (Viertel) geteilt.
Davon ist ein Stück übrig, also $\frac{1}{4}$ der ganzen Torte.
Kiwitorte: Die Torte wurde in zehn gleich große Teile (Zehntel) geteilt.
Davon sind sechs Stücke übrig, also $\frac{6}{10}$ der ganzen Torte.
Ananastorte: Die Torte wurde in acht gleich große Teile (Achtel) geteilt.
Davon sind sieben Stücke übrig, also $\frac{7}{8}$ der ganzen Torte.
Donauwelle: Der Kuchen wurde in zehn gleich große Teile (Zehntel) geteilt.
Davon sind sechs Stücke übrig, also $\frac{6}{10}$ des ganzen Kuchens.

Seite 63
Üben

1 a) $\frac{1}{4}$ b) $\frac{3}{5}$ c) $\frac{4}{6}$ d) $\frac{4}{10}$

2 a) $\frac{1}{4}$ b) $\frac{4}{10}$ c) $\frac{1}{4}$ d) $\frac{4}{6}$
e) $\frac{1}{3}$ f) $\frac{3}{5}$ g) $\frac{1}{2}$ h) $\frac{2}{8}$

3 a) $\frac{2}{16}$ markiert; $\frac{14}{16}$ fehlt zum Ganzen. b) $\frac{9}{12}$ markiert; $\frac{3}{12}$ fehlt zum Ganzen.
c) $\frac{5}{12}$ markiert; $\frac{7}{12}$ fehlt zum Ganzen. d) $\frac{1}{6}$ markiert; $\frac{5}{6}$ fehlt zum Ganzen.

Seite 63

4 **a)** Die Darstellung ist richtig. Die vier Teile sind alle gleich groß.

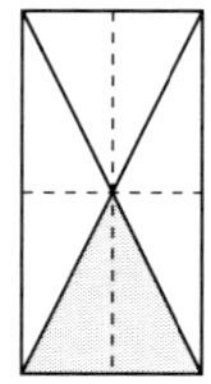

b) Die Darstellung ist falsch, denn die vier Teile sind nicht gleich groß.

c) Die Darstellung ist richtig. Die vier Teile sind alle gleich groß.

d) Die Darstellung ist richtig. Die vier Teile sind alle gleich groß. Wenn man die Dreiecke noch einmal in zwei gleich große Teile teilt, sind alle Teile gleich groß.

5 **a)** $\frac{2}{6}$ markiert; $\frac{4}{6}$ fehlt zum Ganzen.

b) $\frac{6}{16}$ markiert; $\frac{10}{16}$ fehlt zum Ganzen.

c) $\frac{4}{16}$ markiert; $\frac{12}{16}$ fehlt zum Ganzen.

d) $\frac{6}{32}$ markiert; $\frac{26}{32}$ fehlt zum Ganzen.

Brüche in Größenangaben

Seite 64

6 **a)** $\frac{1}{4}$ kg ist ein Viertel von 1 kg, also ein Viertel von 1000 g.

$\frac{1}{4}\text{kg} = 1000\,\text{g} : 4 = 250\,\text{g}$

$\frac{3}{4}$ kg ist das Dreifache von $\frac{1}{4}$ kg, also das Dreifache von 250 g.

$\frac{3}{4}\text{kg} = 3{,}250\,\text{g} = 750\,\text{g}$

b) $\frac{1}{8}$ kg ist ein Achtel von 1 kg, also ein Achtel von 1 000 g.

$\frac{1}{8}\text{kg} = 1\,000\,\text{g} : 8 = 125\,\text{g}$

$\frac{3}{8}$ kg ist das Dreifache von $\frac{1}{8}$ kg, also das Dreifache von 125 g.

$\frac{3}{8}\text{kg} = 3 \cdot 125\,\text{g} = 375\,\text{g}$

7 **a)** $1\,\text{m} \xrightarrow{:10} \frac{1}{10}\text{m} \xrightarrow{\cdot 1} \frac{1}{10}\text{m}$

$100\,\text{cm} \xrightarrow{:10} 10\,\text{cm} \xrightarrow{\cdot 1} 10\,\text{cm}$

Also: $\frac{1}{10}\text{m} = 10\,\text{cm}$

b) $1\,\text{m} \xrightarrow{:4} \frac{1}{4}\text{m} \xrightarrow{\cdot 1} \frac{1}{4}\text{m}$

$100\,\text{cm} \xrightarrow{:4} 25\,\text{cm} \xrightarrow{\cdot 1} 25\,\text{cm}$

Also: $\frac{1}{4}\text{m} = 25\,\text{cm}$

c) $1\,\text{m} \xrightarrow{:5} \frac{1}{5}\text{m} \xrightarrow{\cdot 2} \frac{2}{5}\text{m}$

$100\,\text{cm} \xrightarrow{:5} 20\,\text{cm} \xrightarrow{\cdot 2} 40\,\text{cm}$

Also: $\frac{2}{5}\text{m} = 40\,\text{cm}$

d) $1\,\text{m} \xrightarrow{:4} \frac{1}{4}\text{m} \xrightarrow{\cdot 3} \frac{3}{4}\text{m}$

$100\,\text{cm} \xrightarrow{:4} 25\,\text{cm} \xrightarrow{\cdot 3} 75\,\text{cm}$

Also: $\frac{3}{4}\text{m} = 75\,\text{cm}$

e) $1\,\text{km} \xrightarrow{:4} \frac{1}{4}\text{km} \xrightarrow{\cdot 3} \frac{3}{4}\text{km}$

$1\,000\,\text{m} \xrightarrow{:4} 250\,\text{m} \xrightarrow{\cdot 3} 750\,\text{m}$

Also: $\frac{3}{4}\text{km} = 750\,\text{m}$

f) $1\,\text{km} \xrightarrow{:10} \frac{1}{10}\text{km} \xrightarrow{\cdot 7} \frac{7}{10}\text{km}$

$1\,000\,\text{m} \xrightarrow{:10} 100\,\text{m} \xrightarrow{\cdot 7} 700\,\text{m}$

Also: $\frac{7}{10}\text{km} = 700\,\text{m}$

g) $1\,\text{km} \xrightarrow{:8} \frac{1}{8}\text{km} \xrightarrow{\cdot 3} \frac{3}{8}\text{km}$

$1\,000\,\text{m} \xrightarrow{:8} 125\,\text{m} \xrightarrow{\cdot 3} 375\,\text{m}$

Also: $\frac{3}{8}\text{km} = 375\,\text{m}$

h) $1\,\text{km} \xrightarrow{:5} \frac{1}{5}\text{km} \xrightarrow{\cdot 3} \frac{3}{5}\text{km}$

$1\,000\,\text{m} \xrightarrow{:5} 200\,\text{m} \xrightarrow{\cdot 3} 600\,\text{m}$

Also: $\frac{3}{5}\text{km} = 600\,\text{m}$

Seite 64

8 **a)** 125 ml **b)** 300 ml **c)** 570 ml **d)** 350 ml
e) 625 mg **f)** 399 g **g)** 260 g **h)** 600 kg

9 **a)** $\frac{4}{5}$ m = 80 cm; $\frac{3}{5}$ m = 60 cm; $\frac{3}{10}$ m = 30 cm; $\frac{3}{4}$ m = 75 cm; $\frac{7}{100}$ m = 7 cm
b) $\frac{2}{5}$ cm = 4 mm; $\frac{3}{5}$ cm = 6 mm; $\frac{7}{10}$ cm = 7 mm; $\frac{4}{5}$ cm = 8 mm; $\frac{9}{10}$ cm = 9 mm
c) $\frac{1}{8}$ kg = 125 g; $\frac{3}{8}$ kg = 375 g; $\frac{5}{8}$ kg = 625 g; $\frac{1}{5}$ kg = 200 g; $\frac{3}{5}$ kg = 600 g
d) $\frac{1}{4}$ t = 250 kg; $\frac{6}{8}$ t = 750 kg; $\frac{7}{10}$ t = 700 kg; $\frac{3}{100}$ t = 30 kg; $\frac{11}{1000}$ t = 11 kg

10 **a)** (1) 30 min = $\frac{1}{2}$ h (2) 15 min = $\frac{1}{4}$ h (3) 20 min = $\frac{1}{3}$ h
b) (1) $\frac{1}{6}$ h = 10 min; $\frac{1}{5}$ h = 12 min; $\frac{3}{5}$ h = 36 min; $\frac{2}{3}$ h = 40 min; $\frac{3}{4}$ h = 45 min; $\frac{1}{60}$ h = 1 min
(2) $\frac{1}{2}$ min = 30 s; $\frac{1}{3}$ min = 20 s; $\frac{2}{3}$ min = 40 s; $\frac{1}{60}$ min = 1 s

Das kann ich noch!

A 1) Ein Würfel hat 8 Ecken, 6 Seiten und 12 Kanten. Alle Kanten sind gleich lang.
2) Eine Pyramide kann unterschiedlich viele Ecken, Kanten und Seiten haben.
Die bekannteste Form ist die quadratische Pyramide. Sie besitzt 5 Ecken, 8 Kanten und 5 Seiten. Alle Kanten der Grundfläche sind gleich lang und auch alle Kanten, die sich in der Spitze treffen, sind gleich lang.
3) Beim Zylinder sind Grund- und Deckfläche Kreise mit gleichem Radius. Ecken hat der Zylinder keine, dafür aber eine Mantelfläche, die die Grund- und Deckfläche verbindet.
4) Die Kugel hat weder Ecken noch Kanten. Sie besteht aus einer einzigen Fläche.

Angabe von Anteilen in Prozent

Seite 65

11 **a)** Blau: $\frac{38}{100}$ = 38 % Weiß: $\frac{62}{100}$ = 62 % **b)** Blau: $\frac{88}{100}$ = 88 % Weiß: $\frac{12}{100}$ = 12 %
c) Blau: $\frac{54}{100}$ = 54 % Weiß: $\frac{46}{100}$ = 46 % **d)** Blau: $\frac{62}{100}$ = 62 % Weiß: $\frac{38}{100}$ = 38 %

12 Das Quadrat besteht aus $10 \cdot 10 = 100$ Karoquadraten. Ein Karoquadrat bedeutet also 1 %. Die Anteile sind:
Terrasse: 15 % Rasen: 47 % Blumenbeet: 10 %
Gartenhaus: 8 % Sandkasten: 6 % Hecke: 14 %

Seite 65

13 a)

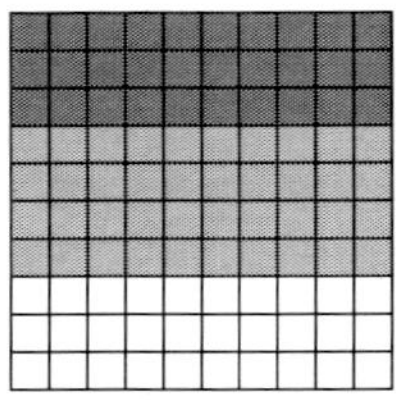

■ blau □ gelb

30 % ungefärbt

b)

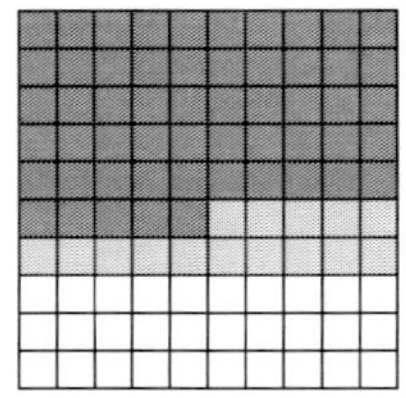

■ rot □ grün

30 % ungefärbt

c)

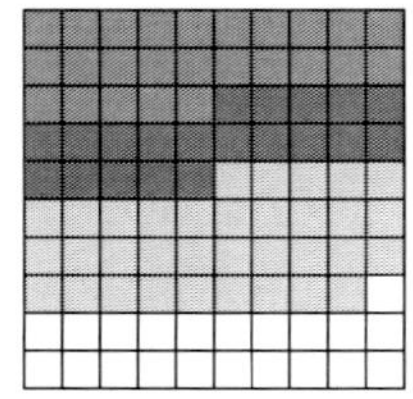

■ rot ■ blau □ grün

21 % ungefärbt

14 $2\,\% = \frac{2}{100}$; $16\,\% = \frac{16}{100}$; $28\,\% = \frac{28}{100}$; $35\,\% = \frac{35}{100}$; $54\,\% = \frac{54}{100}$; $89\,\% = \frac{89}{100}$; $100\,\% = \frac{100}{100}$

15 a) $\frac{7}{100} = 7\,\%$ b) $\frac{22}{100} = 22\,\%$ c) $\frac{34}{100} = 34\,\%$ d) $\frac{76}{100} = 76\,\%$

e) $\frac{82}{100} = 82\,\%$ f) $\frac{94}{100} = 94\,\%$ g) $\frac{12}{50} = \frac{24}{100} = 24\,\%$ h) $\frac{52}{200} = \frac{26}{100} = 26\,\%$

Weiterüben

16 a) blau: $\frac{3}{8}$; weiß: $\frac{5}{8}$ b) blau: $\frac{3}{6} = \frac{1}{2}$; weiß: $\frac{3}{6} = \frac{1}{2}$

c) blau: $\frac{3}{9} = \frac{1}{3}$; weiß: $\frac{6}{9} = \frac{2}{3}$ d) blau: $\frac{13}{20}$; weiß: $\frac{7}{20}$

Seite 66

17 (1) $\frac{1}{2}$ (2) $\frac{3}{4}$ (3) $\frac{1}{8}$ (4) $\frac{1}{3}$ (5) $\frac{4}{6}$ (6) $\frac{4}{5}$ (7) $\frac{7}{10}$ (8) $\frac{67}{100}$

Regel: Der neue Zähler ist die Differenz zwischen dem alten Zähler und dem alten Nenner. Der Nenner bleibt erhalten.

18 6 cm sind 12 Karolängen. Davon werden blau gefärbt:

a) 6 Karolängen b) 4 Karolängen c) 8 Karolängen d) 10 Karolängen

e) 6 Karolängen f) 8 Karolängen g) 5 Karolängen h) 11 Karolängen

19 a) $\frac{7}{8}$ m sind gefärbt und $\frac{1}{8}$ m fehlt am vollen Meter.

b) $\frac{2}{3}$ m sind gefärbt und $\frac{1}{3}$ m fehlt am vollen Meter.

c) $\frac{7}{10}$ m sind gefärbt und $\frac{3}{10}$ m fehlt am vollen Meter.

d) $\frac{7}{9}$ m sind gefärbt und $\frac{2}{9}$ m fehlt am vollen Meter.

20 a)

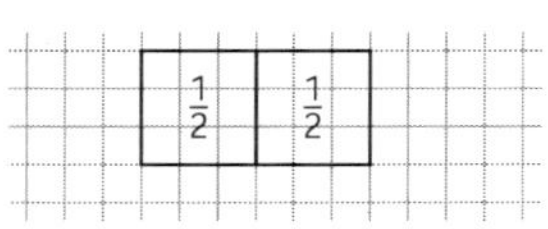

b)

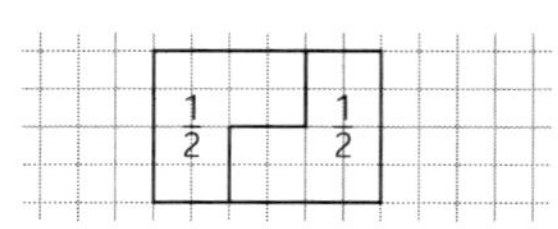

c)

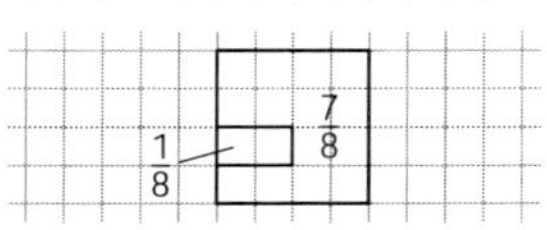

d)

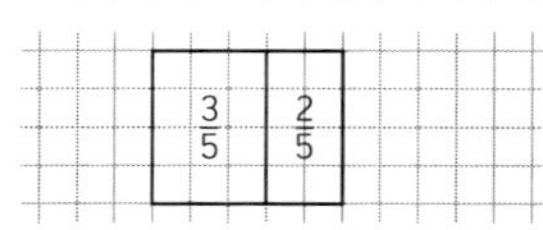

e)

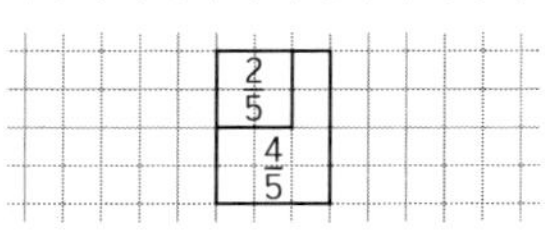

f)

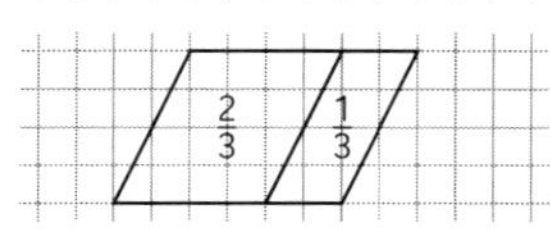

Seite 66

21 (1) Der Nenner ist falsch. Es sind 3 blaue Teile und 5 weiße Teile, insgesamt 8 Teile. Der Nenner ist also 8. Durch die blauen Teile wird der Bruch $\frac{3}{8}$ dargestellt.

(2) Die Angabe $\frac{5}{8}$ ist richtig, denn 5 der 8 Teile sind blau gefärbt.

(3) Man kann die beiden Dreiecke noch jeweils in 2 gleich große Dreiecke zerlegen. Das Rechteck kann man dann in 4 Dreiecke dieser Größe zerlegen (siehe Bild rechts).
Es sind 8 gleich große kleine Dreiecke, von denen 4 gefärbt sind.

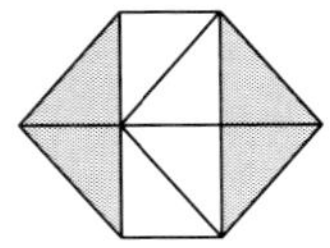

Die beiden blau gefärbten Teile sind genauso groß wie das weiße Rechteck. Richtig wäre also der Bruch $\frac{2}{4}$.

(4) Die Angabe $\frac{1}{2}$ ist richtig. Wenn man die unteren beiden blauen Flächen nach oben klappt, ist die obere Hälfte der Figur blau gefärbt.

22 **a)** 2 Teile; $\frac{1}{2}$ **b)** 3 Teile; $\frac{1}{3}$ **c)** 4 Teile; $\frac{1}{4}$ **d)** 6 Teile; $\frac{1}{6}$

23 **a)** $\frac{6}{8}$ ist kleiner als $\frac{7}{8}$. Die Teile sind gleich groß und $6 < 7$.

b) $\frac{2}{5}$ ist kleiner als $\frac{4}{5}$. Die Teile sind gleich groß und $2 < 4$.

c) $\frac{1}{6}$ ist kleiner als $\frac{1}{5}$. Ein Sechstel ist kleiner als ein Fünftel eines Ganzen.

d) $\frac{2}{5}$ ist kleiner als $\frac{2}{3}$. Ein Fünftel ist kleiner als ein Drittel eines Ganzen, also ist 2 Fünftel auch kleiner als 2 Drittel dieses Ganzen.

e) $\frac{3}{10}$ ist kleiner als $\frac{3}{4}$. Ein Zehntel ist kleiner als ein Viertel eines Ganzen, also ist 3 Zehntel kleiner als 3 Viertel dieses Ganzen.

f) $\frac{4}{12}$ ist kleiner als $\frac{4}{9}$. Ein Zwölftel ist kleiner als ein Neuntel eines Ganzen, also ist 4 Zwölftel auch kleiner als 4 Neuntel dieses Ganzen.

24 **a)** 45 min $= \frac{3}{4}$h sind gefärbt und $\frac{1}{4}$h fehlt an einer vollen Stunde.

b) 25 min $= \frac{5}{12}$h sind gefärbt und $\frac{7}{12}$h fehlt an einer vollen Stunde.

c) 50 min $= \frac{5}{6}$h sind gefärbt und $\frac{1}{6}$h fehlt an einer vollen Stunde.

d) 5 min $= \frac{1}{12}$h sind gefärbt und $\frac{11}{12}$h fehlt an einer vollen Stunde..

e) 40 min $= \frac{2}{3}$h sind gefärbt und $\frac{1}{3}$h fehlt an einer vollen Stunde.

f) 35 min $= \frac{7}{12}$h sind gefärbt und $\frac{5}{12}$h fehlt an einer vollen Stunde.

2.2 Echte und unechte Brüche

Seite 67
Einstieg

Die Erdbeertorten wurden jeweils in 12 gleich große Stücke geteilt. Von der zweiten Torte sind noch 9 Stücke vorhanden. Ein Stück ist ein Zwölftel einer Torte.
Insgesamt sind noch 12 Stücke + 9 Stücke = 21 Stücke, also 21 Zwölftel Erdbeertorte übrig, das ist eine ganze Torte und neun Zwölftel der zweiten Torte, also $\frac{21}{12}$ oder $1\frac{9}{12}$.
Die Schokoladentorten wurden jeweils in 16 gleich große Stücke geteilt. Von der dritten Torte sind noch 5 Stücke vorhanden. Ein Stück ist ein Sechzehntel einer Torte.
Insgesamt sind noch 16 Stücke + 16 Stücke + 5 Stücke = 37 Stücke, also 37 Sechzehntel Schokoladentorte übrig, das sind zwei ganze Torten und fünf Sechzehntel der dritten Torte, also $\frac{37}{16}$ oder $2\frac{5}{16}$.

Seite 68
Üben

1
a) $\frac{1}{2}$ ist echt, denn $1 < 2$.
b) $\frac{5}{2}$ ist unecht, denn $5 > 2$.
c) $\frac{6}{6}$ ist unecht, denn $6 = 6$.
d) $2\frac{4}{7} = \frac{18}{7}$ ist unecht, denn $18 > 7$.
e) $\frac{7}{3}$ ist unecht, denn $7 > 3$.
f) $\frac{2}{1}$ ist unecht, denn $2 > 1$.
g) $2\frac{1}{2} = \frac{5}{2}$ ist unecht, denn $5 > 2$.
h) $3\frac{1}{8} = \frac{25}{8}$ ist unecht, denn $25 > 8$.

2
a) $\frac{7}{4} = 1\frac{3}{4}$
b) $\frac{13}{8} = 1\frac{5}{8}$
c) $\frac{44}{24} = 1\frac{20}{24}$
d) $\frac{17}{10} = 1\frac{7}{10}$

3
a) 1 Ganzes sind 2 Halbe: $1 = \frac{2}{2}$.
$2 = \frac{4}{2}$; $3 = \frac{6}{2}$; $5 = \frac{10}{2}$; $7 = \frac{14}{2}$; $9 = \frac{18}{2}$; $10 = \frac{20}{2}$.
b) 1 Ganzes sind 6 Sechstel: $1 = \frac{6}{6}$.
$2 = \frac{12}{6}$; $3 = \frac{18}{6}$; $6 = \frac{36}{6}$; $8 = \frac{48}{6}$; $11 = \frac{66}{6}$; $15 = \frac{90}{6}$.
c) 1 Ganzes sind 20 Zwanzigstel: $1 = \frac{20}{20}$.
$2 = \frac{40}{20}$; $3 = \frac{60}{20}$; $10 = \frac{200}{20}$; $12 = \frac{240}{20}$; $50 = \frac{1000}{20}$.

4
a) $\frac{6}{2} = 3$; $\frac{10}{2} = 5$; $\frac{24}{4} = 6$; $\frac{36}{4} = 9$; $\frac{24}{8} = 3$; $\frac{56}{8} = 7$
b) $\frac{12}{3} = 4$; $\frac{27}{3} = 9$; $\frac{18}{6} = 3$; $\frac{42}{6} = 7$; $\frac{24}{12} = 2$; $\frac{60}{12} = 5$
c) $\frac{20}{5} = 4$; $\frac{45}{5} = 9$; $\frac{30}{10} = 3$; $\frac{80}{10} = 8$; $\frac{40}{20} = 2$; $\frac{100}{20} = 5$
d) $\frac{125}{25} = 5$; $\frac{350}{50} = 7$; $\frac{180}{90} = 2$; $\frac{375}{25} = 15$; $\frac{320}{40} = 8$

5
a) $\frac{1}{2}$ b) $\frac{1}{4}$ c) $\frac{2}{3}$ d) $\frac{5}{8}$ e) $\frac{11}{100}$ f) $\frac{30}{100}$ g) $\frac{30}{50}$ h) $\frac{2}{75}$

6
a) $\frac{1}{2}$ b) $\frac{5}{8}$ c) $\frac{2}{6}$ d) $\frac{2}{5}$ e) $\frac{1}{2}$ f) $\frac{6}{8}$ g) $\frac{7}{12}$ h) $\frac{14}{20}$

Seite 68

7 a) $\frac{2}{3} < 1$; $\frac{3}{2} > 1$ b) $\frac{7}{5} > 1$; $\frac{5}{7} < 1$ c) $\frac{3}{4} < 1$; $\frac{4}{3} > 1$ d) $\frac{12}{10} > 1$; $\frac{10}{12} < 1$

e) $\frac{27}{25} > 1$; $\frac{25}{27} < 1$ f) $\frac{33}{77} < 1$; $\frac{77}{73} > 1$

8 Beispiele für Brüche, die man in der gemischten Schreibweise angeben kann:
$\frac{17}{5} = 3\frac{2}{5}$; $\frac{15}{4} = 3\frac{3}{4}$; $\frac{11}{7} = 1\frac{4}{7}$; $\frac{28}{9} = 3\frac{1}{9}$
Man muss darauf achten, dass der Zähler größer als der Nenner ist und der Nenner kein Teiler des Zählers ist.
Beispiele für Brüche, die natürliche Zahlen darstellen:
$\frac{15}{5} = 3$; $\frac{20}{4} = 5$; $\frac{28}{7} = 4$; $\frac{45}{9} = 5$
Man muss darauf achten, dass der Nenner ein Teiler des Zählers ist.

9 a) 3 Ganze sind 12 Viertel, dazu noch 1 Viertel, das ergibt 13 Viertel: $3\frac{1}{4} = \frac{13}{4}$

b) 5 Ganze sind 40 Achtel, dazu noch 7 Achtel, das ergibt 47 Achtel: $5\frac{7}{8} = \frac{47}{8}$

c) 5 Ganze sind 15 Drittel, dazu noch 1 Drittel, das ergibt 16 Drittel: $5\frac{1}{3} = \frac{16}{3}$

d) 8 Ganze sind 24 Drittel, dazu noch 2 Drittel, das ergibt 26 Drittel: $8\frac{2}{3} = \frac{26}{3}$

e) 9 Ganze sind 54 Sechstel, dazu noch 1 Sechstel, das ergibt 55 Sechstel: $9\frac{1}{6} = \frac{55}{6}$

f) 2 Ganze sind 12 Sechstel, dazu noch 5 Sechstel, das ergibt 17 Sechstel: $2\frac{5}{6} = \frac{17}{6}$

g) 4 Ganze sind 8 Halbe, dazu noch 1 Halbes, das ergibt 9 Halbe: $4\frac{1}{2} = \frac{9}{2}$

h) 3 Ganze sind 18 Sechstel, dazu noch 4 Sechstel, das ergibt 22 Sechstel: $3\frac{4}{6} = \frac{22}{6}$

Seite 69

10 a) 10 Halbe ergeben 5 Ganze, es bleibt noch 1 Halbes übrig: $\frac{11}{2} = 5\frac{1}{2}$

b) 18 Halbe ergeben 9 Ganze, es bleibt noch 1 Halbes übrig: $\frac{19}{2} = 9\frac{1}{2}$

c) 16 Viertel ergeben 4 Ganze, es bleibt noch 1 Viertel übrig: $\frac{17}{4} = 4\frac{1}{4}$

d) 28 Viertel ergeben 7 Ganze, es bleiben noch 3 Viertel übrig: $\frac{31}{4} = 7\frac{3}{4}$

e) 24 Achtel ergeben 3 Ganze, es bleiben noch 7 Achtel übrig: $\frac{31}{8} = 3\frac{7}{8}$

f) 48 Achtel ergeben 6 Ganze, es bleiben noch 5 Achtel übrig: $\frac{53}{8} = 6\frac{5}{8}$

g) 18 Drittel ergeben 6 Ganze, es bleibt noch 1 Drittel übrig: $\frac{19}{3} = 6\frac{1}{3}$

h) 27 Drittel ergeben 9 Ganze, es bleiben noch 2 Drittel übrig: $\frac{29}{3} = 9\frac{2}{3}$

i) 24 Drittel ergeben 8 Ganze, es bleibt noch 1 Drittel übrig: $\frac{25}{3} = 8\frac{1}{3}$

j) 36 Sechstel ergeben 6 Ganze, es bleiben noch 5 Sechstel übrig: $\frac{41}{6} = 6\frac{5}{6}$

k) 18 Sechstel ergeben 3 Ganze, es bleiben noch 2 Sechstel übrig: $\frac{20}{6} = 3\frac{2}{6}$

l) 60 Zwölftel ergeben 5 Ganze, es bleiben noch7 Zwölftel übrig: $\frac{67}{12} = 5\frac{7}{12}$

m) 35 Fünftel ergeben 7 Ganze, es bleiben noch 2 Fünftel übrig: $\frac{37}{5} = 7\frac{2}{5}$

n) 40 Fünftel ergeben 8 Ganze, es bleibt noch 1 Fünftel übrig: $\frac{41}{5} = 8\frac{1}{5}$

o) 45 Fünftel ergeben 9 Ganze, es bleiben noch 4 Fünftel übrig: $\frac{49}{5} = 9\frac{4}{5}$

p) 30 Zehntel ergeben 3 Ganze, es bleiben noch 6 Zehntel übrig: $\frac{36}{10} = 3\frac{6}{10}$

11 a) $8\frac{3}{10}$ b) $3\frac{15}{20}$ c) $4\frac{1}{2}$ d) $8\frac{3}{4}$ e) $4\frac{3}{8}$ f) $8\frac{1}{3}$ g) $7\frac{4}{6}$ h) $3\frac{3}{12}$

i) $8\frac{1}{2}$ j) $6\frac{2}{4}$ k) $6\frac{2}{3}$ l) $6\frac{3}{6}$ m) $6\frac{3}{5}$ n) $6\frac{9}{10}$ o) $3\frac{4}{10}$ p) $2\frac{34}{100}$

Weiterüben

12 Keine Lösungen

Das kann ich noch!

A 1) 18 Würfel 2) 20 Würfel 3) 16 Würfel 4) 44 Würfel

B Die Vierecke 1) und 2) sind Quadrate, denn alle Seiten sind gleich lang und benachbarte Seiten sind senkrecht zueinander.
Viereck 3) ist kein Quadrat, da die Seiten unterschiedlich lang sind.
Viereck 4) ist kein Quadrat, da benachbarte Seiten nicht senkrecht zueinander sind.

2.3 Erweitern und Kürzen

Seite 70 Einstieg

Fatima hat $\frac{6}{8}$ gefärbt: $\frac{12}{16} = \frac{6}{8} = \frac{3}{4}$

Seite 71 Üben

1 **a)** (1) $\frac{2}{3}$ (2) $\frac{4}{6}$ (3) $\frac{8}{12}$ (4) $\frac{16}{24}$, also $\frac{2}{3} = \frac{4}{6} = \frac{8}{12} = \frac{16}{24}$

b) (1) $\frac{3}{5}$ (2) $\frac{6}{10}$ (3) $\frac{12}{20}$ (4) $\frac{24}{40}$, also $\frac{3}{5} = \frac{6}{10} = \frac{12}{20} = \frac{24}{40}$

2 a) weiß: $\frac{1}{3}; \frac{2}{6}; \frac{4}{12}; \ldots$ blau: $\frac{2}{3}; \frac{4}{6}; \frac{8}{12}; \ldots$

b) weiß: $\frac{1}{3}; \frac{2}{6}; \frac{4}{12}; \ldots$ blau: $\frac{2}{3}; \frac{4}{6}; \frac{8}{12}; \ldots$

c) weiß: $\frac{2}{6}; \frac{4}{12}; \frac{8}{24}; \ldots$ blau: $\frac{4}{6}; \frac{8}{12}; \frac{16}{24}; \ldots$

d) weiß: $\frac{1}{4}; \frac{2}{8}; \frac{4}{16}; \ldots$ blau: $\frac{3}{4}; \frac{6}{8}; \frac{12}{16}; \ldots$

3 **a)** blau gefärbt: $\frac{3}{4} = \frac{6}{8} = \frac{12}{16}$ ungefärbt: $\frac{1}{4} = \frac{2}{8} = \frac{4}{16}$

b) blau gefärbt: $\frac{2}{3} = \frac{4}{6} = \frac{8}{12}$ ungefärbt: $\frac{1}{3} = \frac{2}{6} = \frac{4}{12}$

c) blau gefärbt: $\frac{2}{5} = \frac{4}{10} = \frac{8}{20}$ ungefärbt: $\frac{3}{5} = \frac{6}{10} = \frac{12}{20}$

d) blau gefärbt: $\frac{1}{2} = \frac{2}{4} = \frac{4}{8}$ ungefärbt: $\frac{1}{2} = \frac{2}{4} = \frac{4}{8}$

4 (1) $\frac{9}{5} = \frac{90}{50}$ erweitert mit 10 (2) $\frac{4}{9} = \frac{12}{27}$ erweitert mit 3

(3) $\frac{3}{7} = \frac{27}{63}$ erweitert mit 9 (4) $\frac{11}{8} = \frac{77}{56}$ erweitert mit 7

(5) $\frac{2}{3} = \frac{12}{18}$ erweitert mit 6 (6) $\frac{10}{2} = \frac{50}{10}$ erweitert mit 5

(7) $\frac{1}{8} = \frac{4}{32}$ erweitert mit 4 (8) $\frac{11}{1} = \frac{88}{8}$ erweitert mit 8

5 gekürzt mit 2: $\frac{12}{30} = \frac{6}{15}; \frac{18}{24} = \frac{9}{12}; \frac{24}{6} = \frac{12}{3}; \frac{48}{60} = \frac{24}{30}; \frac{108}{144} = \frac{54}{72}$

gekürzt mit 3: $\frac{12}{30} = \frac{4}{10}; \frac{18}{24} = \frac{6}{8}; \frac{24}{6} = \frac{8}{2}; \frac{48}{60} = \frac{16}{20}; \frac{108}{144} = \frac{36}{48}$

gekürzt mit 6: $\frac{12}{30} = \frac{2}{5}; \frac{18}{24} = \frac{3}{4}; \frac{24}{6} = \frac{4}{1} = 4; \frac{48}{60} = \frac{8}{10}; \frac{108}{144} = \frac{18}{24}$

6 **a)** $\frac{36}{32} = \frac{9}{8}; \frac{36}{48} = \frac{9}{12}; \frac{180}{80} = \frac{45}{20}; \frac{72}{48} = \frac{18}{12}; \frac{72}{64} = \frac{18}{16}; \frac{108}{144} = \frac{27}{36}$

b) (1) $\frac{36}{32} = \frac{18}{16}; \frac{36}{48} = \frac{12}{16}; \frac{180}{80} = \frac{36}{16}; \frac{72}{48} = \frac{24}{16}; \frac{72}{64} = \frac{18}{16}; \frac{108}{144} = \frac{12}{16}$

(2) $\frac{36}{32} = \frac{9}{8}; \frac{36}{48} = \frac{9}{12}; \frac{180}{80} = \frac{9}{4}; \frac{72}{48} = \frac{9}{6}; \frac{72}{64} = \frac{9}{8}; \frac{108}{144} = \frac{9}{12}$

Seite 71

7 a) $\frac{5}{8}=\frac{15}{24}$; $\frac{2}{3}=\frac{16}{24}$; $\frac{7}{12}=\frac{14}{24}$; $\frac{5}{4}=\frac{30}{24}$; $\frac{4}{6}=\frac{16}{24}$; $\frac{3}{8}=\frac{9}{24}$; $\frac{5}{1}=\frac{120}{24}$

b) $\frac{3}{5}=\frac{18}{30}$; $\frac{10}{15}=\frac{20}{30}$; $\frac{6}{10}=\frac{18}{30}$; $\frac{2}{30}=\frac{2}{30}$; $\frac{6}{1}=\frac{180}{30}$; $\frac{5}{2}=\frac{75}{30}$; $\frac{5}{6}=\frac{25}{30}$

c) $\frac{3}{5}=\frac{30}{50}$; $\frac{10}{15}=\frac{30}{45}$; $\frac{6}{10}=\frac{30}{50}$; $\frac{2}{30}=\frac{30}{450}$; $\frac{6}{1}=\frac{30}{5}$; $\frac{5}{2}=\frac{30}{12}$; $\frac{5}{6}=\frac{30}{36}$

8 Keine Lösungen

Vollständig Kürzen

Seite 72

9 Milena:
$\frac{48}{72}=\frac{24}{36}=\frac{12}{18}=\frac{6}{9}=\frac{2}{3}$

Jan:
$\frac{48}{72}=\frac{16}{24}=\frac{8}{12}=\frac{4}{6}=\frac{2}{3}$

Man erhält auch bei unterschiedlichen Reihenfolgen der Kürzungszahlen immer denselben gekürzten Bruch.

10 a) Anton hat schrittweise gekürzt und Alina hat in einem Schritt gekürzt. Alina hat als Kürzungszahl die größte Zahl genommen, die zugleich Teiler des Zählers als auch Teiler des Nenners ist.

b) (1) $\frac{30}{45}=\frac{10}{15}=\frac{2}{3}$, also $\frac{30}{45}=\frac{2}{3}$ (2) $\frac{18}{24}=\frac{9}{12}=\frac{3}{4}$, also $\frac{18}{24}=\frac{3}{4}$

(3) $\frac{60}{100}=\frac{30}{50}=\frac{15}{25}=\frac{3}{5}$, also $\frac{60}{100}=\frac{3}{5}$ (4) $\frac{150}{90}=\frac{75}{45}=\frac{25}{15}=\frac{5}{3}$, also $\frac{150}{90}=\frac{5}{3}$

(5) $\frac{120}{24}=\frac{60}{12}=\frac{30}{6}=\frac{15}{3}=\frac{5}{1}$, also $\frac{120}{24}=\frac{5}{1}$ (6) $\frac{240}{90}=\frac{120}{45}=\frac{40}{15}=\frac{8}{3}$, also $\frac{240}{90}=\frac{8}{3}$

c) Man bestimmt die Teiler des Nenners und die Teiler des Zählers. Der größte gemeinsame Teiler ist die gesuchte Kürzungszahl. Das Produkt der Kürzungszahlen beim schrittweisen Kürzen ist gleich der gesuchten Kürzungszahl.
In der Rechnung von Anton und Alina im Schülerband ist die Kürzungszahl $2 \cdot 2 \cdot 3 = 12$.

11 a) Richtig; $\frac{36}{40}=\frac{9}{10}$ b) Richtig; $\frac{56}{32}=\frac{7}{4}$ c) Richtig; $\frac{63}{45}=\frac{7}{5}$ d) Richtig; $\frac{35}{65}=\frac{7}{13}$

e) Falsch; $\frac{49}{63}=\frac{7}{9}$ f) Richtig; $\frac{33}{77}=\frac{3}{7}$ g) Richtig; $\frac{48}{64}=\frac{3}{4}$ h) Richtig; $\frac{45}{33}=\frac{15}{11}$

i) Richtig; $\frac{165}{180}=\frac{11}{12}$ j) Richtig; $\frac{64}{400}=\frac{4}{25}$ k) Falsch; $\frac{78}{169}=\frac{6}{13}$ l) Falsch; $\frac{108}{144}=\frac{9}{12}$

12 a) $\frac{2}{5}$ b) $\frac{5}{11}$ c) $\frac{1}{2}$ d) $\frac{7}{25}$

e) $\frac{4}{7}$ f) $\frac{3}{5}$ g) $\frac{5}{8}$ h) $\frac{8}{15}$

i) $\frac{8}{11}$ j) $\frac{17}{23}$ k) $\frac{3}{4}$ l) $\frac{21}{25}$

m) $\frac{10}{13}$ n) $\frac{7}{9}$ o) $\frac{11}{14}$ p) $\frac{23}{29}$

Die Brüche in den Teilaufgaben b), d), h), j), l) und p) kann man nicht kürzen, da es außer der Zahl 1 keine Zahl gibt, die zugleich Teiler vom Nenner als auch Teiler vom Zähler ist.

13 a) $\frac{7}{3}=\frac{42}{18}$ b) $\frac{48}{52}=\frac{12}{13}$ c) $\frac{72}{112}=\frac{9}{14}$ d) $\frac{17}{8}=\frac{68}{32}$ e) $\frac{22}{27}=\frac{66}{81}$ f) $\frac{27}{45}=\frac{3}{5}$

Seite 72

14 $\frac{6}{5} = \frac{12}{10}$; $\frac{18}{25} = \frac{72}{100}$; $\frac{25}{6}$ kann so nicht erweitert werden; $\frac{5}{8} = \frac{625}{1000}$; $\frac{9}{20} = \frac{45}{100}$; $\frac{8}{15}$ kann so nicht erweitert werden; $\frac{45}{11}$ kann so nicht erweitert werden;

$\frac{15}{4} \overset{25}{=} \frac{375}{100}$; $\frac{5}{12}$ kann so nicht erweitert werden; $\frac{10}{9}$ kann so nicht erweitert werden;

$\frac{3}{50} \overset{2}{=} \frac{6}{100}$; $\frac{3}{125} \overset{8}{=} \frac{24}{1000}$; $\frac{30}{7}$ kann so nicht erweitert werden; $\frac{9}{40} \overset{25}{=} \frac{225}{1000}$

Man kann die Brüche nur auf eine Stufenzahl erweitern, wenn der Nenner ein Teiler einer Stufenzahl ist. Da die Stufenzahlen nur die Primzahlen 2 und 5 als Teiler haben, dürfen die Nenner der Brüche auch nur die Primzahlen 2 und 5 als Teiler haben.

15 Zum Beispiel $\frac{5}{24}$; $\frac{11}{24}$; $\frac{19}{24}$; $\frac{25}{24}$.
Zähler und Nenner haben keinen gemeinsamen Teiler (außer 1) und können daher nicht weiter gekürzt werden.

Seite 73
Weiterüben

16 Keine Lösungen

17 $5\,\% = \frac{5}{100} = \frac{1}{20}$; $15\,\% = \frac{15}{100} = \frac{3}{20}$; $20\,\% = \frac{20}{100} = \frac{1}{5}$; $25\,\% = \frac{25}{100} = \frac{1}{4}$;

$45\,\% = \frac{45}{100} = \frac{9}{20}$; $66\,\% = \frac{66}{100} = \frac{33}{50}$; $84\,\% = \frac{84}{100} = \frac{21}{25}$; $100\,\% = \frac{100}{100} = \frac{1}{1} = 1$

18 **a)** Geschätzt ist etwa die Hälfte gefärbt. Der genaue Anteil ist $\frac{35}{72}$.

b) Geschätzt ist etwa ein Drittel gefärbt. Der genaue Anteil ist $\frac{24}{72} = \frac{1}{3}$.

c) Geschätzt ist knapp die Hälfte gefärbt. Der genaue Anteil ist $\frac{32}{72} = \frac{4}{9}$.

d) Geschätzt ist etwa ein Zehntel gefärbt. Der genaue Anteil ist $\frac{9}{72} = \frac{1}{8}$.

19 **a)** $\frac{2}{5}$: insgesamt fünf Kinder; zwei stehen und drei sitzen

$\frac{1}{4}$: insgesamt vier Kinder; eins steht und drei sitzen

$\frac{5}{6}$: insgesamt sechs Kinder; fünf stehen und eins sitzt

b) $\frac{48}{72} = \frac{2}{3}$
Es muss sich ein Kind dazusetzen.

c) $\frac{6}{10} = \frac{3}{5} = \frac{9}{15}$
Es müssen sich sechs Kinder dazusetzen.

20 (1) $\frac{26}{39} = \frac{2}{3}$ gekürzt mit 13

(2) $\frac{14}{22} = \frac{7}{11}$ gekürzt mit 2

(3) $2\frac{8}{64} = 2\frac{1}{8}$ gekürzt mit 8

(4) $1\frac{3}{18} = 1\frac{1}{6}$ gekürzt mit 3

(5) $\frac{70}{105} = \frac{2}{3}$ gekürzt mit 35

(6) $\frac{75}{130} = \frac{15}{26}$ gekürzt mit 5

(7) $\frac{42}{60} = \frac{7}{10}$ gekürzt mit 6

(8) $\frac{35}{112} = \frac{5}{16}$ gekürzt mit 7

Seite 73

21 a) $\frac{1}{2} = \frac{50}{100} = 50\,\%$; $\frac{2}{3}$ kann man nicht auf einen Hundertstelbruch erweitern.
$\frac{1}{4} = \frac{25}{100} = 25\,\%$; $\frac{3}{4} = \frac{75}{100} = 75\,\%$; $\frac{1}{5} = \frac{20}{100} = 20\,\%$; $\frac{2}{5} = \frac{40}{100} = 40\,\%$; $\frac{3}{5} = \frac{60}{100} = 60\,\%$;
$\frac{4}{5} = \frac{80}{100} = 80\,\%$; $\frac{5}{6}$ kann man nicht auf einen Hundertstelbruch erweitern.
b) $\frac{1}{10} = \frac{10}{100} = 10\,\%$; $\frac{3}{10} = \frac{30}{100} = 30\,\%$; $\frac{1}{20} = \frac{5}{100} = 5\,\%$; $\frac{11}{20} = \frac{55}{100} = 55\,\%$; $\frac{1}{25} = \frac{4}{100} = 4\,\%$;
$\frac{8}{25} = \frac{32}{100} = 32\,\%$; $\frac{3}{30} = \frac{1}{10} = \frac{10}{100} = 10\,\%$ $\frac{5}{30} = \frac{1}{6}$ kann man nicht auf einen Hunderstelbruch erweitern.

Auf den Punkt gebracht: Präsentieren mit Plakaten

Seite 74

1

	Gut gelungen:	Verbesserungsvorschlag
Plakat 1: Verfeinern	Bildliche Darstellung, Gleichheit der Brüche unterhalb der Bilder.	Text mit größerer Schrift
Plakat 2: Erweitern	Deutliche Hervorhebung von „Zähler und Nenner mit derselben Zahl multiplizieren" im Text und durch die Pfeile zwischen den Brüchen.	Optische Unterstützung durch ein anschauliches Bild.

2 Richtig und nützlich:
„Die Schrift auf Plakaten sollte groß genug und gut lesbar sein."
„Ein gutes Bild oder Diagramm sagt manchmal mehr aus als ein langer Text."
„Auf einem Plakat sollte das Wichtigste zum Thema stehen."
Weniger gut gelungen und Verbesserungsvorschläge:
„Eine Überschrift ist nicht nötig."
Eine Überschrift stellt das Thema des Plakats deutlich heraus und gibt damit das angestrebte Ziel des Plakats an.

2 „Lange Texte sind besser als aussagekräftige Stichpunkte."
Lange Texte sind nicht so schnell zu erfassen und wirken oft unübersichtlich. Mit aussagekräftigen Stichpunkten kann man das Wichtigste kurz und deutlich herausstellen.
„Bilder und Grafiken sind immer überflüssige Dekoration."
Bilder und Grafiken können den Inhalt des Plakates deutlicher herausstellen und Inhalte besser erklären.
„Es kommt immer gut an, wenn Schriftfarbe und Hintergrundfarbe dieselben sind (z. B. rote Schrift auf rotem Papier)."
Die verwendeten Farben sollten optisch zusammenpassen, aber wenn Schriftfarbe und Hintergrundfarbe dieselben sind, ist die Schrift gar nicht mehr oder schlecht lesbar.

3 Keine Lösungen

2.4 Vergleichen und Ordnen von Brüchen

Seite 75
Einstieg

Sophie: $\frac{10}{24} = \frac{5}{12}$; Max: $\frac{4}{12} = \frac{1}{3}$; Mohammed: $\frac{11}{36}$
Man kann die Anteile gut vergleichen, wenn alle Brüche denselben (gemeinsamen) Nenner haben. Wir erweitern die Brüche auf den gemeinsamen Nenner 36.
Sophie: $\frac{5}{12} \overset{3}{=} \frac{15}{36}$; Max: $\frac{1}{3} \overset{12}{=} \frac{12}{36}$; Mohammed: $\frac{11}{36}$
11 Sechsunddreißigstel sind weniger als 12 Sechsunddreißigstel und 12 Sechsunddreißigstel sind weniger als 15 Sechsunddreißigstel, also $\frac{11}{36} < \frac{1}{3} < \frac{5}{12}$.
Sophie hat am meisten und Mohammed am wenigsten Schokolade übrig.

Seite 76
Üben

1 Wir erweitern die Brüche auf den gemeinsamen Nenner 40.
$\frac{1}{4} = \frac{10}{40}$; $\frac{3}{8} = \frac{15}{40}$; $\frac{1}{8} = \frac{5}{40}$; $\frac{1}{10} = \frac{4}{40}$ also $\frac{1}{10}\,l < \frac{1}{8}\,l < \frac{1}{4}\,l < \frac{3}{8}\,l$
Vom Ananassaft muss man am meisten und vom Vanillesirup und vom Zitronensaft am wenigsten nehmen.

2 Es sind insgesamt 120 Karokästchen.
a) Rot 96 Karokästchen; Blau 80 Karokästchen; Das rote Gebiet ist größer als das blaue Gebiet, also $\frac{4}{5} > \frac{2}{3}$.
b) Rot 90 Karokästchen; Blau 84 Karokästchen; Das rote Gebiet ist größer als das blaue Gebiet, also $\frac{3}{4} > \frac{7}{10}$.
c) Rot 12 Karokästchen; Blau 10 Karokästchen; Das rote Gebiet ist größer als das blaue Gebiet, also $\frac{1}{10} > \frac{1}{12}$.
d) Rot 100 Karokästchen; Blau 96 Karokästchen; Das rote Gebiet ist größer als das blaue Gebiet, also $\frac{5}{6} > \frac{4}{5}$.

3 **a)** $\frac{3}{4}\,h = \frac{9}{12}\,h$; $\frac{3}{4}\,h$ ist länger als $\frac{7}{12}\,h$.
b) $\frac{5}{6}\,h = \frac{10}{12}\,h$; $\frac{5}{6}\,h$ ist länger als $\frac{9}{12}\,h$.
c) $\frac{2}{3}\,h = \frac{8}{12}\,h$ und $\frac{3}{4}\,h = \frac{9}{12}\,h$; $\frac{3}{4}\,h$ ist länger als $\frac{2}{3}\,h$.
d) $\frac{5}{6}\,h = \frac{10}{12}$; $\frac{11}{12}\,h$ ist länger als $\frac{5}{6}\,h$.
(In Auflage A[1] befindet sich hier im Schülerbuch ein Fehler.)
e) $\frac{4}{5}\,h = \frac{24}{30}\,h$; $\frac{5}{6}\,h = \frac{25}{30}\,h$; $\frac{5}{6}\,h$; ist länger als $\frac{4}{5}\,h$.
f) $\frac{3}{5}\,h = \frac{36}{60}\,h$; $\frac{7}{12}\,h = \frac{35}{60}\,h$; $\frac{3}{5}\,h$ ist länger als $\frac{7}{12}\,h$.

Seite 76

4 **a)** Ein Achtel einer Torte ist größer als ein Zwölftel dieser Torte. 7 Achtel einer Torte sind dann größer als 7 Zwölftel der Torte also $\frac{7}{8} > \frac{7}{12}$.

b) Regel: Bei Brüchen mit gleichem Zahler ist der Bruch mit dem kleineren Nenner größer als der Bruch mit dem größeren Nenner.
Begründung: Beim größeren Nenner wird das Ganze in mehr Teile geteilt. Ein Teil ist also kleiner als beim Bruch mit dem kleineren Nenner. Nimmt man nun gleich viele Teile davon, so bleiben sie kleiner.

c) (1) Alle Brüche haben den Zähler 1: $\frac{1}{9} < \frac{1}{5} < \frac{1}{4} < \frac{1}{3}$

(2) Alle Brüche haben den Zähler 7: $\frac{7}{10} < \frac{7}{8} < \frac{7}{5}$

(3) $\frac{3}{41} = \frac{6}{82}$; Alle Brüche haben dann den Zähler 6: $\frac{3}{41} = \frac{6}{82} < \frac{6}{81}$

(4) $\frac{20}{48} = \frac{10}{24}$ und $\frac{3}{8} = \frac{9}{24}$, also $\frac{3}{8} < \frac{20}{48} < \frac{11}{24}$

5 **a)** $\frac{3}{5} = \frac{9}{15}$; $\frac{3}{5} > \frac{8}{15}$

b) $\frac{5}{8} = \frac{15}{24}$; $\frac{1}{24} < \frac{5}{8}$

c) $\frac{2}{3} = \frac{14}{21}$; $\frac{4}{7} = \frac{12}{21}$; $\frac{2}{3} > \frac{4}{7}$

d) $\frac{9}{11} = \frac{54}{66}$; $\frac{5}{6} = \frac{55}{66}$; $\frac{9}{11} < \frac{5}{6}$

e) $\frac{7}{10} = \frac{14}{20}$; $\frac{7}{10} > \frac{11}{20}$

f) $\frac{2}{3} = \frac{10}{15}$

g) $\frac{11}{6} = \frac{22}{12}$; $\frac{7}{4} = \frac{21}{12}$; $\frac{11}{6} > \frac{7}{4}$

h) $\frac{3}{4} = \frac{9}{12}$; $\frac{5}{6} = \frac{10}{12}$; $\frac{3}{4} < \frac{5}{6}$

i) $\frac{7}{12} = \frac{14}{24}$; $\frac{5}{8} = \frac{15}{24}$; $\frac{7}{12} < \frac{5}{8}$

j) $\frac{9}{12} = \frac{3}{4}$; $\frac{15}{20} = \frac{3}{4}$; $\frac{9}{12} = \frac{15}{20}$

k) $\frac{7}{20} = \frac{14}{40}$; $\frac{5}{8} = \frac{25}{40}$; $\frac{7}{20} < \frac{5}{8}$

l) $\frac{11}{6} = \frac{44}{24}$; $\frac{21}{8} = \frac{63}{24}$; $\frac{11}{6} < \frac{21}{8}$

m) $3\frac{4}{5} > 1\frac{5}{6}$

n) $\frac{5}{6} = \frac{20}{24}$; $\frac{7}{8} = \frac{21}{24}$; $1\frac{5}{6} < 1\frac{7}{8}$

o) $\frac{3}{5} = \frac{9}{15}$; $\frac{9}{15} > \frac{8}{15}$; $1\frac{3}{5} > 1\frac{8}{15}$

p) $\frac{7}{12} = \frac{21}{36}$; $\frac{5}{9} = \frac{20}{36}$; $\frac{21}{36} > \frac{20}{36}$; $5\frac{7}{12} > 5\frac{5}{9}$

6 Auf der linken Schale sind 7 Erdbeeren und 4 Pflaumen.
Der Anteil der Erdbeeren beträgt $\frac{7}{11}$.
Auf der rechten Schale sind 5 Erdbeeren und 3 Pflaumen.
Der Anteil der Erdbeeren beträgt $\frac{5}{8}$.
Um die Anteile zu vergleichen, machen wir die Brüche gleichnamig:
$\frac{7}{11} = \frac{56}{88}$ und $\frac{5}{8} = \frac{55}{88}$, also $\frac{7}{11} > \frac{5}{8}$
Auf der linken Schale ist der Anteil der Erdbeeren etwas größer.

7 **a)** $\frac{7}{12} = \frac{7}{12}$; $\frac{5}{6} = \frac{10}{12}$; $\frac{3}{4} = \frac{9}{12}$; $\frac{7}{12} < \frac{9}{12} < \frac{10}{12}$, also $\frac{7}{12} < \frac{3}{4} < \frac{5}{6}$

b) $\frac{13}{20} = \frac{13}{20}$; $\frac{4}{5} = \frac{16}{20}$; $\frac{7}{10} = \frac{14}{20}$; $\frac{13}{20} < \frac{14}{20} < \frac{16}{20}$, also $\frac{13}{20} < \frac{7}{10} < \frac{4}{5}$

c) $\frac{3}{10} = \frac{18}{60}$; $\frac{7}{15} = \frac{28}{60}$; $\frac{5}{12} = \frac{25}{60}$; $\frac{18}{60} < \frac{25}{60} < \frac{28}{60}$, also $\frac{3}{10} < \frac{5}{12} < \frac{7}{15}$

d) $\frac{5}{9} = \frac{100}{180}$; $\frac{7}{12} = \frac{105}{180}$; $\frac{8}{15} = \frac{96}{180}$; $\frac{96}{180} < \frac{100}{180} < \frac{105}{180}$, also $\frac{8}{15} < \frac{5}{9} < \frac{7}{12}$

e) $\frac{7}{8} = \frac{21}{24}$; $\frac{3}{4} = \frac{18}{24}$; $\frac{5}{6} = \frac{20}{24}$; $\frac{18}{24} < \frac{20}{24} < \frac{21}{24}$, also $\frac{3}{4} < \frac{5}{6} < \frac{7}{8}$

f) $\frac{6}{7} = \frac{36}{42}$; $\frac{13}{14} = \frac{39}{42}$; $\frac{2}{3} = \frac{28}{42}$; $\frac{28}{42} < \frac{36}{42} < \frac{39}{42}$, also $\frac{2}{3} < \frac{6}{7} < \frac{13}{14}$

Seite 77

8 Tim: $\frac{20}{7} = 2\frac{6}{7}$; $\frac{53}{13} = 4\frac{1}{13}$; $2 < 4$, also $2\frac{6}{7} < 4\frac{1}{13}$ und damit $\frac{20}{7} < \frac{53}{13}$.
Maria: $\frac{20}{7} = \frac{260}{91}$; $\frac{53}{13} = \frac{371}{91}$; $\frac{260}{91} < \frac{371}{91}$, also $\frac{20}{7} < \frac{53}{13}$.

9 a) $\frac{17}{4} = 4\frac{1}{4}$; $4 < 4\frac{1}{4}$, also $4 < \frac{17}{4}$
b) $\frac{19}{3} = 6\frac{1}{3}$; $\frac{23}{5} = 4\frac{3}{5}$; $6\frac{1}{3} > 4\frac{3}{5}$, also $\frac{19}{3} > \frac{23}{5}$
c) $\frac{9}{2} = 4\frac{1}{2}$; $\frac{7}{5} = 1\frac{2}{5}$; $4\frac{1}{2} > 1\frac{2}{5}$, also $\frac{9}{2} > \frac{7}{5}$
d) $\frac{51}{8} = 6\frac{3}{8}$; $\frac{52}{9} = 5\frac{7}{9}$; $6\frac{3}{8} > 5\frac{7}{9}$, also $\frac{51}{8} > \frac{52}{9}$
e) $\frac{52}{5} = 10\frac{2}{5}$; $\frac{68}{7} = 9\frac{5}{7}$; $10\frac{2}{5} > 9\frac{5}{7}$, also $\frac{52}{5} > \frac{68}{7}$
f) $\frac{62}{7} = 8\frac{6}{7} = 8\frac{48}{56}$; $\frac{71}{8} = 8\frac{7}{8} = 8\frac{49}{56}$; $8\frac{48}{56} < 8\frac{49}{56}$, also $\frac{62}{7} < \frac{71}{8}$
g) $\frac{45}{4} = 11\frac{1}{4}$; $\frac{78}{7} = 11\frac{1}{7}$; $11\frac{1}{4} > 11\frac{1}{7}$, also $\frac{45}{4} > \frac{78}{7}$
h) $\frac{87}{10} = 8\frac{7}{10} = 8\frac{28}{40}$; $\frac{69}{8} = 8\frac{5}{8} = 8\frac{25}{40}$; $8\frac{28}{40} > 8\frac{25}{40}$, also $\frac{87}{10} > \frac{69}{8}$

10 Bei Brüchen mit gleichem Nenner ist der Bruch mit dem größeren Zähler größer. Man kann also die beiden Brüche so erweitern oder kürzen, dass sie den gleichen Nenner haben, und sie dann vergleichen.
Bei Brüchen mit gleichem Zähler ist der Bruch mit dem kleineren Nenner größer.
Bei Brüchen in gemischter Schreibweise ist der Bruch mit mehr Ganzen größer.

11 Keine Lösungen

12 a) $\frac{1}{4} > \frac{1}{5}$, weil in je mehr Teile ein Ganzes unterteilt wird, desto kleiner sind die Anteile
b) $\frac{2}{8} < \frac{2}{7}$, weil in je mehr Teile ein Ganzes unterteilt wird, desto kleiner sind die Anteile
c) $\frac{4}{7} > \frac{3}{8}$, weil $\frac{4}{7}$ in je mehr als die Hälfte ist, $\frac{3}{8}$ jedoch nicht.
d) $\frac{12}{11} > \frac{13}{12}$, weil in je mehr Teile ein Ganzes unterteilt wird, desto kleiner sind die Anteile.

Brüche am Zahlenstrahl

13

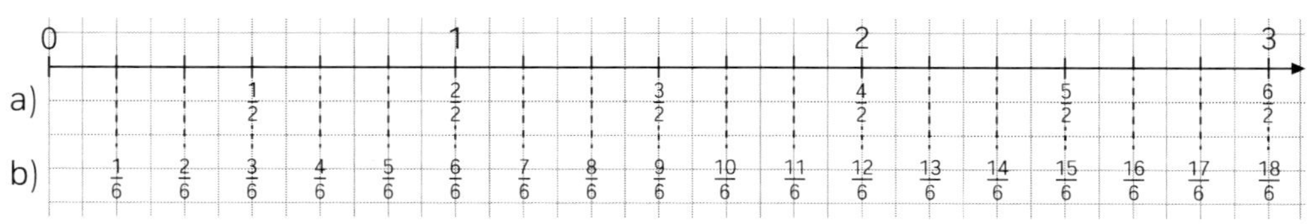

Einige Brüche am Zahlenstrahl markieren den gleichen
Punkt: $\frac{1}{2} = \frac{3}{6}$; $\frac{2}{2} = \frac{6}{6}$; $\frac{3}{2} = \frac{9}{6}$; $\frac{4}{2} = \frac{12}{6}$; $\frac{5}{2} = \frac{15}{6}$; $\frac{6}{2} = \frac{18}{6}$
Verschiedene Brüche können damit denselben Wert haben.

Seite 77

14 a)

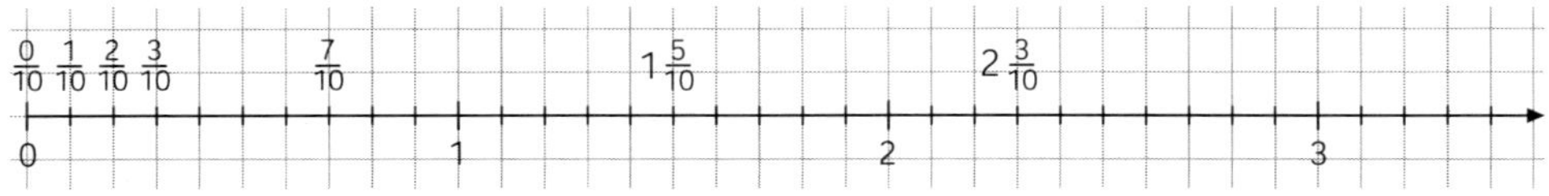

b)

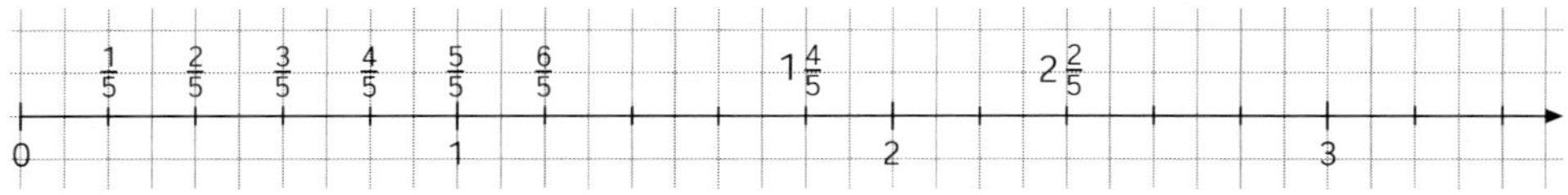

Seite 78

15 a) $F = \frac{1}{24}$; $C = \frac{2}{24} = \frac{1}{12}$; $A = = \frac{3}{24} = \frac{1}{8}$; $B = = \frac{9}{24} = \frac{3}{8}$; $E = \frac{14}{24} = \frac{7}{12}$; $D = \frac{22}{24} = \frac{11}{12}$

b) $C = \frac{1}{12}$; $E = \frac{7}{12}$; $F = 1\frac{1}{24}$; $D = 1\frac{3}{12} = 1\frac{1}{4}$; $A = 1\frac{8}{12} = 1\frac{2}{3}$; $B = 1\frac{10}{12} = 1\frac{5}{6}$

16 a) Zu einer Karolänge gehört $\frac{1}{12}$:

$A = \frac{1}{4}$; $B = \frac{1}{3}$; $C = \frac{5}{12}$; $D = \frac{1}{2}$; $E = \frac{2}{3}$; $F = \frac{3}{4}$; $G = 1\frac{1}{12}$; $H = 1\frac{1}{3}$

b)

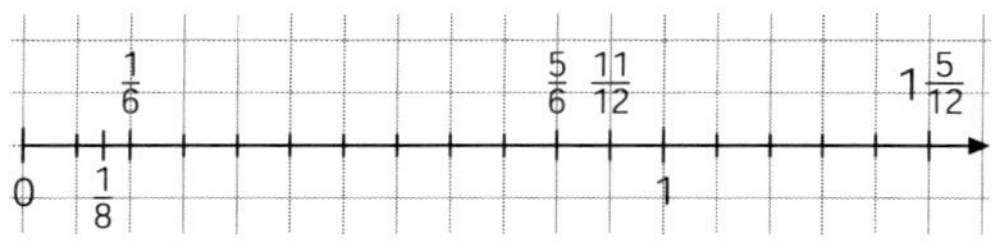

c) *Beispiele:*

$A = \frac{2}{8} = \frac{4}{16}$; $B = \frac{2}{6} = \frac{4}{12}$; $C = \frac{10}{24} = \frac{20}{48}$; $D = \frac{2}{4} = \frac{4}{8}$; $E = \frac{4}{6} = \frac{8}{12}$;

$F = \frac{6}{8} = \frac{12}{16}$; $G = 1\frac{2}{24} = 1\frac{4}{48}$; $H = 1\frac{2}{6} = 1\frac{4}{12}$

17 Keine Lösungen

18 a)

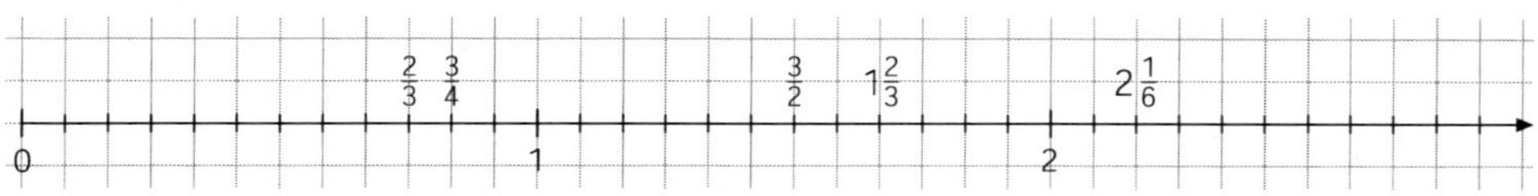

b)

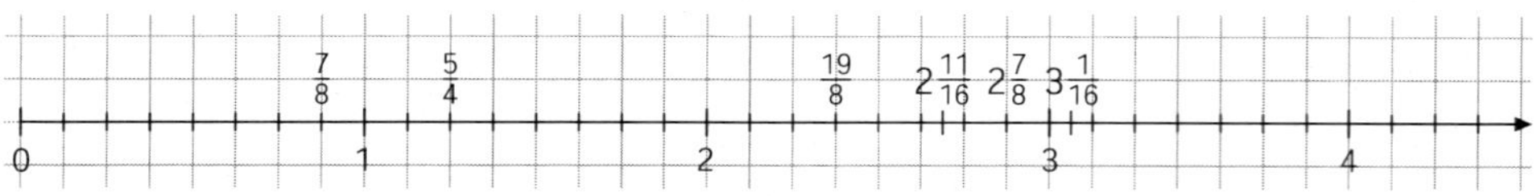

c)

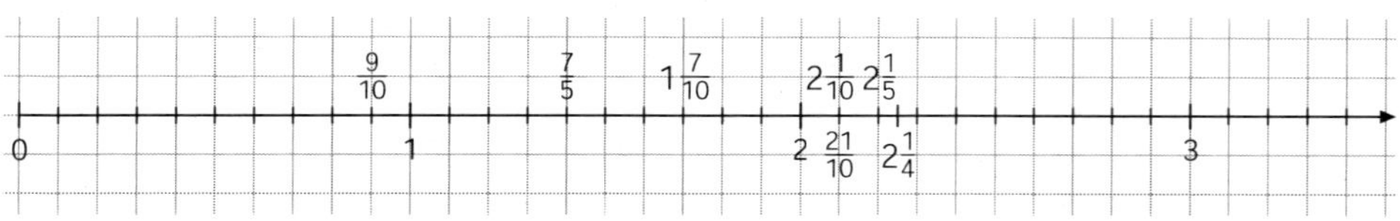

d)

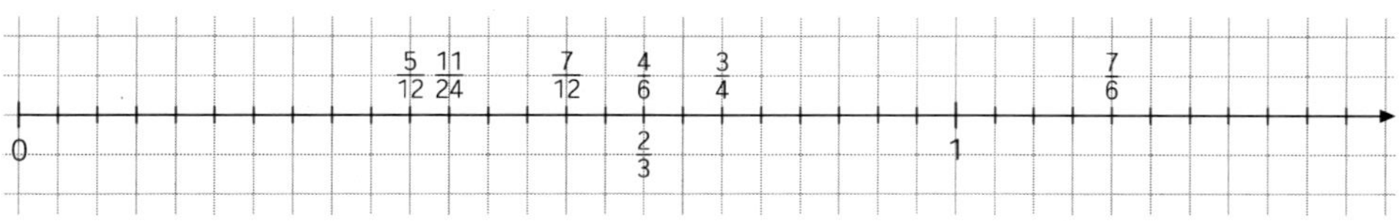

19 $\frac{12}{6} = 2$; $\frac{0}{10} = 0$; $\frac{13}{1} = 13$; $\frac{14}{2} = 7$; $\frac{15}{3} = 5$; $\frac{16}{4} = 4$; $\frac{18}{6} = 3$

Seite 78
Weiterüben

20 Beispiele:

a) Zähler ändern: $\frac{6}{20} < \frac{7}{20} < \frac{8}{20}$ Nenner ändern: $\frac{7}{21} < \frac{7}{20} < \frac{7}{19}$

b) Zähler ändern: $\frac{12}{40} < \frac{13}{40} < \frac{14}{40}$ Nenner ändern: $\frac{13}{41} < \frac{13}{40} < \frac{13}{39}$

c) Zähler ändern: $\frac{2}{4} < \frac{3}{4} < \frac{4}{4}$ Nenner ändern: $\frac{3}{5} < \frac{3}{4} < \frac{3}{3}$

d) Zähler ändern: $\frac{16}{8} < \frac{17}{8} < \frac{18}{8}$ Nenner ändern: $\frac{17}{9} < \frac{17}{8} < \frac{17}{7}$

21 **a)** 6 **b)** 4; 5; 6 **c)** 9 **d)** 4; 5; 6

22 **a)** $\frac{7}{4}; \frac{12}{5}; \frac{7}{5}; \frac{9}{8}; \frac{11}{9}; \frac{13}{8}; \frac{5}{3}$ **b)** $\frac{5}{8}; \frac{3}{7}; \frac{5}{9}; \frac{5}{12}; \frac{7}{20}; \frac{7}{15}; \frac{4}{9}$

c) $\frac{3}{7}; \frac{5}{12}; \frac{7}{20}; \frac{7}{15}; \frac{4}{9}$ **d)** $\frac{7}{4}; \frac{12}{5}; \frac{13}{8}; \frac{5}{3}$

23 Max hatte an $\frac{4}{14} = \frac{20}{70}$ aller seiner Urlaubstage Regen, Tobias an $\frac{3}{10} = \frac{21}{70}$ aller seiner Urlaubstage. $\frac{20}{70} < \frac{21}{70}$, also $\frac{4}{14} < \frac{3}{10}$. Max hatte das etwas bessere Wetter.

Auf den Punkt gebracht: Arbeiten im Team

Seite 79 keine Lösungen

2.5 Dezimale Schreibweise

Seite 80 Einstieg

1 Millimeter wird in 10 gleich große Teile zerlegt; jeder Teil ist 1 zehntel Millimeter.
Man schreibt $\frac{1}{10}$mm = 0,1 mm.
Die Angaben im Text bedeuten: $1{,}3\,\text{mm} = 1\frac{3}{10}\,\text{mm}$ und $1{,}9\,\text{mm} = 1\frac{9}{10}\,\text{mm}$.

Seite 81 Üben

1 a) $12{,}2\,s = 12\,s + \frac{2}{10}\,s = 2\frac{2}{10}\,s = 2\frac{1}{5}\,s$; $48{,}4\,s = 48\,s + \frac{4}{10}\,s = 48\frac{4}{10}\,s$

b) $10{,}71\,s = 10\,s + \frac{7}{10}\,s + \frac{1}{100}\,s = 10\,s + \frac{70}{100}\,s + \frac{1}{100}\,s = 10\frac{71}{100}\,s$;

$41{,}01\,s = 41\,s + \frac{0}{10}\,s + \frac{1}{100}\,s = 41\frac{1}{100}\,s$

c) $47{,}652\,s = 47\,s + \frac{6}{10}\,s + \frac{5}{100}\,s + \frac{2}{1000}\,s = 47\,s + \frac{600}{1000}\,s + \frac{50}{1000}\,s + \frac{2}{1000}\,s$
$= 47\frac{652}{1000}\,s = 47\frac{163}{250}\,s$

$47{,}835\,s = 47\,s + \frac{8}{10}\,s + \frac{3}{100}\,s + \frac{5}{1000}\,s = 47\,s + \frac{800}{1000}\,s + \frac{30}{1000}\,s + \frac{5}{1000}\,s$
$= 47\frac{835}{1000}\,s = 47\frac{167}{200}\,s$

$47{,}584\,s = 47\,s + \frac{5}{10}\,s + \frac{8}{100}\,s + \frac{4}{1000}\,s = 47\,s + \frac{500}{1000}\,s + \frac{80}{1000}\,s + \frac{4}{1000}\,s$
$= 47\frac{584}{1000}\,s = 47\frac{73}{125}\,s$

$47{,}631\,s = 47\,s + \frac{6}{10}\,s + \frac{3}{100}\,s + \frac{1}{1000}\,s = 47\,s + \frac{600}{1000}\,s + \frac{30}{1000}\,s + \frac{1}{1000}\,s$
$= 47\frac{631}{1000}\,s$

Seite 82

2 a) Einer b) Hunderstel c) Zehntel d) Tausendstel

3 a) $12{,}345 = 12\frac{345}{1000} = 12\frac{69}{200}$

$7{,}64 = 7\frac{64}{100} = 7\frac{16}{25}$

$3{,}08 = 3\frac{8}{100} = 3\frac{2}{25}$

$7{,}2 = 7\frac{2}{10} = 7\frac{1}{5}$

$13{,}303 = 13\frac{303}{1000}$

b) $8{,}76543 = 8\frac{76543}{100000}$

$0{,}6135 = \frac{6135}{10000} = \frac{327}{2000}$

$0{,}78 = \frac{78}{100} = \frac{39}{50}$

$0{,}03871 = \frac{3871}{100000}$

$11{,}30052 = 11\frac{30052}{100000} = 11\frac{7513}{25000}$

4 a) 32,15 b) 782,415 c) 4,3517 d) 2 143,5

5 Sophie hat Unrecht, die Tausendstel stehen rechts von den Hundertsteln.
Patricks Aussage stimmt nicht, denn es gibt keine Eintel rechts vom Komma.
Leanas Aussage stimmt. Links von den Einern stehen die Zehner, Hunderter, ... und rechts von den Einern stehen die Zehntel, Hunderstel, ...

Seite 82

6 a) $\frac{75}{100} = \frac{3}{4}$ b) $\frac{25}{100} = \frac{1}{4}$ c) $\frac{6}{10} = \frac{3}{5}$

d) $\frac{488}{100} = \frac{122}{25} = 4\frac{22}{25}$ e) $\frac{625}{1000} = \frac{5}{8}$ f) $\frac{10481}{10000} = 1\frac{481}{10000}$

g) $\frac{125}{1000} = \frac{1}{8}$ h) $\frac{1701}{1000} = 1\frac{701}{1000}$ i) $\frac{4}{1000} = \frac{1}{250}$

j) $\frac{16}{100} = \frac{4}{25}$ k) $\frac{576}{100} = \frac{144}{25} = 5\frac{19}{25}$ l) $\frac{4038}{1000} = \frac{2019}{500} = 4\frac{19}{500}$

Umwandeln eines Bruches in eine Dezimalzahl

7 a) $\frac{3}{10} = 0{,}3$; $\frac{5}{100} = 0{,}05$; $\frac{1}{100000} = 0{,}00001$; $\frac{6}{1000000} = 0{,}000006$

b) $\frac{15}{100} = \frac{10}{100} + \frac{5}{100} = \frac{1}{10} + \frac{5}{100} = 0{,}15$

$\frac{123}{1000} = \frac{100}{1000} + \frac{20}{1000} + \frac{3}{1000} = \frac{1}{10} + \frac{2}{100} + \frac{3}{1000} = 0{,}123$

$\frac{765}{10000} = \frac{700}{10000} + \frac{60}{10000} + \frac{5}{10000} = \frac{7}{100} + \frac{6}{1000} + \frac{5}{10000} = 0{,}0765$

$\frac{201}{1000} = \frac{200}{1000} + \frac{1}{1000} = \frac{2}{10} + \frac{1}{1000} = 0{,}201$

c) $1\frac{5}{10} = 1{,}5$

$1\frac{11}{100} = 1 + \frac{10}{100} + \frac{1}{100} = 1 + \frac{1}{10} + \frac{1}{100} = 1{,}11$

$2\frac{504}{1000} = 2 + \frac{500}{1000} + \frac{4}{1000} = 2 + \frac{5}{10} + \frac{4}{1000} = 2{,}504$

$3\frac{1}{100000} = 3{,}00001$

d) $\frac{25}{10} = 2\frac{5}{10} = 2 + \frac{5}{10} = 2{,}5$

$\frac{625}{10} = 62\frac{5}{10} = 62 + \frac{5}{10} = 62{,}5$

$\frac{102}{100} = 1\frac{2}{100} = 1 + \frac{2}{100} = 1{,}02$

$\frac{398}{100} = 3\frac{98}{100} = 3 + \frac{90}{100} + \frac{8}{100} = 3 + \frac{9}{10} + \frac{8}{100} = 3{,}98$

$\frac{9375}{1000} = 9\frac{375}{1000} = 9 + \frac{300}{1000} + \frac{70}{1000} + \frac{5}{1000} = 9 + \frac{3}{10} + \frac{7}{100} + \frac{5}{1000} = 9{,}375$

8 a) 0,2 b) 0,19 c) 0,04 d) 0,0026
e) 2,007 f) 5,250 g) 7,850 h) 10,04
i) 2,05 j) 4,004 k) 3,12 l) 50,5050

9 a) $\frac{27}{10} = 2\frac{7}{10} = 2{,}7$

b) $5{,}41 = 5 + \frac{4}{10} + \frac{1}{100} = \frac{500}{100} + \frac{40}{100} + \frac{1}{100} = \frac{541}{100} = 5\frac{41}{100}$

c) $0{,}58 = \frac{5}{10} + \frac{8}{100} = \frac{50}{100} + \frac{8}{100} = \frac{58}{100} = \frac{29}{50}$

d) $7{,}20 = 7 + \frac{2}{10} = \frac{70}{10} + \frac{2}{10} + \frac{0}{100} = \frac{72}{10}$

Umformen durch Erweitern und Kürzen

Seite 83

10 **a)** $\frac{2}{5}=\frac{4}{10}=0{,}4$ **b)** $1\frac{1}{4}=1\frac{25}{100}=1{,}25$ **c)** $\frac{2}{25}=\frac{8}{100}=0{,}08$

d) $\frac{8}{200}=\frac{4}{100}=0{,}04$ **e)** $\frac{6}{30}=\frac{2}{10}=0{,}2$ **f)** $\frac{60}{125}=\frac{12}{25}=\frac{48}{100}=0{,}48$

11 Der Bruch $\frac{2}{3}$ ist schon gekürzt. Die Zahlen 10, 100, 1 000, ... sind jeweils keine Vielfachen von 3. Man kann den Bruch daher nicht so erweitern, dass der Nenner 10, 100, 1 000, ... wird. Man kann also $\frac{2}{3}$ nicht durch Erweitern oder Kürzen in eine Dezimalzahl umformen.

12 **a)** $\frac{3}{4}=\frac{75}{100}=0{,}75$ **b)** $\frac{7}{2}=3\frac{1}{2}=3\frac{5}{10}=3{,}5$ **c)** $\frac{12}{30}=\frac{4}{10}=0{,}4$

d) $\frac{8}{12}=\frac{2}{3}$ **e)** $\frac{49}{70}=\frac{7}{10}=0{,}7$ **f)** $\frac{3}{9}=\frac{1}{3}$

Die Brüche in den Teilaufgaben d) und f) kann man nicht auf einen Bruch mit dem Nenner 10, 100, 1 000, ... erweitern, da 10, 100, 1 000, ... jeweils keine Vielfachen von 3 sind.

Endnullen bei Dezimalzahlen

13 **a)** (1) $0{,}5=\frac{5}{10}$ und $0{,}50=\frac{50}{100}$. Der Bruch $\frac{5}{10}$ wird mit 10 erweitert.

$\frac{5}{10}\overset{10}{=}\frac{50}{100}$, also auch $0{,}5=0{,}50$.

(2) $0{,}3=\frac{3}{10}$ und $0{,}30=\frac{30}{100}$. Der Bruch $\frac{3}{10}$ wird mit 10 erweitert.

$\frac{3}{10}\overset{10}{=}\frac{30}{100}$, also auch $0{,}3=0{,}30$.

(3) $2{,}1=2\frac{1}{10}$ und $2{,}100=2\frac{100}{1000}$. Der Bruch $\frac{1}{10}$ wird mit 100 erweitert.

$\frac{1}{10}\overset{100}{=}\frac{100}{1000}$, also auch $0{,}1=0{,}100$ bzw. $2{,}1=2{,}100$.

(4) $10{,}2=10\frac{2}{10}$ und $10{,}2000=10\frac{2000}{10000}$. Der Bruch $\frac{2}{10}$ wird mit 1 000 erweitert.

$\frac{2}{10}\overset{1000}{=}\frac{2000}{10000}$, also auch $0{,}2=0{,}2000$ bzw. $10{,}2=10{,}2000$

b) Man kann die Dezimalzahlen als Brüche schreiben. Die Brüche sind alle gleich groß, denn man kann sie durch Erweitern bzw. Kürzen mit 10, 100, 1 000, ... auseinander erhalten. Die Dezimalzahlen sind also auch gleich groß.

(1) 0,8 = 0,80 = 0,800 = 0,8000 = ...

(2) 1,020 = 1,0200 =1,02000 =1,020000 = ...

(3) 10,40 = 10,400 = 10,4000 = 10,40000 = ...

(4) 200,012 = 200,0120 = 200,01200 = 200,012000 = ...

Seite 83

13 **c)** Beginnt die Zahl links von dem Komma vor der Einerstelle mit einer Null, so kann man diese weglassen.
Ebenso kann man Endnullen weglassen (wie in den Teilaufgaben a) und b) gezeigt).
Nullen zwischen zwei Ziffern, deren Wert nicht 0 ist, dürfen nicht weggelassen werden.
Endnullen vor dem Komma dürfen nicht weggelassen werden.
(1) 4,32 (2) 8,3 (3) 3,805 (4) 760,32
d) Beim Erweitern und Kürzen ändert sich der Wert des Bruches nicht. Das Anhängen bzw. Weglassen von Nullen bei Dezimalzahlen entspricht dem Erweitern bzw. dem Kürzen eines Bruches mit 10, 100, 1 000, ..., wie in den Teilaufgaben a) und b) gezeigt.

14 **a)** 0,6 **b)** 0,25 **c)** 0,0302 **d)** 2,005
e) 400 **f)** 5,002001 **g)** 0,3002 **h)** 50 500
i) 30 **j)** 10,04 **k)** 0 **l)** 2,2

15 **a)** 2,5 Tsd. = 2,500 Tsd. = 2500
b) 3,04 Mio. = 3,040000 Mio. = 3 040 000
c) 10,5 Mrd. = 10,500000000 Mrd. = 10 500 000 000
d) 0,6 Mrd. = 0,600000000 Mrd. = 600 000 000
e) 3,52 Mio. = 3,520000 Mio. = 3 520 000
f) 7,23 Mrd. = 7,230000000 Mrd. = 7 230 000 000
g) $3\frac{1}{2}$ Mio. = 3,5 Mio. = 3,500 000 Mio. = 3 500 000
h) $\frac{1}{2}$ Billion = 0,5 Billion = 0,500000000000 Billion = 500 000 000 000

Seite 84

16 **a)** $6\,\% = \frac{6}{100} = 0{,}06$ **b)** $25\,\% = \frac{25}{100} = 0{,}25$ **c)** $80\,\% = \frac{80}{100} = 0{,}8$
d) $61\,\% = \frac{61}{100} = 0{,}61$ **e)** $150\,\% = \frac{150}{100} = 1{,}5$ **f)** $2\,\% = \frac{2}{100} = 0{,}02$
g) $79\,\% = \frac{79}{100} = 0{,}79$ **h)** $131\,\% = \frac{131}{100} = 1{,}31$ **i)** $1\,000\,\% = \frac{1\,000}{100} = 10$
j) $30\,\% = \frac{30}{100} = 0{,}3$ **k)** $12\,\% = \frac{12}{100} = 0{,}12$ **l)** $60\,\% = \frac{60}{100} = 0{,}6$

17 **a)** $0{,}5 = \frac{5}{10} = \frac{50}{100} = 50\,\%$ **b)** $0{,}05 = \frac{5}{100} = 5\,\%$
c) $0{,}25 = \frac{25}{100} = 25\,\%$ **d)** $1 = \frac{100}{100} = 100\,\%$
e) $0{,}6 = \frac{6}{10} = \frac{60}{100} = 60\,\%$ **f)** $0{,}31 = \frac{31}{100} = 31\,\%$
g) $0{,}1 = \frac{1}{10} = \frac{10}{100} = 10\,\%$ **h)** $1{,}6 = \frac{16}{10} = \frac{160}{100} = 160\,\%$
i) $0{,}03 = \frac{3}{100} = 3\,\%$ **j)** $0{,}95 = \frac{95}{100} = 95\,\%$
k) $2{,}75 = \frac{275}{100} = 275\,\%$ **l)** $10{,}6 = \frac{106}{10} = \frac{1\,060}{100} = 1060\,\%$

Weiterüben

18

Z	E	z	h	t	zt
	0	0	0	5	
	0	0	0	0	5

$0{,}005\,\text{mm} = \frac{5}{1\,000}\,\text{mm}$

$0{,}0005\,\text{mm} = \frac{5}{10\,000}\,\text{mm}$

Seite 84

19 **a)** $5\,\% = \frac{5}{100} = \frac{1}{20} = 0{,}05$ **b)** $0{,}9 = \frac{9}{10} = \frac{90}{100} = 90\,\%$

c) $\frac{2}{5} = \frac{40}{100} = 40\,\% = 0{,}4$ **d)** $12\,\% = \frac{12}{100} = \frac{3}{25} = 0{,}12$

e) $\frac{3}{12} = \frac{1}{4} = \frac{25}{100} = 25\,\% = 0{,}25$ **f)** $0{,}33 = \frac{33}{100} = 33\,\%$

20 **a)** Keine Lösungen

b) Beispiele: $0{,}5 = \frac{1}{2}$; $0{,}25 = \frac{1}{4}$; $0{,}125 = \frac{1}{8}$; $0{,}2 = \frac{1}{5}$; $0{,}1 = \frac{1}{10}$; $0{,}2 = \frac{1}{5}$; $0{,}05 = \frac{1}{20}$; $0{,}02 = \frac{1}{50}$; $0{,}01 = \frac{1}{100}$

c) Keine Lösungen

21 **a)** $\frac{6}{10} = 0{,}6 = \frac{3}{5} = 60\,\%$; $0{,}3 = \frac{3}{10}$; $\frac{8}{10} = \frac{4}{5} = 0{,}8$

b) $\frac{1}{5} = \frac{3}{15} = 0{,}2 = \frac{7}{35} = 20\,\%$; $0{,}5 = \frac{3}{6}$; $0{,}1 = \frac{10}{100}$

22 **a)** Richtig **b)** $4\frac{1}{5} = 4\frac{2}{10} = 4{,}2$

c) Richtig **d)** $\frac{8}{5} = 1\frac{3}{5} = 1\frac{6}{10} = 1{,}6$

Das kann ich noch!

A 1)
```
    6 7 5 2
  + 8 2 0 2
  1
  ---------
  1 4 9 5 4
```

2)
```
    5 8 0 7 2
  +     9 4 7
        1 1
  -----------
    5 9 0 1 9
```

3)
```
    8 7 2
  - 4 9 3
    1 1
  -------
    3 7 9
```

4)
```
    5 3 4 1 2
  -   5 8 7 6
    1 1 1 1
  -----------
    4 7 5 3 6
```

5)
```
1 2 7 0 · 4 0 0
---------------
    5 0 8 0 0 0
```

6)
```
2 3 4 7 · 4 8
-------------
      9 3 8 8
    1 8 7 7 6
-------------
  1 1 2 6 5 6
```

7)
```
4 9 2 : 3 = 1 6 4
3
-
1 9
1 8
---
  1 2
  1 2
  ---
    0
```

8)
```
6 9 2 : 4 = 1 7 3
4
-
2 9
2 8
---
  1 2
  1 2
  ---
    0
```

2.6 Vergleichen und Ordnen von Dezimalzahlen

Seite 85 Einstieg

Wir vergleichen die Dezimalzahlen von links nach rechts, um die Laufzeiten zu ordnen: Die Zehnerstellen sind identisch, ebenso die Einerstellen. Vergleicht man die Zehntelstellen 7, 8, 0, dann ist die 0 die kleinste, und 8 die größte. Damit haben wir die Rangfolge der Läufer:

1. Platz:	Wayde van Niekerk	43,03 s
2. Platz:	Kirani James	43,76 s
3. Platz:	LaShawn Merritt	43,85 s

Seite 86 Üben

1
a) 1,**6**3 > 1,**3**6 **b)** 0,6**4**5 < 0,6**5**4 **c)** 0,9**8**9 < 0,9**9**8 **d)** 0,7**0** < 0,7**5**
e) 0,**4**57 < 0,**5**47 **f)** 0,7**8**7 > 0,7**7**8 **g)** 0,6**6** > 0,6**0** **h)** 0,1**4** > 0,1**0**4
i) 1,0**0**7 < 1,0**7** **j)** 7,5**5** > 7,5**4**5 **k)** 1,33**5** > 1,33**0**5 **l)** 3,7**5**6 > 3,7**6**5

2
a) 0,**3** > 0,**0**3; 0,3 = 0,300; 0,3**0** < 0,3**3**; 0,3**0** < 0,3**1**
b) 1,1 = 1,10; 1,**1** > 1,**0**1; 1,1**0** < 1,1**1**; 1,**1** > 1,**0**11
c) 1,04 = 1,040; 1,0**4** > 1,0**0**4; 1,**0**4 < 1,**4**; 1,4**0** < 1,4**4**
d) 0,2**5** > 0,2**0**5; 0,**2**5 > 0,**0**25; 0,25 = 0,250; 0,25**0** < 0,25**2**

3
Weitsprung: 1. Platz: 4,05 m (Felix), 2. Platz: 3,95 m (Christian), 3. Platz: 3,68 m (Philipp), 4. Platz: 3,60 m (Florian), 5. Platz: 3,45 m (Tim), 6. Platz: 3,24 m (Andreas), 7. Platz: 2,98 m (Michael)
100-m-Lauf: 1. Platz: 15,0 s (Florian), 2. Platz: 15,1 s (Andreas), 3. Platz: 15,6 s (Philipp), 4. Platz: 15,7 s (Felix), 5. Platz: 15,9 s (Christian), 6. Platz: 16,4 s (Tim), 7. Platz: 17,1 s (Michael)
Hochsprung: 1. Platz: 1,51 m (Florian), 2. Platz: 1,45 m (Felix), 3. Platz: 1,43 m (Tim), 4. Platz: 1,20 m (Christian), 5. Platz: 1,15 m (Andreas), 6. Platz: 1,09 m (Philipp), 7. Platz: 0,97 m (Michael)

4
a) Falsch, 0,**3**5 > 0,**2**78 **b)** Falsch, 3,**4**3 > 3,**2**34
c) Falsch, 0,**4** > 0,**0**4 **d)** Falsch, 0,9 = 0,90

5 Nach dem Benzinverbrauch geordnet, von niedriger zu höher.
In der Stadt: Mars, Venus, Pluto, denn 8,9 l < 9,3 l < 9,7 l
Bei 90 km/h: Venus, Mars, Pluto, denn 5,4 l < 5,5 l < 5,6 l
Bei 120 km/h: Venus, Pluto, Mars, denn 6,9 l < 7,0 l < 7,1 l

6
a) $\frac{3}{4} = 0{,}75$ **b)** $0{,}59 < \frac{3}{5} = 0{,}6$ **c)** $0{,}1 = \frac{1}{10} > 0{,}09$
d) $3{,}5 = 3\frac{1}{2} > 3{,}45$ **e)** $0{,}95 > \frac{9}{10} = 0{,}90$ **f)** $2{,}6 < 2\frac{4}{5} = 2{,}8$
g) $\frac{1}{3} = \frac{10}{30} > 0{,}3 = \frac{3}{10} = \frac{9}{30}$ **h)** $\frac{1}{6} = \frac{50}{300} > 0{,}16 = \frac{16}{100} = \frac{48}{300}$

Darstellen und Vergleichen von Dezimalzahlen am Zahlenstrahl

Seite 86

7 A: 0,15 B: 0,3 C: 0,42 D: 0,57
Ordnungskette: 0,15 < 0,3 < 0,42 < 0,57
Die kleinere Dezimalzahl liegt am Zahlenstrahl immer links von der größeren Dezimalzahl.

Seite 87

8 **a)** Ein langer Strich entspricht 1. Ein kurzer Strich entspricht 0,1.
A: 1,0; B: 5,0; C: 7,0; D: 13,0;
1,0 < 5,0 < 7,0 < 13,0
b) Ein langer Strich entspricht 0,1. Ein kurzer Strich entspricht 0,01.
A: 0,2; B: 0,7; C: 0,9; D: 1,4;
0,2 < 0,7 < 0,9 < 1,4
c) Ein langer Strich entspricht 0,01. Ein kurzer Strich entspricht 0,001.
A: 0,00; B: 0,04; C: 0,09; D: 0,13;
0,00 < 0,04 < 0,09 < 0,13
d) Ein langer Strich entspricht 0,02. Ein kurzer Strich entspricht 0,002.
A: 0,32; B: 0,42; C: 0,48; D: 0,58;
0,32 < 0,42 < 0,48 < 0,58

9 **a)** A: 0,75; B: 0,85; C: 0,88; D: 0,9; E: 0,99; F: 1,02; G: 1,09; H: 1,75
b)

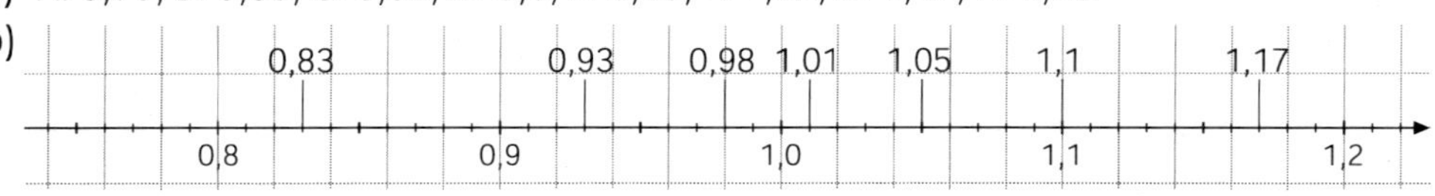

Nach der Größe geordnet: 0,83 < 0,93 < 0,98 < 1,01 < 1,05 < 1,1 < 1,17

10 **a)** 5,1; 5,2; 5,6; 5,8; 5,9 — 5,5 liegt genau in der Mitte.
b) 1,61; 1,62; 1,66; 1,68; 1,69 — 1,65 liegt genau in der Mitte.
c) 3,811; 3,812; 3,816; 3,818; 3,819 — 3,815 liegt genau in der Mitte.
d) 0,091; 0,092; 0,094; 0,0941; 0,0973 — 0,095 liegt genau in der Mitte.

Seite 87

11 a)

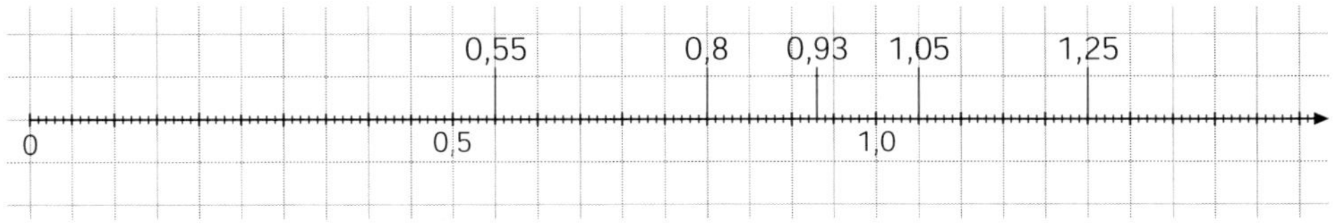

b)

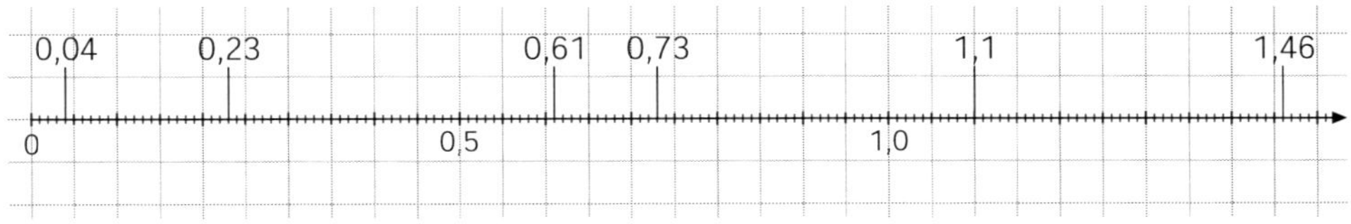

c) $\frac{3}{10} = 0{,}3$; $\frac{5}{10} = 0{,}5$; $\frac{35}{100} = 0{,}35$; $\frac{1}{10} = 0{,}1$; $\frac{53}{100} = 0{,}53$; $\frac{31}{100} = 0{,}31$

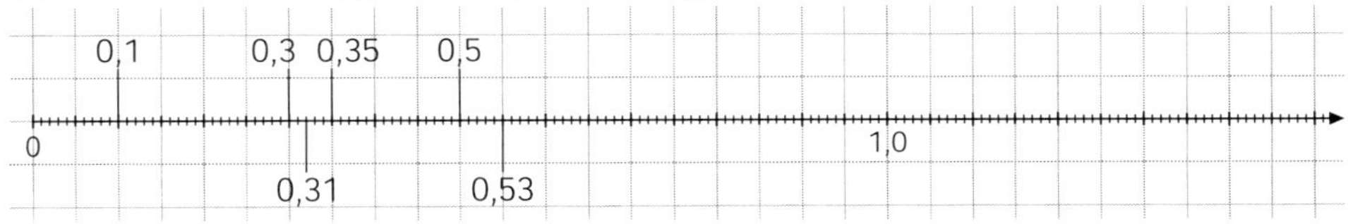

d) $\frac{2}{5} = 0{,}4$; $1\frac{1}{10} = 1{,}1$; $1\frac{4}{10} = 1{,}4$

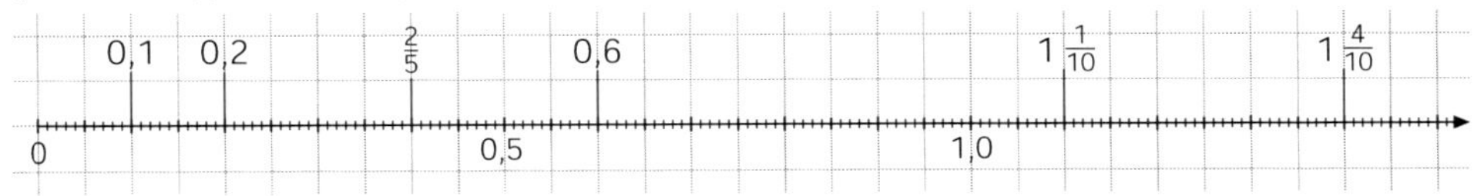

Weiterüben

12 Die kurzen Striche geben 0,1 °C an, der etwas längere Strich in der Mitte zwischen den vollen Gradzahlen gibt 0,5 °C an. Das Thermometer zeigt 36,6 °C an.

13 0,87 mg < 1,17 mg < 1,68 mg < 2,51 mg <4,52 mg < 6,65 mg

14 **a)** $A \approx 0{,}1$, weil es etwa bei $\frac{1}{5}$ von 0 und der Markierung von 0,5 liegt.
$B \approx 0{,}25$, weil in etwa in der Mitte zwischen 0 und der Markierung von 0,5 liegt.
$C \approx 0{,}45$, weil die Entfernung von C zur Markierung von 0,5 etwa halb so groß ist wie von 0 zur Punkt A.
$D \approx 0{,}475$, weil die Entfernung von D zur Markierung von 1 etwa halb so groß ist wie die von Punkt C zur Markierung von 0.5.
b) $E \approx 1{,}08$, weil die Entfernung von E zur 1 etwa halb so groß ist wie die von Punkt F zur Markierung von 1,25.
$F \approx 1{,}09$, weil es etwa bei $\frac{7}{8}$ von 1 und der Markierung von 1,25 liegt.
$G \approx 1{,}375$, weil es in etwa in der Mitte zwischen der Markierung von 1,25 und 1,5 liegt.
$H \approx 1{,}18$, weil die Entfernung von H zur 1,5 etwa doppelt so groß ist wie von Punkt F zur Markierung von 1,25.

2.7 Runden von Dezimalzahlen

Seite 88
Einstieg

Die Schwestern müssen die Angaben auf Zehntel °C runden. Wie bei den natürlichen Zahlen werden bei den Hundersteln die Ziffern 0, 1, 2, 3, 4 abgerundet und die Ziffern 5, 6, 7, 8, 9 aufgerundet.

39,48 °C ≈ 39,5 °C	(aufgerundet)	40,09 °C ≈ 40,1 °C	(aufgerundet)
39,24 °C ≈ 39,2 °C	(abgerundet)	38,76 °C ≈ 38,8 °C	(aufgerundet)
38,55 °C ≈ 38,6 °C	(aufgerundet)	37,91 °C ≈ 37,9 °C	(abgerundet)

Üben

1

	auf Einer	auf Zehntel	auf Hunderstel	auf Tausendstel
a)	10,1473 ≈ 10	10,1473 ≈ 10,1	10,1473 ≈ 10,15	10,1473 ≈ 10,147
b)	12,8476 ≈ 13	12,8476 ≈ 12,8	12,8476 ≈ 12,85	12,8476 ≈ 12,848
c)	9,96784 ≈ 10	9,96784 ≈ 10,0	9,96784 ≈ 9,97	9,96784 ≈ 9,968
d)	2,43504 ≈ 2	2,43504 ≈ 2,4	2,43504 ≈ 2,44	2,43504 ≈ 2,435
e)	4,2999 ≈ 4	4,2999 ≈ 4,3	4,2999 ≈ 4,30	4,2999 ≈ 4,300
f)	0,77777 ≈ 1	0,77777 ≈ 0,8	0,77777 ≈ 0,78	0,77777 ≈ 0,778
g)	6,5645 ≈ 7	6,5645 ≈ 6,6	6,5645 ≈ 6,56	6,5645 ≈ 6,565
h)	0,94952 ≈ 1	0,94952 ≈ 0,9	0,94952 ≈ 0,95	0,94952 ≈ 0,950
i)	2,3456 ≈ 2	2,3456 ≈ 2,3	2,3456 ≈ 2,35	2,3456 ≈ 2,346
j)	9,7531 ≈ 10	9,7531 ≈ 9,8	9,7531 ≈ 9,75	9,7531 ≈ 9,753
k)	0,27272 ≈ 0	0,27272 ≈ 0,3	0,27272 ≈ 0,27	0,27272 ≈ 0,273
l)	5,55555 ≈ 6	5,55555 ≈ 5,6	5,55555 ≈ 5,56	5,55555 ≈ 5,556

Seite 89

2 **a)** 3,75 € ≈ 4 €; 2,13 € ≈ 2 €; 19,45 € ≈ 19 €
b) 5,6 m ≈ 6 m; 3,48 m ≈ 3 m; 9,5 m ≈ 10 m
c) 4,8 kg ≈ 5 kg; 0,65 kg ≈ 1 kg; 14,49 kg ≈ 14 kg
d) 52,37 s ≈ 52 s; 4,72 s ≈ 5 s; 23,54 s ≈ 24 s.

3 **a)** 6,4506 km ≈ 6,451 km = 6 km 641 m
b) 2,4085 kg ≈ 2,409 kg = 2 kg 409 g
c) 13,0609 t ≈ 13,061 t = 13 t 61 kg
d) 14,533 € ≈ 14,53 € = 14 € 53 ct
e) 17,09 cm ≈ 17,1 cm = 17 cm 1 mm
f) 4,3531 g ≈ 4,353 g = 4 g 353 mg

4 Tim rundet jeweils schrittweise eine Stelle weiter. Dadurch wird die zu rundende Stelle vorher auf 5 aufgerundet und dann die Stelle davor auf 5 aufgerundet, obwohl die zu rundende Ziffer vorher eine 4 war. Bei der Ziffer 4 wird aber abgerundet. Richtig ist:
a) 1,**4**91 ≈ 1 **b)** 0,4**4**5 ≈ 0,4 **c)** 2,6**4**47 ≈ 2,64

Bedeutung von Endnullen beim Runden von Messwerten

Seite 89

5 **a)** 3,9 km ist auf zehntel Kilometer gerundet: mindestens 3,85 km bis unter 3,95 km.
3,90 km ist auf hundertstel Kilometer gerundet: mindestens 3,895 km bis unter 3,905 km.
3,900 km ist auf tausendstel Kilometer gerundet: mindestens 3,8995 km bis unter 3,9005 km.
b) 5,1 kg ist auf zehntel Kilogramm gerundet: mindestens 5,05 kg bis unter 5,15 kg.
5,10 kg ist auf hundertstel Kilogramm gerundet: mindestens 5,095 kg bis unter 5,105 kg.
5,100 kg ist auf tausendstel Kilogramm gerundet: mindestens 5,0995 kg bis unter 5,1005 kg.
c) 1,3 s ist auf zehntel Sekunden gerundet: mindestens 1,25 s bis unter 1,35 s.
1,30 s ist auf hundertstel Sekunden gerundet: mindestens 1,295 s bis unter 1,305 s.
1,300 s ist auf tausendstel Sekunden gerundet: mindestens 1,2995 s bis unter 1,3005 s.

6 (1) Alle Zahlen von 13,5 bis unter 14,5, z. B. 14,1; 14,2; 14,3; 13,7; 13,5.
(2) Alle Zahlen von 0,55 bis unter 0,65, z. B. 0,61; 0,62; 0,63; 0,58; 0,55.
(3) Alle Zahlen von 7,125 bis unter 7,135, z. B. 7,131; 7,132; 7,129; 7,125; 7,1299.
(4) Alle Zahlen von 0,9865 bis unter 0,9875 , z. B. 0,9871; 0,9874; 0,9865; 0,9867; 0,9869.

Weiterüben

7 **a)** Die 8,13 Rollen Tapete sind Material,die tatsächlich gebraucht werden. Wenn auf 8 ganze Rollen abgerundet wird, bleibt ein Stück der Wand weiß und kann nicht tapeziert werden, daher ist abrunden bei Materialien nicht sinnvoll.
b) Beispiele: Teppich, Fließen, Gardinen, Milch, Saft, Mehl, ...

8

Chicago	2 700 000 ≈ 2,7 Mio.
Rom	2 900 000 ≈ 2,9 Mio.
New York	9 100 000 ≈ 9,1 Mio.
Kairo	6 800 000 ≈ 6,8 Mio.
Tunis	1 100 000 ≈ 1,1 Mio.

Moskau	11 500 000 ≈ 11,5 Mio.
Berlin	3 600 000 ≈ 3,6 Mio.
Sydney	5 000 000 ≈ 5,0 Mio.
Peking	21 500 000 ≈ 21,5 Mio.
Delhi	16 800 000 ≈ 16,8 Mio.

2.8 Addieren und Subtrahieren von Dezimalzahlen

Seite 90
Einstieg

$$\begin{array}{rrrrrrl} & & 8 & 5, & 7 & 5 & € \\ + & 1 & 1 & 8, & 0 & 0 & € \\ + & & 9 & 6, & 5 & 3 & € \\ + & 1 & 0 & 3, & 6 & 9 & € \\ & {\scriptstyle 2} & & {\scriptstyle 2} & {\scriptstyle 1} & {\scriptstyle 1} & \\ \hline & 4 & 0 & 3, & 9 & 7 & € \end{array}$$

Insgesamt sind 403,97 € zusammen gekommen.

$$\begin{array}{rrrrrl} 1 & 1 & 8, & 0 & 0 & € \\ - & 8 & 5, & 7 & 5 & € \\ & {\scriptstyle 1} & {\scriptstyle 1} & {\scriptstyle 1} & & \\ \hline & 3 & 2, & 2 & 5 & € \end{array}$$

Die größte Spendensumme ist die 118,00 €, die kleinste die 85,75 €. Der Unterschied zwischen diesen beiden Summen beträgt 32,25 €.

Seite 91
Üben

1

a) 1,8	**b)** 3,3	**c)** 5,1	**d)** 5,49
e) 8,71	**f)** 0,81	**g)** 0,89	**h)** 10,09
i) 1,9	**j)** 3,4	**k)** 8,3	**l)** 6,6
m) 2,8	**n)** 4,49	**o)** 0,73	**p)** 4,76

2 **a)** Die Kreise sind jeweils in zehn Teile zerlegt. Im ersten Kreis sind zwei Teile markiert, also $\frac{2}{10}$. Im zweiten Kreis sind es neun markierte Teile, also $\frac{9}{10}$, und im dritten Kreis drei, also $\frac{3}{10}$. $\frac{1}{10}$ vom Kreis ist daher mit 0,1 gleichzusetzen.

Im Ergebnis ist ein Kreis voll gefärbt und bei dem zweiten nur vier Teile, also $\frac{4}{10}$.

Insgesamt macht das $1\frac{4}{10}$ oder $\frac{14}{10}$. In dezimaler Schreibweise wäre das 1,4.

b) (1)

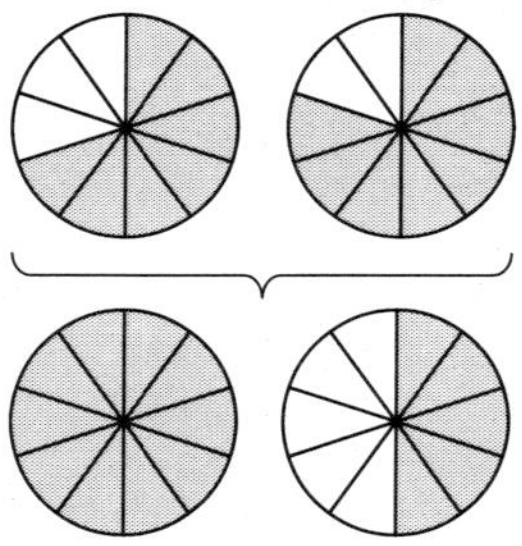

0,7 + 0,8 = 1,5

(2)

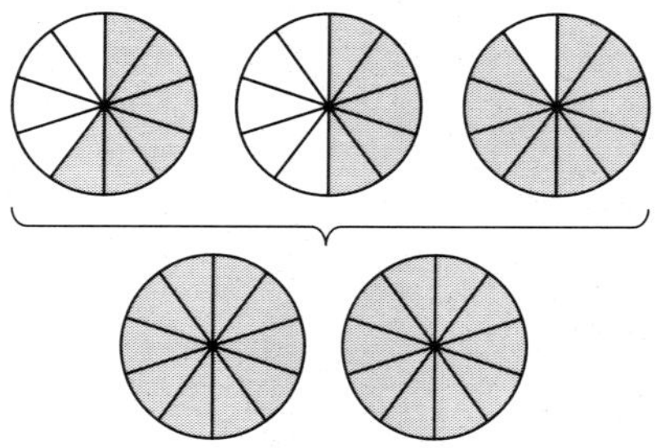

0,6 + 0,5 + 0,9 = 2

(3)

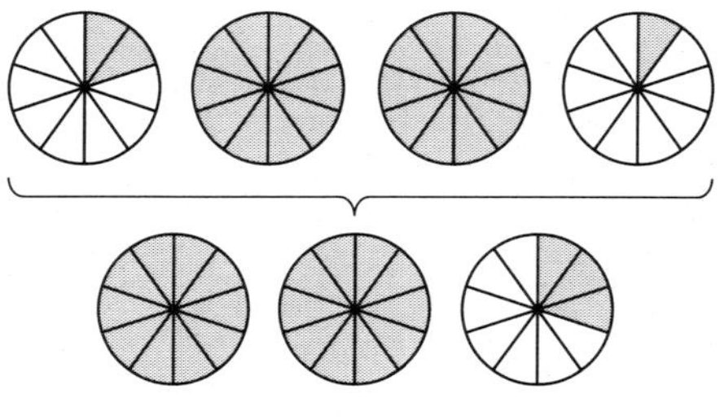

0,2 + 2,1 = 2,3

(4)

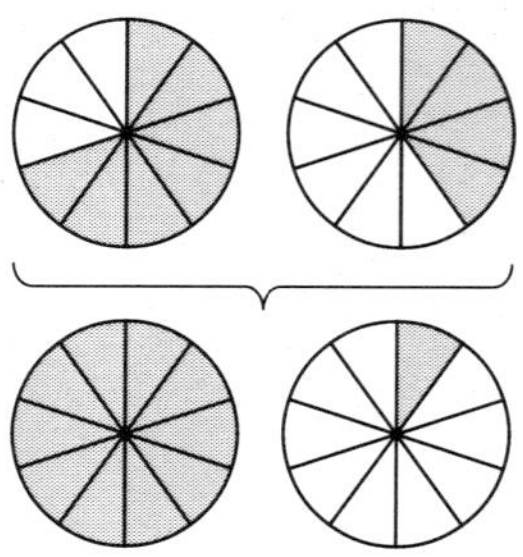

0,7 + 0,4 = 1,1

Seite 91

3 Die Kreise sind jeweils in zehn Teile zerlegt. Im ersten Kreis sind acht Teile markiert, dies stellt $\frac{8}{10}$ oder 0,8 dar. Im zweiten Kreis sind fünf Teile markiert, dies stellt $\frac{5}{10}$ oder 0,5 dar. Im dritten Kreis wird $\frac{8}{10} - \frac{5}{10}$ veranschaulicht. $\frac{8}{10} - \frac{5}{10} = \frac{3}{10}$, also sind im Kreis drei Teile markiert.

a)

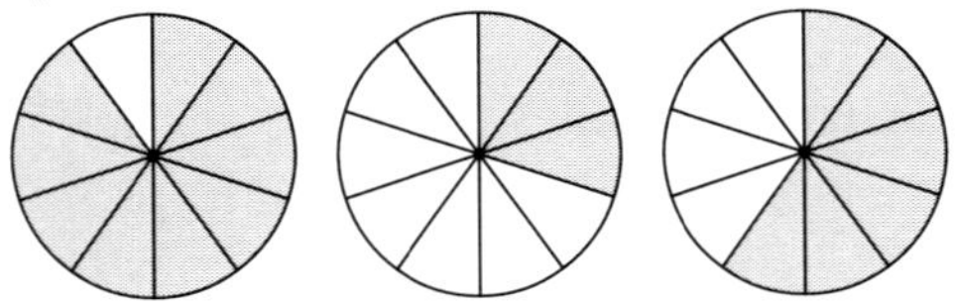

0,9 − 0,3 = 0,6

$\frac{9}{10} - \frac{3}{10} = \frac{6}{10}$

b)

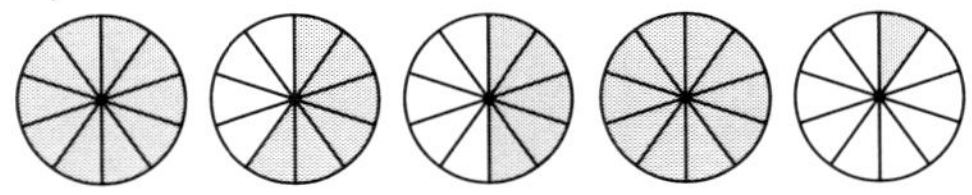

1,6 − 0,5 = 1,1

$\frac{16}{10} - \frac{5}{10} = \frac{11}{10}$

c)

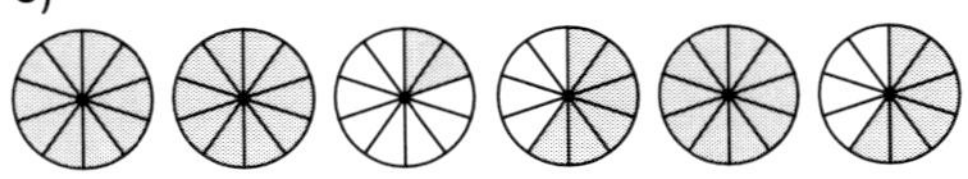

2,2 − 0,6 = 1,6

$\frac{22}{10} - \frac{6}{10} = \frac{16}{10}$

d)

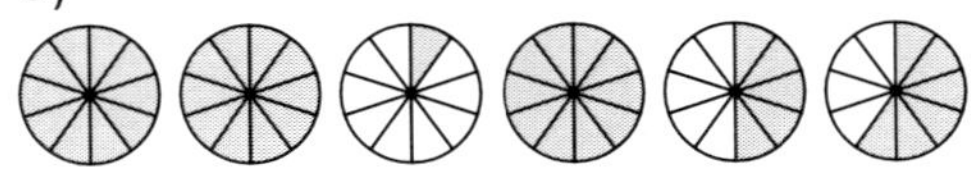

2,1 − 1,5 = 0,6

$\frac{21}{10} - \frac{15}{10} = \frac{6}{10}$

e)

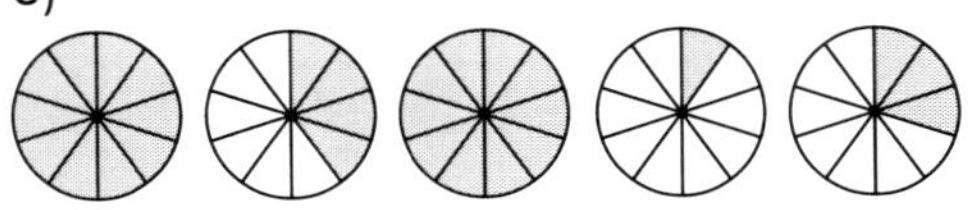

1,4 − 1,1 = 0,3

$\frac{14}{10} - \frac{11}{10} = \frac{3}{10}$

f)

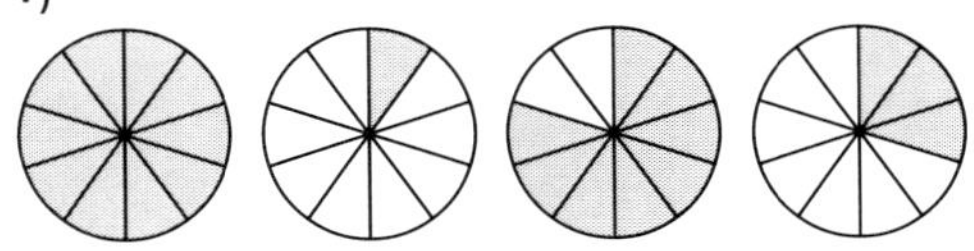

1,1 − 0,8 = 0,3

$\frac{11}{10} - \frac{8}{10} = \frac{3}{10}$

4 a) $\frac{7}{10} + \frac{2}{10} = \frac{9}{10}$
0,7 + 0,2 = 0,9

b) $\frac{3}{10} + \frac{2}{10} = \frac{5}{10}$
0,3 + 0,2 = 0,5

c) $\frac{4}{10} + \frac{3}{10} = \frac{7}{10}$
0,4 + 0,3 = 0,7

d) $\frac{1}{10} + \frac{4}{10} = \frac{5}{10}$
0,1 + 0,4 = 0,5

Seite 92

5 a) 19,90 € + 15,95 € + 17,85 € = 53,70 € Die Ausrüstung kostet 53,70 €.
b) 62,45 € − 53,70 € = 8,75 € Julia hat noch 8,75 € in der Spardose.

Seite 92

6 **a)** Beim 2. Summanden wurden 8 Hundertstel statt 8 Zehntel addiert, also 5,43 + 3,08.
Richtig ist: 5,43 + 3,8 = 9,23

b) Beim 2. Summanden wurden 3 Zehntel statt 3 Einer addiert, also 0,4 + 0,3.
Richtig ist: 0,4 + 3 = 3,4

c) Beim 2. Summanden wurden 2 Zehntel statt 2 Einer und 8 Hundertstel statt 8 Zehntel addiert, also 12,59 + 0,28. Richtig ist: 12,59 + 2,8 = 15,39

d) Beim Subtrahenden wurden 3 Hundertstel statt 3 Zehntel subtrahiert, also 3,64 – 1,03.
Richtig ist: 3,64 – 1,3 = 2,34

e) Beim Subtrahenden wurden 5 Zehntel statt 5 Einer subtrahiert, also 7,84 – 0,5.
Richtig ist: 7,8 – 5 = 2,8

f) Beim Subtrahenden wurden 1 Zehntel statt 1 Einer und 4 Hundertstel statt 4 Zehntel subtrahiert, also 9,58 – 0,14. Richtig ist: 9,58 – 1,4 = 8,18

g) Beim Subtrahenden wurden 5 Zehntel statt 5 Einer und 8 Hundertstel statt 8 Zehntel subtrahiert, also 7,58 – 0,58. Richtig ist: 7,58 – 5,8 = 1,78

h) Bei beiden Summanden wurden jeweils die 0 Zehntel nicht beachtet und die Hundertstel als Zehntel addiert, also 9,1 + 0,9. Richtig ist: 9,01 + 0,09 = 9,1

i) Beim schriftlichen Subtrahieren wurde bei den Zehnteln und den Einern der Übertrag 1 vergessen. Daher sind die Zehntelstelle und die Einerstelle jeweils um 1 zu groß.
Richtig ist: 15,55 – 6,66 = 8,89

7 **a)** Überschlag: 150 + 50 = 200

```
    1 5 6, 6 3 0 1
  +   4 6, 1 2 3 0
    1 1
  ----------------
    2 0 2, 7 5 3 1
```

b) Überschlag: 24 + 2 = 26

```
    2 4, 3 7 2
  +   2, 4 1 9
             1
  ------------
    2 6, 7 9 1
```

c) Überschlag: 440 – 250 = 190

```
    4 3 8, 3 4 7 0
  - 2 5 1, 0 8 9 6
    1        1 1 1
  ----------------
    1 8 7, 2 5 7 4
```

d) Überschlag: 16 – 10 = 6

```
    1 6, 3 8
  -   9, 8 7
    1 1
  ----------
      6, 5 1
```

e) Überschlag: 12 + 4 + 2 = 18

```
    1 1, 6 3 4 0
  +   3, 8 9 3 1
  +   2, 1 4 0 0
      1  1
  --------------
    1 7, 6 6 7 1
```

f) Überschlag: 18 + 1 + 29 = 48

```
    1 7, 6 8 3
  +   1, 0 8 5
  + 2 9, 1 8 0
    1    2
  ------------
    4 7, 9 4 8
```

g) Überschlag: 40 + 60 + 10 = 110

```
      3 6, 5 1 0 0
  +   5 9, 7 2 8 4
  +     7, 6 5 3 0
    1 2 1    1
  ----------------
    1 0 3, 8 9 1 4
```

h) Überschlag: 34 + 12 + 3 = 49

```
    3 3, 8 3 0
  + 1 2, 3 2 9
  +   2, 8 4 0
      1
  ------------
    4 8, 9 9 9
```

8 178,32 € – 35,86 € = 142,46 € Auf der Geldkarte sind noch 142,46 €.

Seite 92

9 3,46 t – 0,75 t = 2,71 t Die Ladung wiegt 2,71 t.

10

a) 3,3333	**b)** 2,2222	**c)** 9,8765	**d)** 9,87654
e) 1,2345	**f)** 64,6362	**g)** 1,2345	**h)** 61,6263

11

a)
$$\begin{array}{r} 463{,}747 \\ -\ 106{,}052 \\ -\ 18{,}524 \\ \scriptstyle 2\quad 1\quad \\ \hline 339{,}171 \end{array}$$

b)
$$\begin{array}{r} 80{,}675 \\ -\ 7{,}240 \\ -\ 14{,}100 \\ \scriptstyle 2\qquad\quad \\ \hline 59{,}335 \end{array}$$

c)
$$\begin{array}{r} 92{,}549 \\ -\ 7{,}851 \\ -\ 24{,}923 \\ \scriptstyle 2\ 2\ 1\quad \\ \hline 59{,}775 \end{array}$$

d)
$$\begin{array}{r} 479{,}900 \\ -\ 38{,}423 \\ -\ 104{,}350 \\ \scriptstyle 1\quad 1\ 1\ \\ \hline 337{,}127 \end{array}$$

Seite 93
Weiterüben

13 Frage: Wie schwer sind Bücher und CD zusammen?
Rechnung: 1,023 kg + 0,523 kg + 0,196 kg + 0,087 kg = 1,829 kg
Antwort: Bücher und CD wiegen zusammen 1,829 kg
Frage: Ist die Sendung ein Päckchen oder ein Paket?
Rechnung. 1,829 kg + 0,127 kg = 1,956 kg
Antwort: Die Sendung kann noch als Päckchen verschickt werden.

14 **a)** Man muss die beiden größten Zahlen addieren: 21,4 + 19,047 = 40,447
b) Man muss die beiden kleinsten Zahlen addieren: 6,285 + 9,9005 = 16,1855
c) Die Summanden dürfen nicht beide kleiner als 10 und nicht beide größer als 15 sein.
6,285 + 14,089 = 20,374; 6,285 + 17,55 = 23,835; 6,285 + 19,047 = 25,332; 6,285 + 21,4 = 27,865; 9,9005 + 12,75 = 22,6505; 9,9005 + 14,089 = 23,9895; 9,9005 + 19,047 = 28,9475; 12,75 + 14,089 = 26,839

15

a) 51,6 – 27,44 = 24,16	M	**b)** 6,045 + 0,58 = 6,625	A
c) 12,806 + 11,95 = 24,756	T	**d)** 0,968 + 0,083 = 1,051	H
e) 46,14 – 2,49 = 43,65	E	**f)** 4,06 + 22,38 = 26,44	S
g) 10,5 – 1,048 = 9,452	O	**h)** 993,1 – 822,85 = 170,25	L
i) 100 – 5,806 = 94,194	L	**j)** 33,05 + 13,96 = 47,01	H
k) 50,9 – 31,25 = 19,65	E	**l)** 1,68 + 34,09 = 35,77	U
m) 78 – 59,66 = 18,34	T	**n)** 5,38 – 4,611 = 0,769	E
o) 180 – 31,05 = 148,95	A	**p)** 12,4 + 41,68 = 54,08	U
q) 7,39 + 3,805 = 11,195	S	**r)** 70,02 – 58,9 = 11,12	F
s) 5,008 + 0,996 = 6,004	A	**t)** 4,17 + 0,856 = 5,026	L
u) 10 – 8,677 = 1,323	L	**v)** 12,5 + 6,088 = 18,588	E
w) 6,013 – 0,847 = 5,166	N		

Lösungstext: MATHE SOLL HEUTE AUSFALLEN

Seite 93

16 a)
$$\begin{array}{r} 15{,}78 \\ +\ 4{,}36 \\ \hline 20{,}14 \end{array}$$
b)
$$\begin{array}{r} 156{,}705 \\ +\ 48{,}095 \\ \hline 204{,}800 \end{array}$$
c)
$$\begin{array}{r} 98{,}04 \\ +\ 24{,}93 \\ \hline 122{,}97 \end{array}$$
d)
$$\begin{array}{r} 156{,}786 \\ +\ 216{,}405 \\ \hline 373{,}191 \end{array}$$

Das kann ich noch!

A
1) $3 \cdot 7 - 5 = 21 - 5 = 16$ und $3 \cdot (7 - 5) = 3 \cdot 2 = 6$
2) $(18 + 2) \cdot 5 = 20 \cdot 5 = 100$ und $18 + 2 \cdot 5 = 18 + 10 = 28$
3) $25 - 5 : 5 = 25 - 1 = 24$ und $(25 - 5) : 5 = 20 : 5 = 4$
4) $(1 + 3)^2 = 4^2 = 16$ und $1 + 3^2 = 1 + 9 = 10$
5) $7^2 = 49$ und $7 \cdot 2 = 14$
6) $(4 + 1)^2 = 5^2 = 25$ und $4^2 + 1^2 = 16 + 1 = 17$

B
1) $5 \cdot (8 - 2 \cdot 3) + 7 = 5 \cdot (8 - 6) + 7 = 5 \cdot 2 + 7 = 10 + 7 = 17$
2) $(6 + 11) \cdot 2 - 4 = 17 \cdot 2 - 4 = 34 - 4 = 30$

2.9 Multiplizieren von Dezimalzahlen mit natürlichen Zahlen

Seite 94 Einstieg

Man multipliziert so, als wäre kein Komma vorhanden. Dann setzt man im Ergebnis das Komma so, dass rechts vom Komma so viele Ziffern stehen, wie der Faktor nach dem Komma hat.

Tomaten
$$\begin{array}{r} 4{,}29 \cdot 2 \\ \hline 8{,}58 \end{array}$$
Avocado
$$\begin{array}{r} 7{,}96 \cdot 3 \\ \hline 23{,}88 \end{array}$$
Orangen
$$\begin{array}{r} 1{,}05 \cdot 5 \\ \hline 5{,}25 \end{array}$$

2 kg Tomaten kosten 8,58 €.
2 kg Avocado kosten 23,88 €.
5 kg Orangen kosten 5,25 €.

Seite 95 Üben

1 a) 3 b) 6,3 c) 0,777 d) 81,24
e) 2,4 f) 5,15 g) 0,081 h) 31,98

Seite 95

2 Die Kreise sind in zehn Teile zerlegt. Im ersten Kreis sind drei Teile markiert, also $\frac{3}{10}$ oder 0,3. Der zweite Kreis zeigt das Ergebnis nach der Multiplikation mit 2. Es sind nun sechs Teile markiert, also $\frac{6}{10}$ oder 0,6. Damit hat sich die Anzahl der markierten Teile verdoppelt.

a)

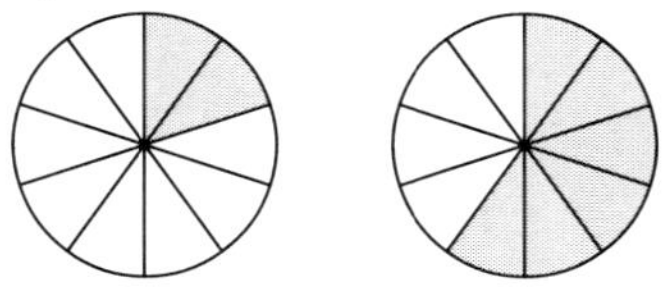

$0{,}2 \cdot 3 = 0{,}6$

$\frac{2}{10} \cdot 3 = \frac{6}{10}$

b)

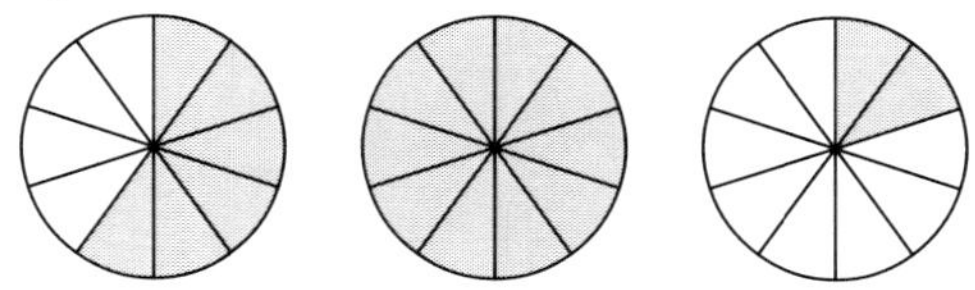

$0{,}6 \cdot 2 = 1{,}2$

$\frac{6}{10} \cdot 2 = \frac{12}{10}$

c)

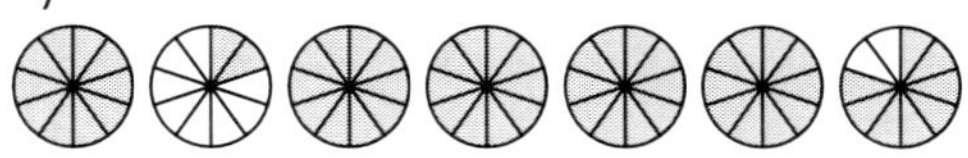

$1{,}2 \cdot 4 = 4{,}8$

$\frac{12}{10} \cdot 4 = \frac{48}{10}$

d)

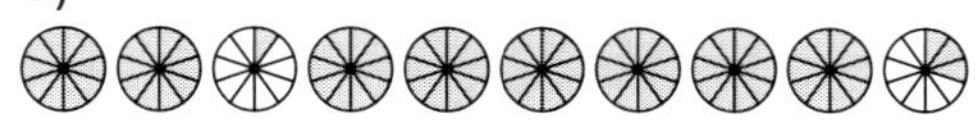

$2{,}1 \cdot 3 = 6{,}3$

$\frac{21}{10} \cdot 3 = \frac{63}{10}$

e)

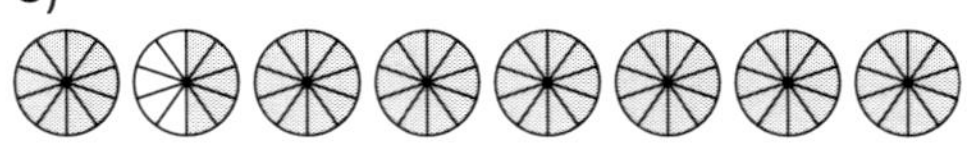

$4 \cdot 1{,}5 = 6{,}0$

$4 \cdot \frac{15}{10} = \frac{60}{10}$

f)

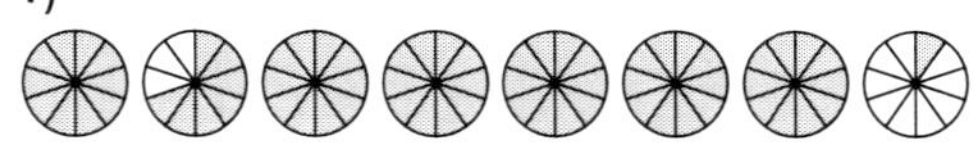

$3 \cdot 1{,}7 = 5{,}1$

$3 \cdot \frac{17}{10} = \frac{51}{10}$

3 **a)** Überschlag: $3 \cdot 7 = 21$
Rechnung: 22,05

b) Überschlag: $11 \cdot 5 = 55$
Rechnung: 52,65

c) Überschlag: $4 \cdot 8 = 32$
Rechnung: 34,88

d) Überschlag: $0{,}5 \cdot 7 = 3{,}5$
Rechnung: 3,731

e) Überschlag: $0{,}9 \cdot 8 = 7{,}2$
Rechnung: 6,872

f) Überschlag: $7 \cdot 9 = 63$
Rechnung: 62,1

g) Überschlag: $13 \cdot 5 = 65$
Rechnung: 63,5

h) Überschlag: $0{,}6 \cdot 5 = 3$
Rechnung: 2,84

4 $0{,}12 \cdot 4 = 3 \cdot 0{,}16 = 0{,}48$
$0{,}2 \cdot 7 = 0{,}35 \cdot 4 = 1{,}4$
$2{,}5 \cdot 5 = 3{,}125 \cdot 4 = 12{,}5$

$0{,}2 \cdot 30 = 1{,}5 \cdot 4 = 6$
$1{,}5 \cdot 6 = 5 \cdot 1{,}8 = 9$
$9 \cdot 1{,}5 = 6 \cdot 2{,}25 = 13{,}5$

5 $8 \cdot 2{,}25\,g = 18\,g$

Die Packung enthält 18g Tee.

6

0, 5 3 4 · 9
4, 8 0 6

4, 8 0 6	kg
+ 0, 8 0 0	kg
1	
5, 6 0 6	kg

Überschlag: $0{,}5 \cdot 9 = 4{,}5$; $4{,}5 + 1 = 5{,}5$

Multiplizieren mit 10, 100, 1 000, ...

Seite 95

7

T	H	Z	E	z	h	t
			2	1	2	5
		2	1	2	5	
	2	1	2	5		
2	1	2	5			

1 Münze: 2,125 mm
10 Münzen: $10 \cdot 2{,}125\,\text{mm} = 21{,}25\,\text{mm}$
100 Münzen: $100 \cdot 2{,}125\,\text{mm} = 212{,}5\,\text{mm}$
1 000 Münzen: $1000 \cdot 2{,}125\,\text{mm} = 212{,}5\,\text{mm}$

Die Zahl verschiebt sich jedes Mal eine Spalte weiter nach links.

Seite 96

8 **a)** 370 **b)** 4,64 **c)** 20,9 **d)** 63
e) 0,03 **f)** 4 200 **g)** 0,05 **h)** 0,2

9 Zehntel; Einer; Zehner; Hunderter
(In Auflage A[1] befindet sich hier im Schulbuch ein Fehler.)

10 **a)** 0,024 **b)** 3,6 **c)** 71 **d)** 2 534 000

11 **a)** Das Komma wurde falsch verschoben und die Einfügung der Nullen ist falsch.
Richtig ist: $3{,}8 \cdot 100 = 0{,}038$
b) Die verschiebung des Kommas ist richtig durchgeführt, aber 0 und 3 wurden vertauscht . Richtig ist: $8{,}703 \cdot 1000 = 8703$
c) Das Komma wurde falsch verschoben. Richtig ist: $90{,}2 \cdot 10 = 902$
d) Das Komma steht an der richtigen Stelle,aber die Zahl vor dem Komma wurde vergessen. Richtig ist: $3{,}001 \cdot 10 = 30{,}01$

Weiterüben

12 **a)** $0{,}12 \cdot 10 = 1{,}2$
$0{,}23 \cdot 10 = 2{,}3$
$0{,}08 \cdot 10 = 0{,}8$
$1{,}4 \cdot 10 = 14$
$2{,}5 \cdot 10 = 25$
$0{,}001 \cdot 10 = 0{,}01$
$0{,}6 \cdot 10 = 6$

b) $0{,}05 \cdot 7 = 0{,}35$
$0{,}023 \cdot 7 = 0{,}161$
$0{,}017 \cdot 7 = 0{,}119$
$7{,}5 \cdot 7 = 52{,}5$
$1{,}06 \cdot 7 = 7{,}42$
$0{,}0001 \cdot 7 = 0{,}0007$
$0{,}11 \cdot 7 = 0{,}77$
$1{,}5 \cdot 7 = 1{,}05$

13 $100\,\text{cm} \cdot 13 = 130\,\text{cm}$
Du solltest 130 cm vom Gerät entfernt sitzen.

14 **a)** $\underline{12{,}2 \cdot 3}$
$36{,}6$

b) $\underline{1{,}957 \cdot 2}$
$3{,}914$

c) $\underline{0{,}307 \cdot 4}$
$1{,}228$

d) $\underline{37{,}82 \cdot 9}$
$340{,}38$

15 **a)** $5 \cdot 1{,}689 = 8{,}445 \approx 8{,}45$ 5 l Benzin kosten 8,45 €
b) $10 \cdot 1{,}509 = 15{,}09$ Frau May muss 15,09 € bezahlen.

2.10 Dividieren von Dezimalzahlen durch natürliche Zahlen

Seite 98
Üben

1 **a)** 2,4 : 3 = 0,8
2,4 : 6 = 0,4
7,2 : 6 = 1,2
7,2 : 9 = 0,8
5,4 : 9 = 0,6
5,4 : 3 = 1,8

b) 5,6 : 2 = 2,8
5,6 : 7 = 0,8
0,28 : 7 = 0,04
0,28 : 4 = 0,07
0,84 : 4 = 0,21
0,84 : 2 = 0,42

c) 7,6 : 4 = 1,9
7,6 : 5 = 1,52
18 : 5 = 3,6
18 : 8 = 2,25
12 : 8 = 1,5
12 : 4 = 3

d) 0,045 : 2 = 0,0225
0,045 : 3 = 0,015
0,3 : 3 = 0,1
0,3 : 5 = 0,06
0,7 : 5 = 0,14
0,7 : 2 = 0,35

2 **a)** 0,7 **b)** 0,8 **c)** 0,8 **d)** 1,8 **e)** 2,4 **f)** 3,25
g) 0,16 **h)** 0,04 **i)** 1,2 **j)** 1,2 **k)** 0,09 **l)** 0,61

3 Die Kreise sind jeweils in zehn Teile zerlegt. Im ersten Kreis sind acht Teile markiert, dies entspricht..oder 0.8. Der zweite Kreis stellt das Ergebnis nach der Division durch zwei dar. Es sind vier Teile markiert, also $\frac{4}{10}$ oder 0.4. Die Anzahl der markierten Teile hat sich damit halbiert, Daraus ergibt sich die Divisionsaufgabe 0,8 : 2 = 0,4.

a)

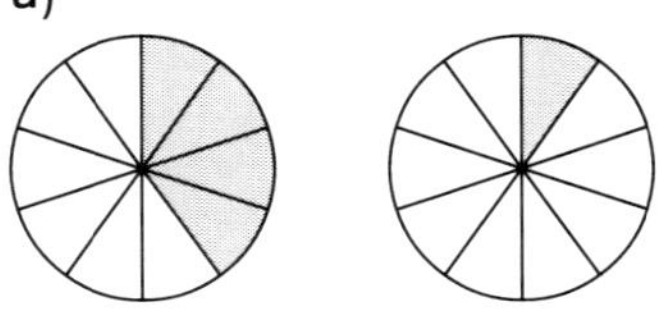

0,4 : 4 = 0,1

$\frac{4}{10} : 4 = \frac{1}{10}$

b)

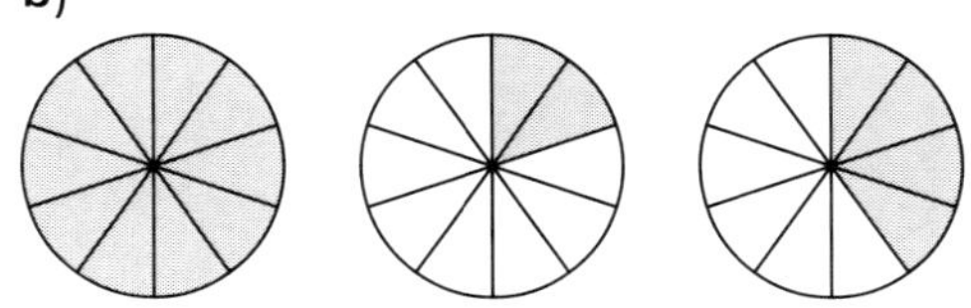

1,2 : 3 = 0,4

$\frac{12}{10} : 3 = \frac{4}{10}$

c)

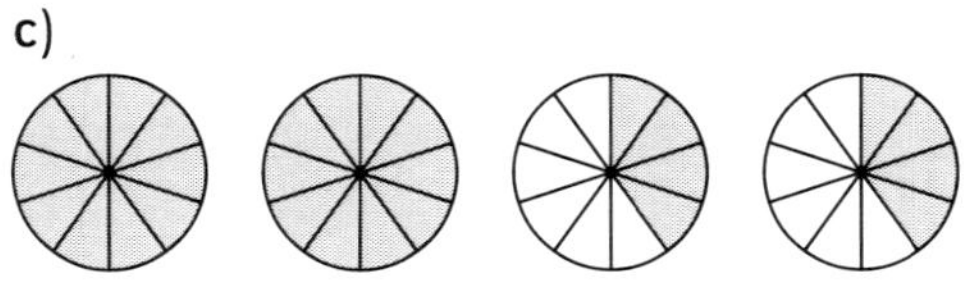

2,4 : 6 = 0,4

$\frac{24}{10} : 6 = \frac{4}{10}$

d)

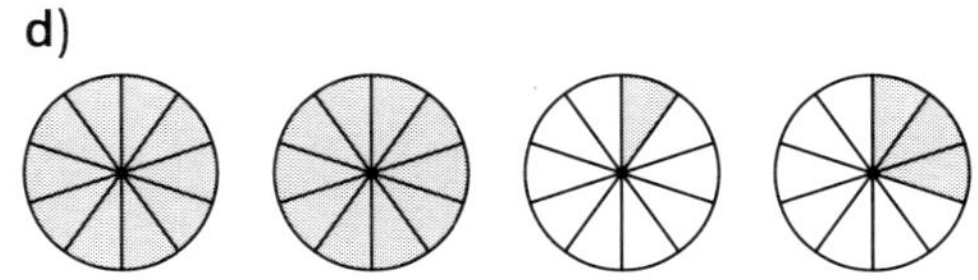

2,1 : 7 = 0,3

$\frac{21}{10} : 7 = \frac{3}{10}$

e)

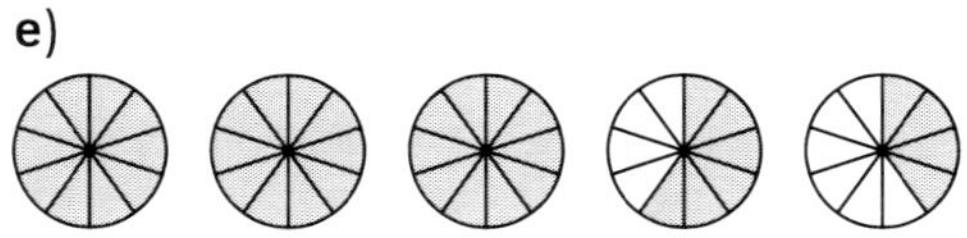

3,6 : 9 = 0,4

$\frac{36}{10} : 9 = \frac{4}{10}$

f)

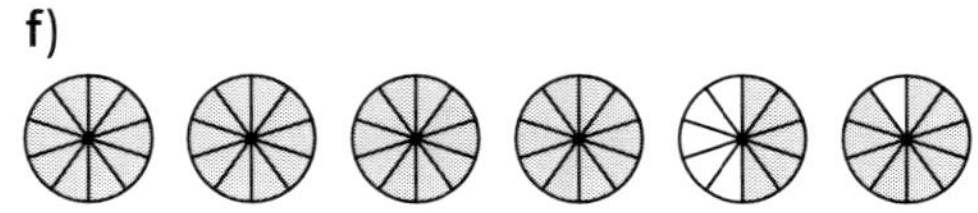

4,5 : 5 = 0,9

$\frac{45}{10} : 5 = \frac{9}{10}$

Seite 98

4 **a)** Überschlag: $10:5=2$

```
8, 4 3 5 : 5 = 1, 6 8 7
5
3 4
3 0          Probe: 1, 6 8 7 · 5
  4 3                 8, 4 3 5
  4 0
    3 5
    3 5
      0
```

b) Überschlag: $16:4=4$

```
1 4, 9 : 4 = 3, 7 2 5
1 2
  2 9
  2 8        Probe: 3, 7 2 5 · 4
    1 0              1 4, 9 0 0
      8
    2 0
    2 0
      0
```

c) Überschlag: $5:10=0{,}5$

```
5, 2 2 4 : 8 = 0, 6 5 3
0
5 2
4 8          Probe: 0, 6 5 3 · 8
  4 2                 5, 2 2 4
  4 0
    2 4
    2 4
      0
```

d) Überschlag: $0{,}18:3=0{,}06$

```
2, 4 3 6 : 1 2 = 0, 2 0 3
0
2 4
2 4          Probe: 0, 2 0 3 · 1 2
  0 3                0 2 0 3
    0                  0 4 0 6
    3 6              2, 4 0 6
    3 6
      0
```

e) Überschlag: $120:6=20$

```
1 2 3, 5 4 : 6 = 2 0, 5 9
1 2
  0 3
    0        Probe: 2 0, 5 9 · 6
    3 5               1 2 3, 5 4
    3 0
      5 4
      5 4
        0
```

f) Überschlag: $4:5=0{,}8$

```
4 3 1 5 : 5 = 0, 8 6 3
0
4 3
4 0          Probe: 0, 8 6 3 · 5
  3 1                 4, 3 1 5
  3 0
    1 5
    1 5
      0
```

g) Überschlag: $7:7=1$

```
7, 0 2 8 : 7 = 1, 0 0 4
7
0 0
  0          Probe: 1, 0 0 4 · 7
  0 2                 7, 0 2 8
    0
    2 8
    2 8
      0
```

h) Überschlag: $0{,}54:9=0{,}06$

```
0, 5 0 4 : 9 = 0, 0 5 6
0
0 5
  0          Probe: 0, 0 5 6 · 9
  5 0                 0, 5 0 4
  4 5
  5 4
  5 4
    0
```

5

$13{,}6:4=3{,}4$	$0{,}38:4=0{,}095$	$2{,}49:4=0{,}6225$
$13{,}6:8=1{,}7$	$0{,}38:8=0{,}0475$	$2{,}49:8=0{,}31125$
$13{,}6:5=2{,}72$	$0{,}38:5=0{,}076$	$2{,}49:5=0{,}498$

Seite 99

6 **a)** $3{,}85:7=0{,}55$ Ein Brötchen kostet 0,55 €.
b) $9{,}95:5=1{,}99$ Eine Blume kostet 1,99 €.
c) $6{,}90:6=1{,}15$ Ein Schreibblock kostet 1,15 €.
d) $3{,}99:3=1{,}33$ Ein Stift kostet 1,33.

Seite 99

7 **a)** 1,4 : 7 = 0,2 Das menschliche Kopfhaar wächst täglich 0,2-0,3 mm.
2,1 : 7 = 0,3

b) 2,8 : 7 = 0,4 Das Barthaar wächst täglich 0,4-0,6 mm.
4,2 : 7 = 0,6

c) 0,63 : 7 = 0,9 Die Fingernägel wachsen täglich 0,9-1 mm.
0,7 : 7 = 1

8 **a)** Der Wert des Quotienten verdoppelt sich.
b) Der Wert des Quotienten halbiert sich.
c) Der Wert des Quotienten bleibt gleich.
d) Der Wert des Quotienten halbiert sich.
e) Der Wert des Quotienten verdoppelt sich.
f) Der Wert des Quotienten bleibt gleich.
g) Der Wert des Quotienten wird durch 4 geteilt (viertelt sich).
h) Der Wert des Quotienten wird vervierfacht.

Dividieren durch 10, 100, 1 000, ...

9

Z	E	z	h	t	zt
1	0	6			
	1	0	6		
	0	1	0	6	
	0	0	1	0	6

1000 Blatt: 10,6 cm
100 Blatt: 10,6 cm : 10 = 1,06 cm
10 Blatt: 10,6 cm : 100 = 0,106 cm = 1,06 mm
1 Blatt: 10,6 cm : 1000 = 0,0106 cm = 0,106 mm

Die Zahl verschiebt sich jedes Mal eine Spalte weiter nach rechts.

Seite 100

10 **a)** 0,37 **b)** 0,6363 **c)** 0,2081 **d)** 0,6
e) 0,7 **f)** 0,7893 **g)** 9,2 **h)** 0,001
i) 3,47 **j)** 0,725 **k)** 0,045 **l)** 0,235
m) 1,096 **h)** 0,257 **o)** 0,006 **p)** 0,07

11 Tausendstel; Zehntausendstel; Hunderttausendstel; Millionstel

12 **a)** 36 : 100 = 0,36 **b)** 0,24 : 10 = 0,024 **c)** 71 : 1000 = 0,071
d) 0,86 : 10 = 0,086 **e)** 3,71 : 1000 = 0,00371 **f)** 65 : 100 000 = 0,00065
(In Auflage A[1] befindet sich in den Aufgabenteilen a)–c) im Schülerbuch Fehler.)

13 **a)** Das Komma wurde nicht verschoben und die Einfügung der Nullen ist falsch. Richtig ist 3,8 : 100 = 0,038
b) Das Komma wurde in die richtige Richtung verschoben, die Null davor jedoch nicht ergänzt, sodass keine Dezimalzahl entsteht. Die Ziffern 0 und 3 wurden vertauscht. Richtig ist 8,703 : 10 = 0,8703
c) Das Komma wurde falsch gesetzt. Richtig ist 902,0 : 100 = 9,020
d) Die 0 und die 3 wurden in Ergebnis vertauscht. Richtig ist 307 : 100 = 3,07

Seite 100
Weiterüben

14 **a)** 0,307 **b)** 0,733 **c)** 57 **d)** 8514
e) 3070 **f)** 73,3 **g)** 0,394 **h)** 0,125

15

a)	**b)**	**c)**	**d)**
0,072	1,257	9	225,2
7,2	0,1257	0,9	0,2252
0,0072	12,57	0,009	22,52
0,72	125,27	0,09	2,252
720	1257	90	0,002252

16 **a)** $0{,}75 \xrightarrow{:10} 0{,}075 \xrightarrow{\cdot 100} 7{,}5 \xrightarrow{:1000} 0{,}0075 \xrightarrow{\cdot 10} 0{,}075 \xrightarrow{:100} 0{,}00075 \xrightarrow{\cdot 1000} 0{,}75$

b) Am Ende steht immer die Ausgangszahl.
c) Keine Lösungen

2.11 Arithmetisches Mittel

Seite 101
Einsteg

Insgesamt hat Mathilda ihre Übungszeiten für 9 Tage notiert.
Wir addieren zunächst die einzelnen Übungszeiten (in min):
$0 + 0 + 15 + 15 + 15 + 30 + 45 + 45 + 60 = 225$
Man kann die Übungszeit (in min) einfacher mit den absoluten Häufigkeiten berechnen:
$2 \cdot 0 + 3 \cdot 15 + 1 \cdot 30 + 2 \cdot 45 + 1 \cdot 60 = 225$
Mathilda hat an den 9 Tagen insgesamt 225 min geübt, durchschnittlich
225 min : 9 = 25 min. Sie hat durchschnittlich pro Tag also weniger als 30 min geübt.

Seite 102
Üben

1 Arithmetisches Mittel: 398 € : 28 ≈ 14,21 €
Spannweite: 25 € − 5 € = 20 €
Häufigster Wert: 15 €

2 **a)** Das Gewicht der Brote soll im Mittel einen bestimmten Wert haben, dabei sind kleinere Abweichungen nach oben und unten beim Gewicht einzelner Brote zulässig und produktionstechnisch nie ganz zu verhindern.
b) 508,1 g

3 **a)** Arithmetisches Mittel für Anzahl der Atemzüge: 659 : 33 ≈ 20,0
Arithmetisches Mittel für die Anzahl der Pulsschläge: 1 639 : 25 ≈ 65,56
Spannweite für die Anzahl der Atemzüge: 23 − 17 = 6 Spannweite für die Anzahl der Pulsschläge: 71 − 58 = 13
b) Keine Lösungen

Seite 103

4 A41,25 Minuten

Seite 103

5

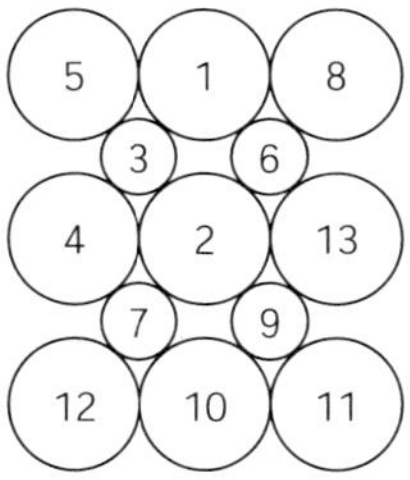

6 Alexa hat richtig gerechnet. Die Rechnung von Monika ist falsch, denn sie hat schon beim Durchschnitt nach Test 3 nicht berücksichtigt, dass 4,5 der Durchschnitt von 2 Tests ist, also auch doppelt gezählt werden muss und man dann durch die Anzahl 3 der bisherigen Tests dividieren muss.
Richtig wäre:
Durchschnitt nach Test 3: $\frac{2 \cdot 4{,}5 + 2}{3} = \frac{11}{3} = 3\frac{2}{3}$

Durchschnitt nach Test 4: $\frac{3 \cdot \frac{11}{3} + 1}{4} = \frac{12}{4} = 3$

Einfacher wäre eine Rechnung wie bei Alexa: $\frac{5 + 4 + 2 + 1}{4} = \frac{12}{4} = 3$

Weiterüben

7 **a)** Arithmetisches Mittel: 952 g : 20 = 47,6 g
Spannweite: 59 g − 34 g = 25 g
Häufigster Wert: 52 g
b) Das Gewicht eines einzigen Brötchens könnte zufällig stark von dem aller übrigen Brötchen abweichen.

8 Der Mittelwert verschleiert, dass es sehr viele gute und sehr viele schlechte Tests gab, aber keine „mittel guten". Ein solches Ergebnis könnte z. B. bei einem Test auftreten, in dem die Klassen in 2 Gruppen unterschiedliche Vokabeln bekommen haben und der eine Test viel schwieriger war als der andere.

Wahlbereich: Mathematische Puzzles und Spiele

Strategiespiele

Seite 107

1 **a)** Es tritt oft ein Unentschieden ein. Wenn jemand gewinnt, dann eher derjenige, der den ersten Zug gemacht hat.
b) Der Startspieler hat eine höhere Gewinnchance. Wenn der erste Spieler sein erstes Kreuz in die Mitte setzt, sollte der zweite Spieler seinen Kreis in eine der Ecken setzen, um seine Chancen auf Unentschieden zu vergrößern.
c) Keine Lösungen
d) Keine Lösungen

2 Keine Lösungen

Seite 108

3 Keine Lösungen

Rätsel- und Knobelspiele

4 Das Sudoku aus dem Buch sieht gelöst so aus:

6	2	4	5	7	9	8	3	1
7	8	9	2	1	3	5	4	6
3	5	1	6	4	8	2	7	9
4	6	8	1	3	2	7	9	5
5	7	2	8	9	4	1	6	3
9	1	3	7	5	6	4	8	2
1	4	6	9	2	7	3	5	8
8	3	5	4	6	1	9	2	7
2	9	7	3	8	5	6	1	4

Seite 108

5 **a)** Man färbt zunächst die Felder, in denen wegen der Spielregeln keine Schiffe sein können. Dann ergibt sich hier folgende Lösung
(L = Leuchtturm, X = Schiff)

L					X
		L			
					X
X		L			L

b) Keine Lösungen

Spiele mit dem Zufall

Seite 109

6 Keine Lösungen

7 Die Punkte werden je nach Wahrscheinlichkeit für das Auftreten verteilt. In den meisten Fällen wird das Schweinchen auf der Seite liegen. Dass es auf den Beinen zum Stehen kommt, ist sehr unwahrscheinlich. Deshalb gibt es dafür entsprechend viele Punkte.

8 Ja, er hat Recht. Clara kommt mit einer 1, 2, 3 oder 4 ins Haus, Sebastian mit einer 3, 4, 5 oder 6. Da alle Würfelzahlen gleichwahrscheinlich sind, ist er gewissermaßen „genauso weit" wie Clara.

Mathematische Puzzle-Spiele

Seite 110

9 Keine Lösungen

10 Keine Lösungen

11 Keine Lösungen

3. Figuren und Körper

Seite 111
Einstiegsseite

Man entdeckt Figuren wie Kreise, Quadrate und Dreiecke. Dann entdeckt man noch gerade Linien, die sich teilweise schneiden, zueinander senkrecht (orthogonal) oder zueinander parallel sind.

3.1 Koordinatensystem

Seite 113
Üben

1 A(3|2); B(5|0); C(6|6); D(2|7); E(0|7); F(5|3); G(7|2); H(3|5); I(4|9); K(0|3); L(1|1); M(9|4); N(15|6); P(12|8); Q(10|1); R(13|2); S(11|9); T(13|13)

2 **a)** Bild siehe rechts, auf die Hälfte verkleinert.
b) Strecken siehe Bild.
$|CD| = 6\,cm$, $|BH| \approx 3{,}6\,cm$
c) $\overline{DE}$, $\overline{FG}$ und $\overline{FH}$

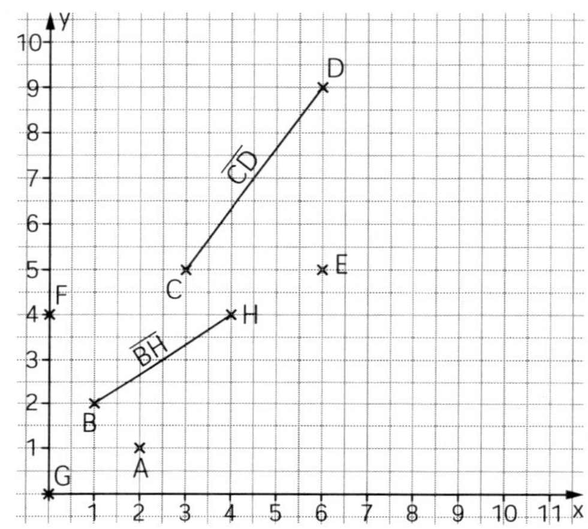

3

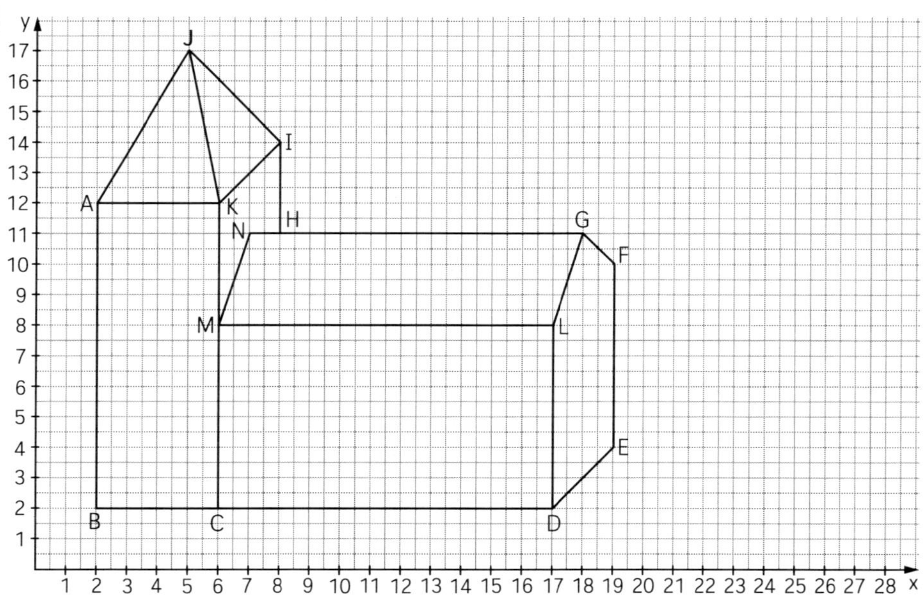

Seite 113

4 Wenn man die Diagonale zu den Karolinien durch den Ursprung zeichnet, dann liegen die Punkte unterhalb dieser Diagonalen.

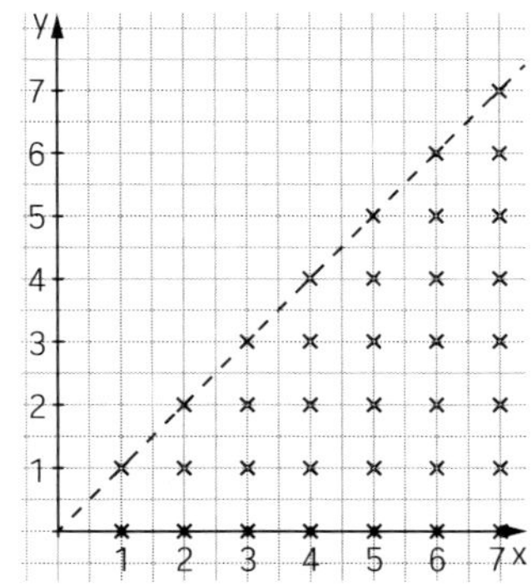

Seite 114

5 Punkte für das Segelschiff im Schülerband:
A(0|3), B(3|1), C(7|1), D(8|0), E(10|0), F(11|1), G(12|1), H(14|3), I(8|3), J(8|5), K(13|5), L(8|11), M(8|13), N(8|12), P(1|4), Q(8|4)

6 **a)** Die Anlegestellen haben auf der Karte die Koordinaten A(5|1); B(8|5); C(1|5).

b) Die Rundtour ist ungefähr 22,2 km lang.

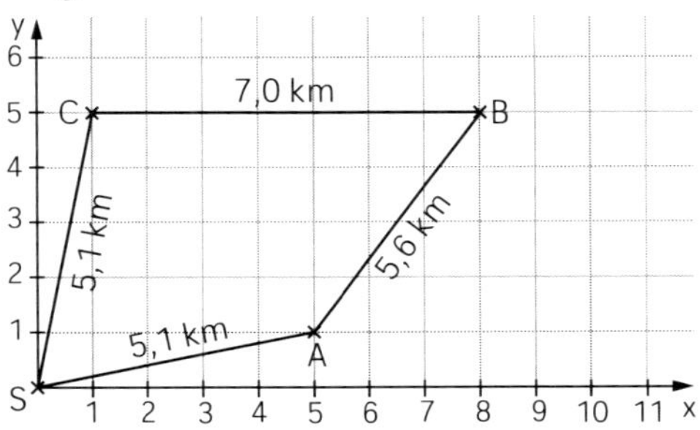

c) Die Fahrt ist ungefähr 27,2 km lang.

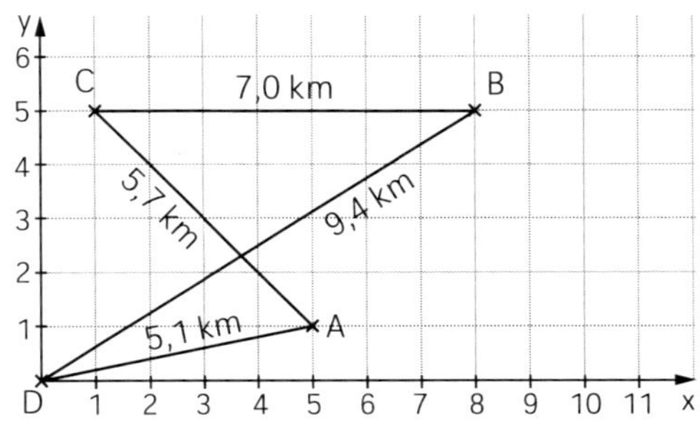

Seite 114

7 a)

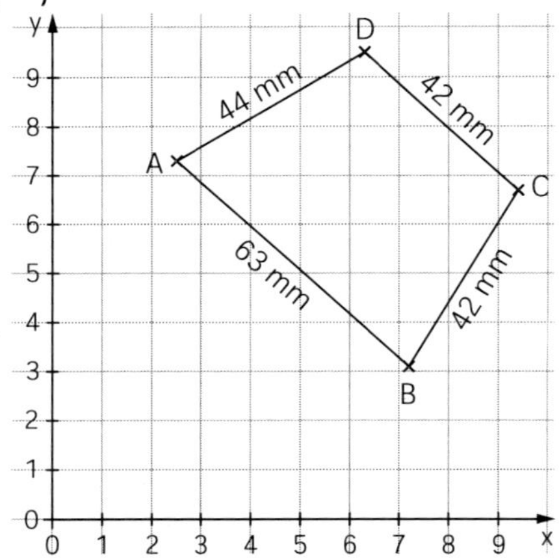

b)

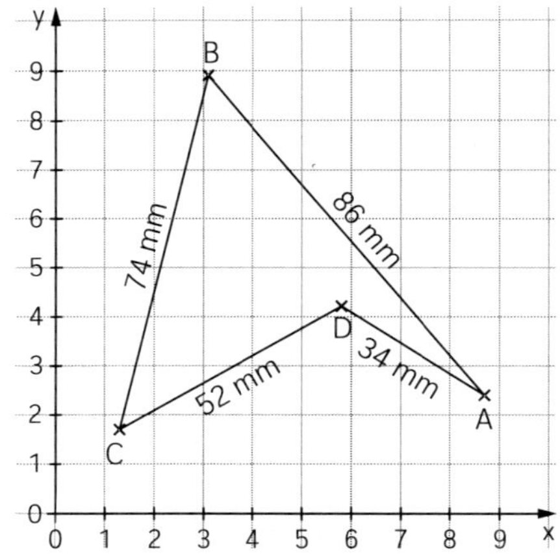

c)

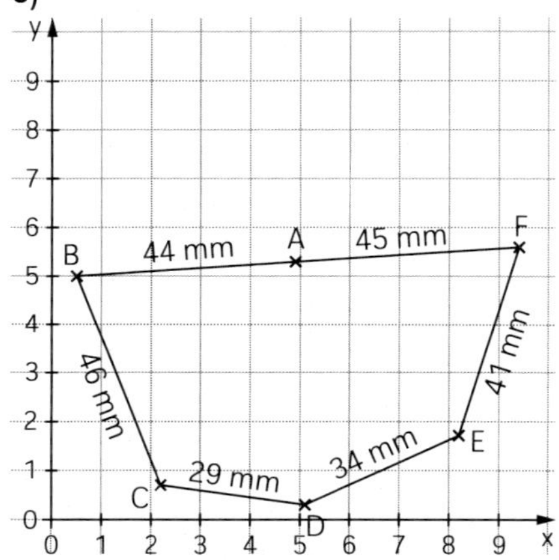

d)

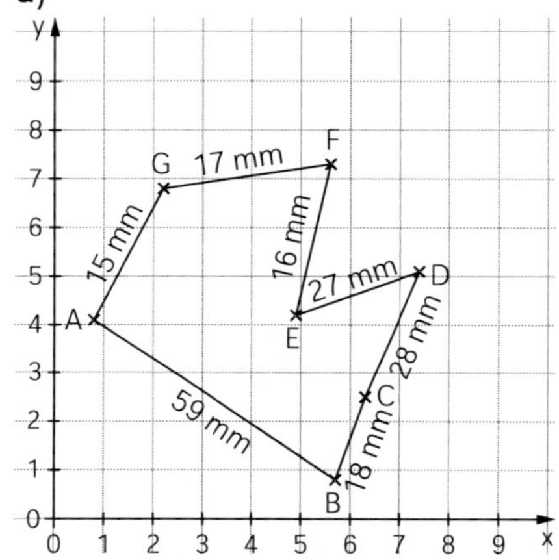

e)

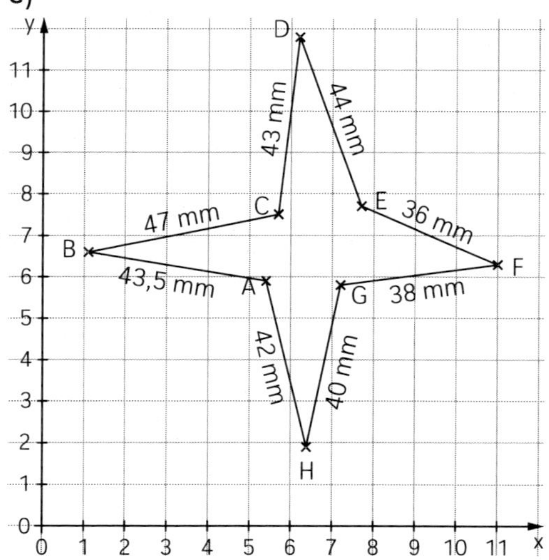

f)

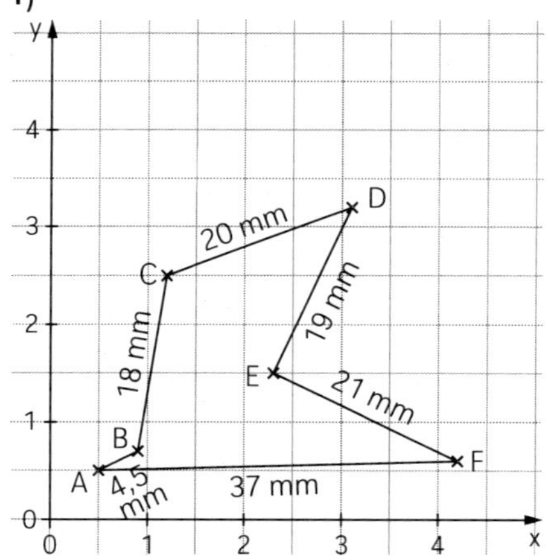

Seite 114
Weiterüben

8 Die Punkte liegen auf einer Geraden.

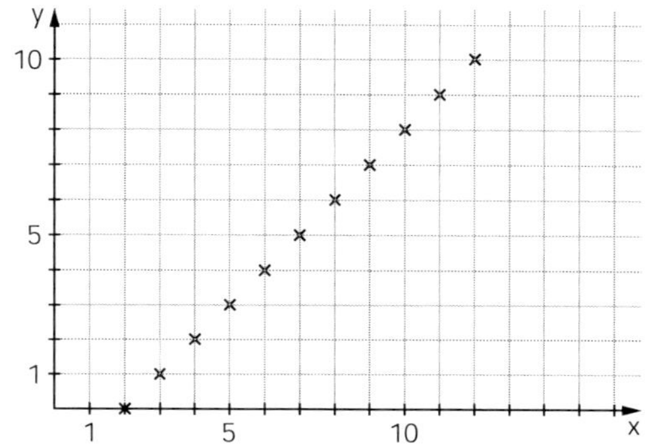

Das kann ich noch!

A 1) Überschlag:
26 000 + 7 000 + 400 + 1 400 = 34 800
Rechnung:

```
   2 6 4 3 1
+    7 0 2 5
+      3 8 0
+    1 4 0 2
     1 1 1
-----------
   3 5 2 3 8
```

2) Überschlag:
67 000 + 500 + 9 000 + 2 000 = 78 500
Rechnung:

```
   6 7 3 5 8
+      4 7 4
+    8 9 3 5
+    2 2 6 1
   1 2 2 1
-----------
   7 9 0 2 8
```

3) Überschlag:
82 000 − 9 000 − 1 000 − 3 000 = 69 000
Rechnung:

```
   8 2 0 6 3
−    9 3 4 1
−    1 0 4 2
−    3 0 0 6
   2 1 1 1
-----------
   6 8 6 7 4
```

4) Überschlag:
92 000 − 8 000 − 1 000 − 15 000 = 68 000
Rechnung:

```
   9 1 5 8 1
−    7 6 5 4
−    1 0 3 2
−  1 4 7 6 3
   2 1 1 1
-----------
   6 8 1 3 2
```

5) Überschlag: 40 000 · 20 = 800 000
Rechnung:

```
4 3 2 1 5 · 2 3
---------------
  8 6 4 3 0
  1 2 9 6 4 5
    1
---------------
  9 9 3 9 4 5
```

6) Überschlag: 38 000 · 20 = 760 000
Rechnung:

```
3 7 8 9 4 · 1 7
---------------
  3 7 8 9 4
  2 6 5 2 5 8
  1 1 1
---------------
  6 4 4 1 9 8
```

7) Überschlag: 450 : 3 = 150
Rechnung:

```
4 4 1 : 3 = 1 4 7
3
-
1 4
1 2
---
  2 1
  2 1
  ---
    0
```

8) Überschlag: 780 : 6 = 130
Rechnung:

```
7 6 2 : 6 = 1 2 7
6
-
1 6
1 2
---
  4 2
  4 2
  ---
    0
```

3.2 Zueinander senkrechte und parallele Geraden

Seite 115 Einstieg

Die von oben nach unten (Nord-Süd-Richtung) verlaufenden Straßen haben den Namen „Avenue“ und sind durchnummeriert. Dazwischen liegt noch die Park Avenue. Diese Straßen sind alle parallel zueinander.
Die von rechts nach links (Ost-West-Richtung) verlaufenden Straßen haben den Namen „Street“ und sind auch durchnummeriert. Auch diese Straßen sind parallel zueinander. Östlich der 5 th Avenue beginnt der Name mit „East“ und westlich der 5th Avenue beginnt der Name mit „West“. Die Avenues sind alle orthogonal zu den Streets. Der Broadway bildet eine Ausnahme.

Üben Seite 116

1 Wenn man eine Schnur vom linken Baum zum rechten Baum spannt, muss der mittlere Baum an dieser Schnur stehen.
Man kann auch vom rechten Baum den linken Baum anpeilen. Dann muss der mittlere Baum mit dieser „Peillinie“ übereinstimmen.

2 Keine Lösungen

3 **a)** Man erhält die Geraden AB, AC, AD, AE, BC, BD, BE, CD, CE und DE.
Die Punkte B, C und D liegen auf einer Geraden. Die Geraden BC, BD und CD sind identisch.

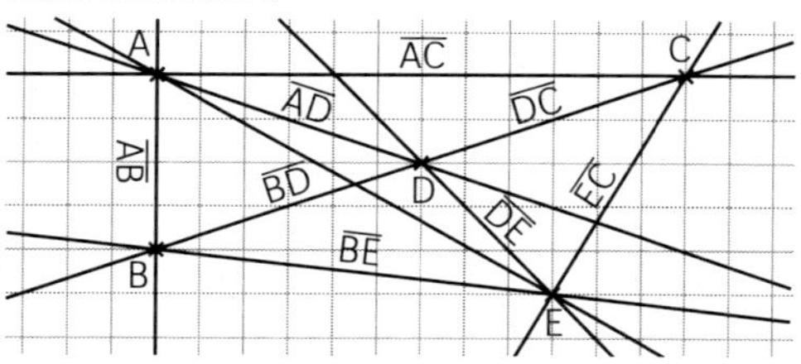

b) Man erhält die Geraden PQ, PR, PS, PT, QR, QS, QT, RS, RT und ST.
Die Punkte P, Q und S liegen auf einer Geraden. Die Geraden PQ, PS und QS sind identisch.

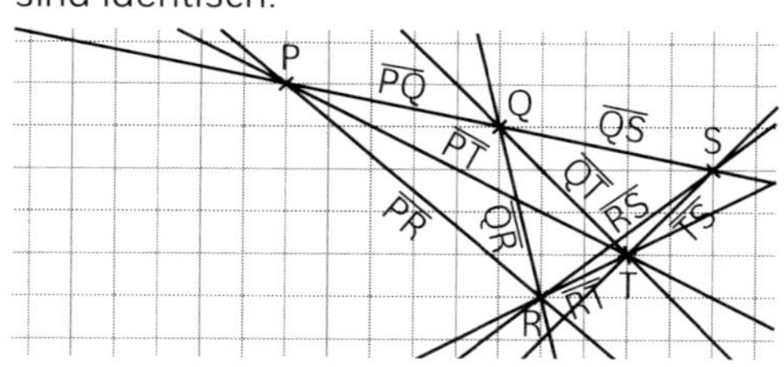

4 **a)** $AB \perp CD$

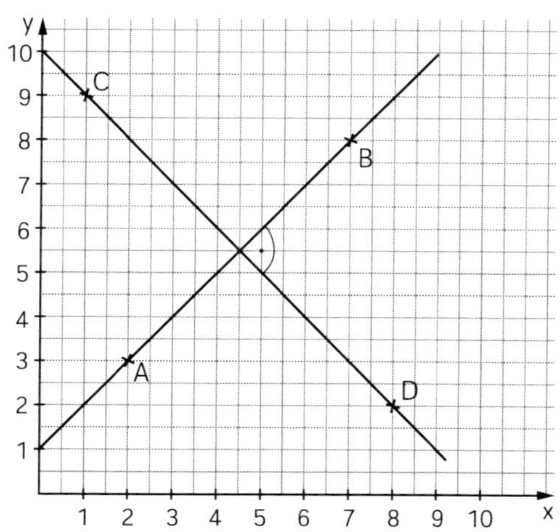

b) $AB \not\perp CD$

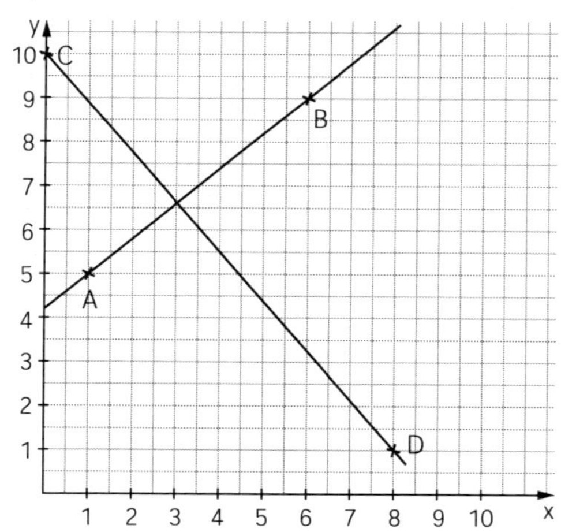

Seite 116

4 c) $AB \perp CD$

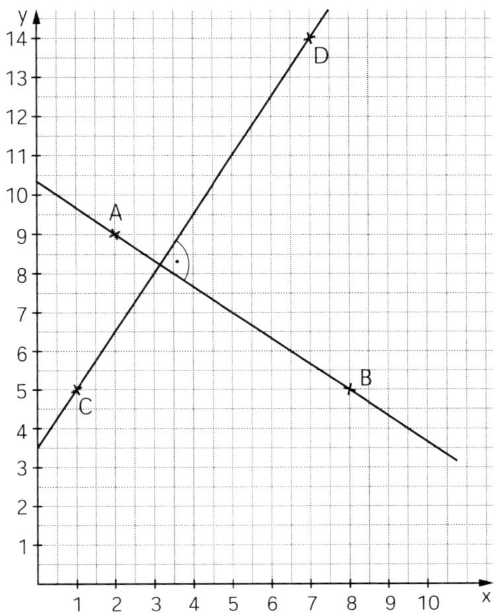

d) $AB \pm CD$

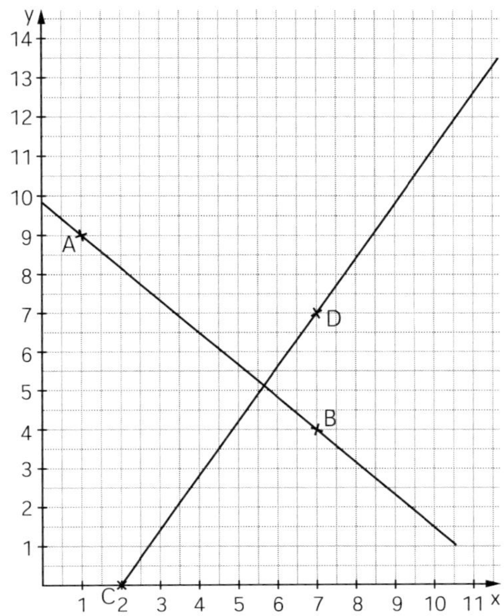

5 Keine Lösungen

Senkrecht und senkrecht zu

Seite 117

6 Die Wände des Hauses (die „Ecklinien"), die linken/rechten Seiten der Tür und die linken/mittleren/rechten Seiten der Fenster sowie die Bäume sind senkrecht.
Die Oberseite der Tür sowie die Unter- und Oberseiten der Fenster sind waagerecht.
Die Seitenkanten des Müllbehälters und der Wassertonne sind senkrecht zum Erdboden.

7

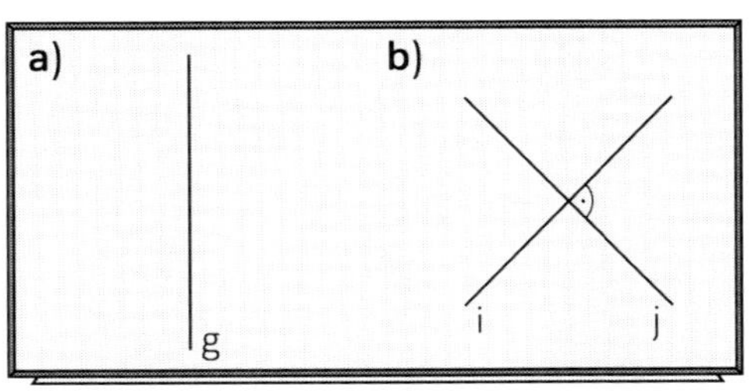

8 Mia hat den Pflock senkrecht (lotrecht) eingeschlagen.
Peter hat den Pflock senkrecht (orthogonal) zum schrägen Hang eingeschlagen.

Abstand eines Punktes von einer Geraden

Seite 117

9 Die Entfernung von P zu A beträgt ungefähr 6,3 cm, die Entfernung von P zu B ungefähr 8,1 cm. Die Entfernung von P zu Q(7|3) beträgt ungefähr 4,5 cm. Das ist die kürzeste Entfernung von P zur Geraden AB. P liegt auf der Orthogonalen zu AB durch den Punkt P.

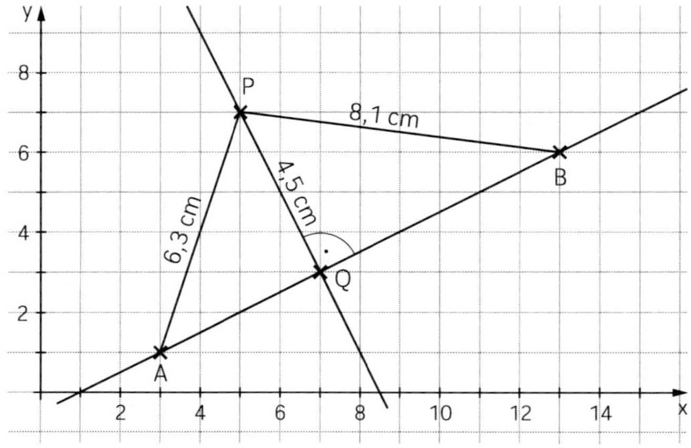

10 a)

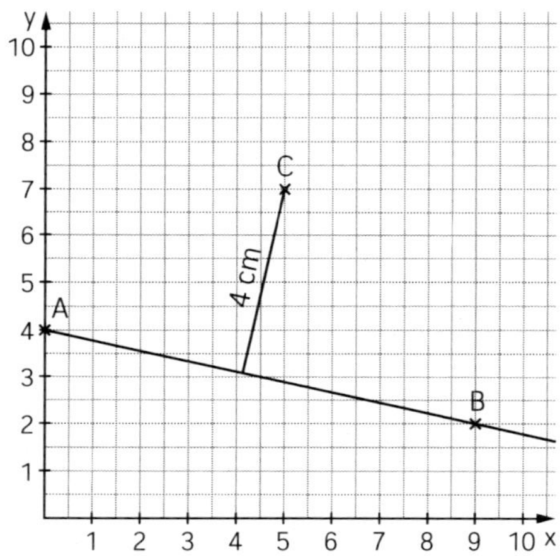

b)

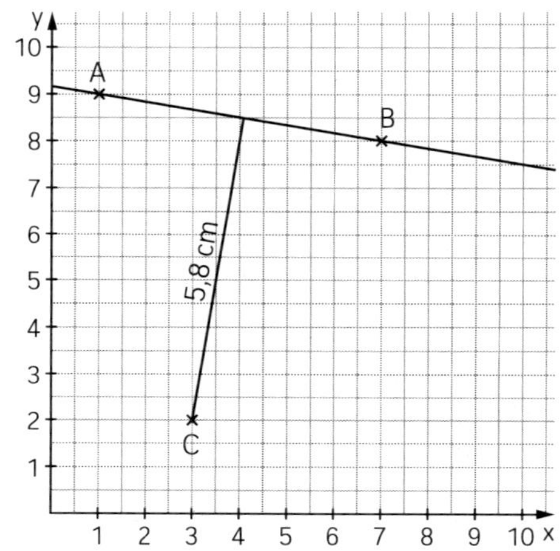

c) C liegt auf AB, also Abstand 0 cm.

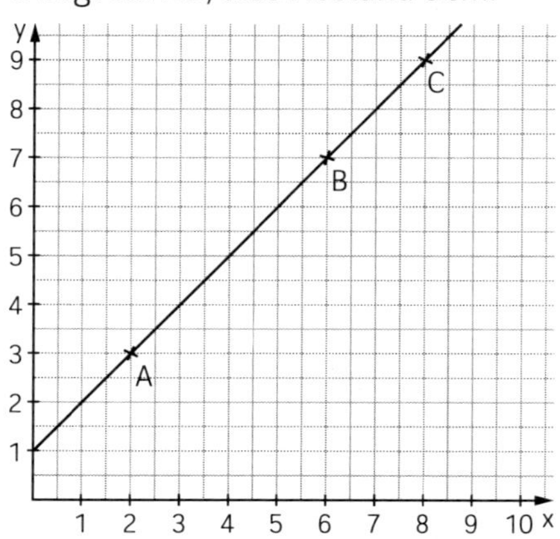

d)

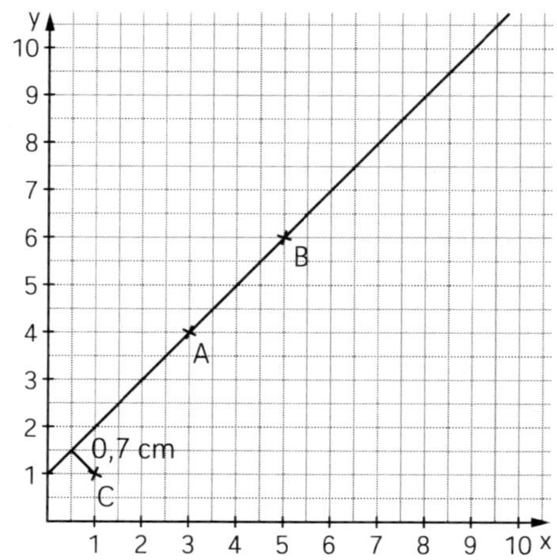

Seite 118

11 **a)**

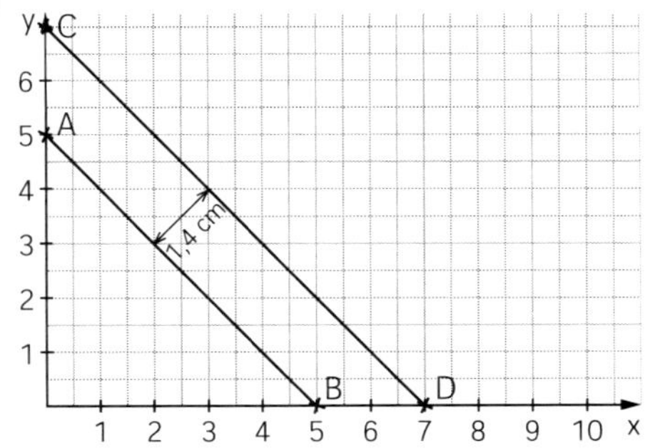

b)

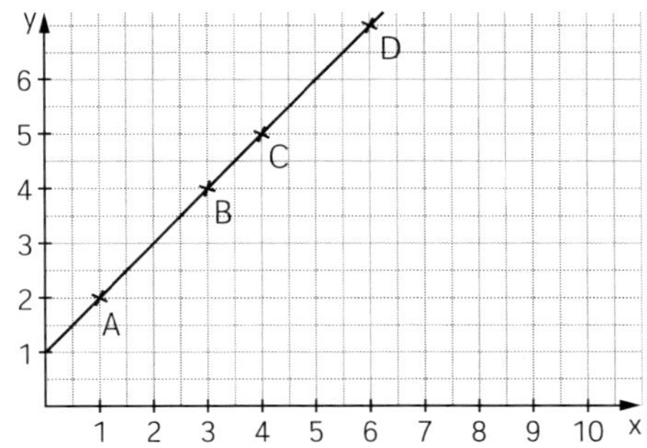

Geraden identisch, Abstand 0 cm.

c)

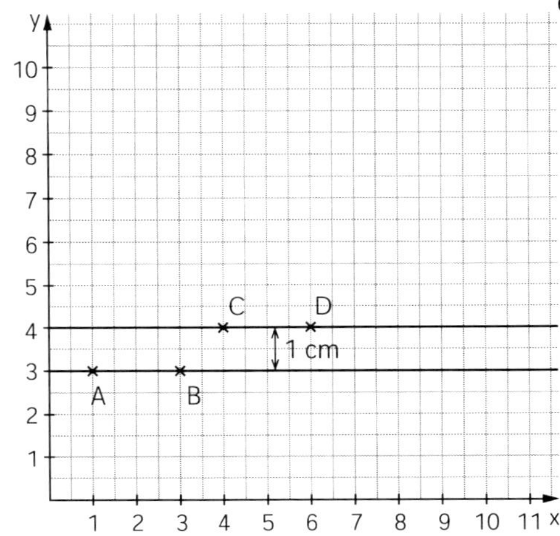

d)

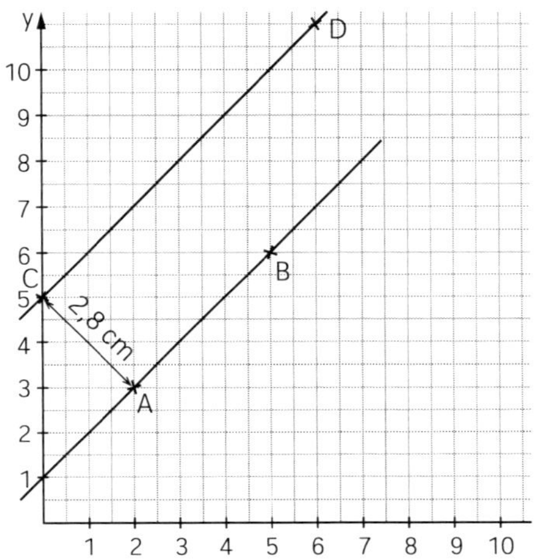

12 **a)** Die Geraden g und h haben überall den Abstand 3 cm.
b) Die Geraden g und h haben überall den Abstand 4,3 cm.

13 Die Geraden h und i sind zueinander parallel.

Schnittpunkte von zwei Geraden

14 **a)** Die Linie c schneidet die Linien b, d und a in den Punkten P, Q und R.
b) Die Linien a, d und b schneiden sich auf dem Blatt Papier nicht.
Wenn man die Linien zu Geraden verlängert, schneidet die Gerade b auch die Geraden a und d in den Punkten S und T. Die Geraden a und d schneiden sich dann auch nicht. Sie sind zueinander parallel.

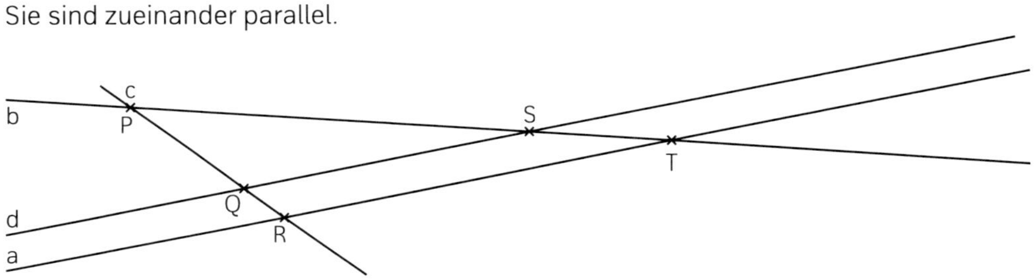

Seite 118

15 Man muss zwei zueinander parallele Geraden zeichnen. Dabei kann man vorgehen wie in der Information auf Seite 106 des Schülerbandes.

16 Die Punkte A, B und C liegen auf einer Geraden.
(1) Punkt B
(2) Punkt B
(3) Punkt C
(4) Kein gemeinsamer Punkt.
(5) Punkt A
(6) Kein gemeinsamer Punkt.
(7) Alle Punkte der Strecke $\overline{AB}$.
(8) Alle Punkte auf der Geraden AB = BC.

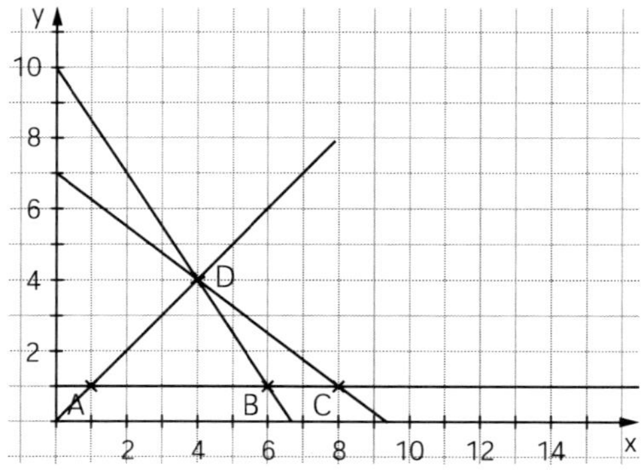

Weiterüben

17 Man kann so vorgehen wie in der Information auf Seite 106 des Schülerbandes. Man zeichnet die Orthogonale zu AB durch P und dann die Orthogonale dazu durch P oder man zeichnet eine Gerade, die von AB überall den gleichen Abstand wie P von g hat.

a)

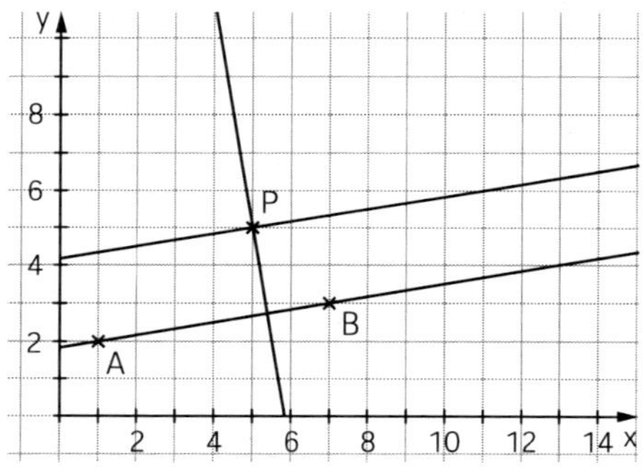

b)

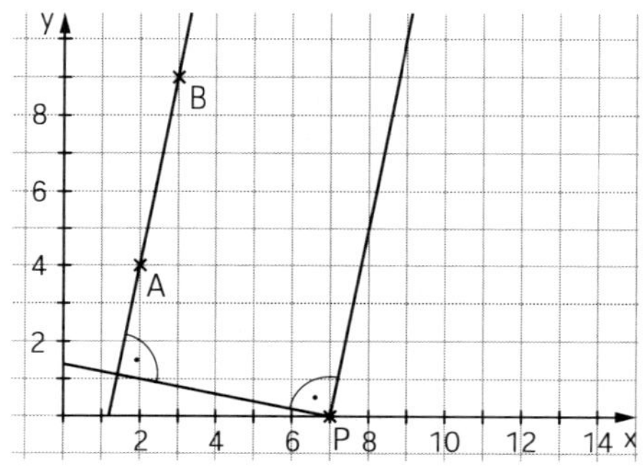

18 Die waagerecht verlaufenden Hauptträger sind beide zueinander parallel. Die vorderen von rechts unten nach links oben verlaufenden Latten sind zueinander parallel.
Die hinteren von links unten nach rechts oben verlaufenden Latten sind zueinander parallel.

19 **a)** AB ∥ CD; Abstand 5,7 cm

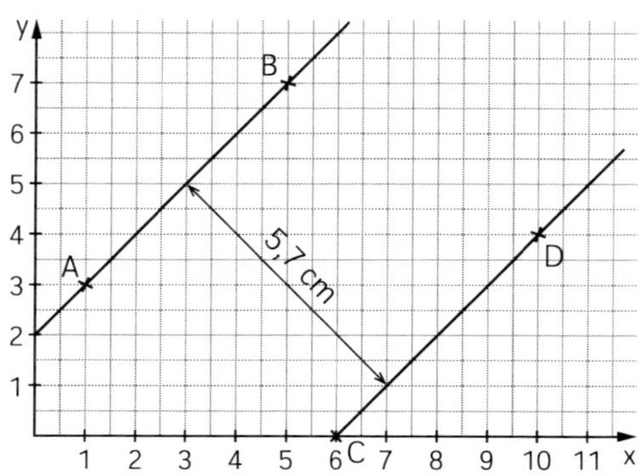

b) AB ∦ CD; AB ⊥ CD

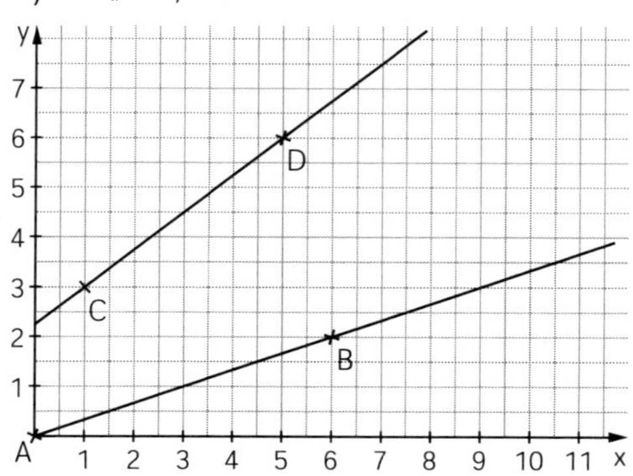

Seite 118

19 **c)** $AB \perp CD$

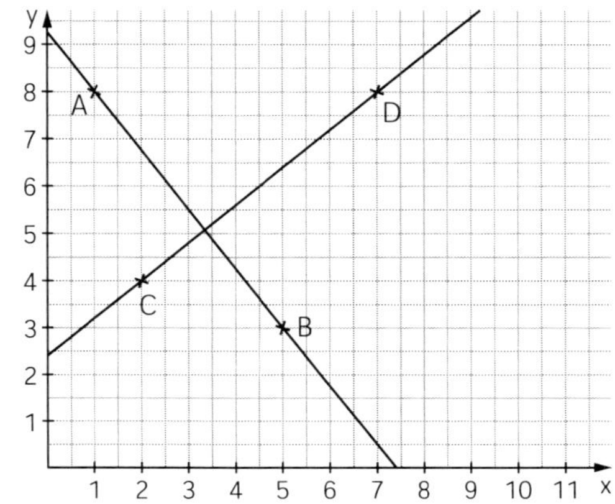

d) $AB \nparallel CD$; $AB \not\perp CD$

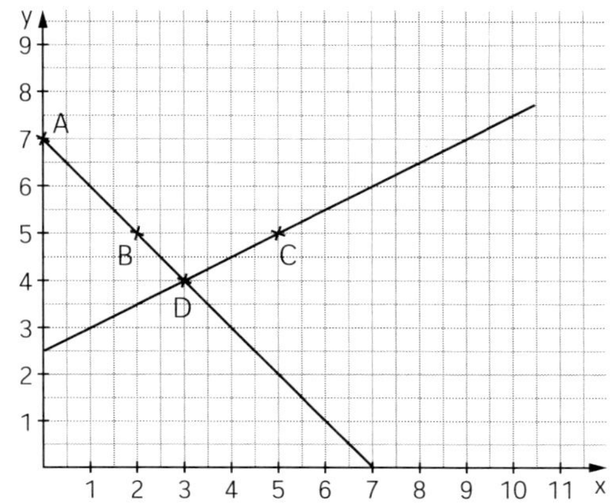

Seite 119

20 Die dünnen braunen Masten stehen senkrecht. Der Metallturm steht senkrecht zum schrägen Hang.

21 Der Punkt P hat von der Geraden BC den kleinsten Abstand, nämlich 0,9 cm.

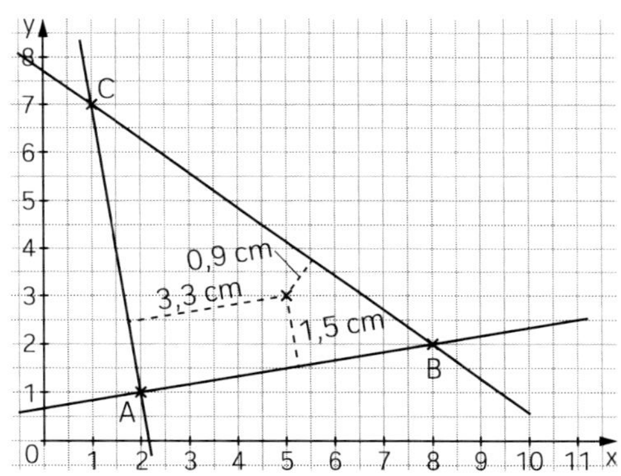

22 Bei der gelben und der roten Kerze sind von den 12 Kanten jeweils 4 parallel zueinander.
Bei der grünen spitzen Kerze sind unten am Boden jeweils 2 Kanten parallel zueinander.
Bei der lila Kerze sind oben und unten jeweils 4 Kanten (2 Kanten oben und 2 Kanten unten) parallel zueinander. Die 6 von unten nach oben verlaufenden Kanten sind auch parallel zueinander.

23 Für $g = h$ findet man beliebig viele Orthogonalen, die zu g und damit auch zu h orthogonal sind. Damit sind g und h zueinander parallel. Wegen $g = h$ ist g also parallel zu sich selbst mit dem Abstand 0.

Seite 119

24 **a)** Die Behauptung ist richtig (siehe Bild).
b) Die Behauptung ist falsch, denn die Gerade g ist parallel zur Geraden i (siehe Bild).

zu **a)**

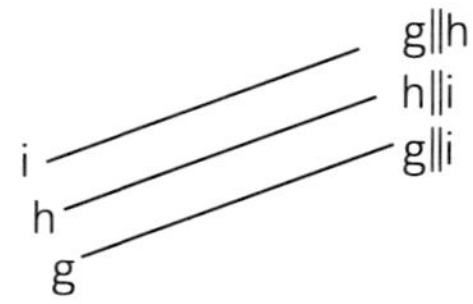

zu **b)**

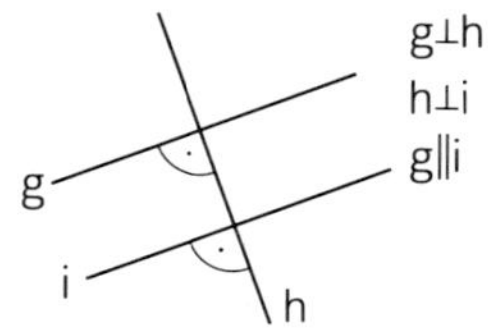

c) Die Behauptung ist richtig (siehe Bild).
d) Die Behauptung ist falsch, denn die Gerade g ist orthogonal zur Geraden i (siehe Bild).

zu **c)**

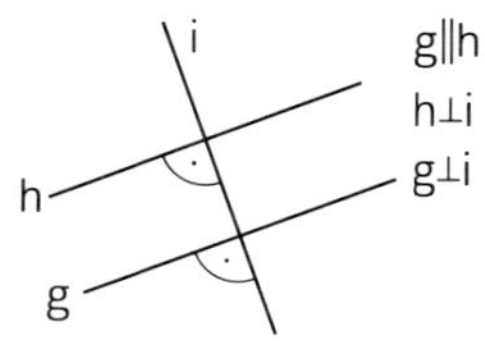

zu **d)**

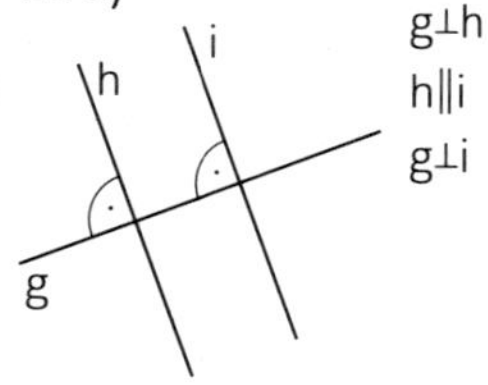

25 Beispiele:
a) Die Punkte A, B und C liegen auf der Geraden g. Die Punkte B, D und E liegen auf der Geraden h. B ist der Schnittpunkt der beiden Geraden g und h.

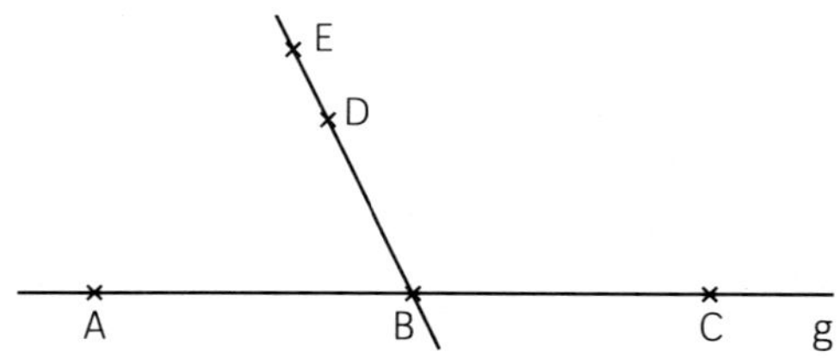

b) Die Punkte A, B, C und D liegen auf der Geraden g. Die Punkte B, E und F liegen auf der Geraden h. B ist der Schnittpunkt der beiden Geraden g und h.

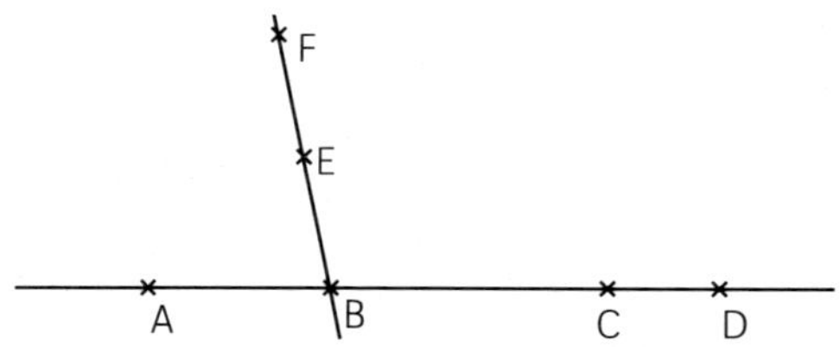

Es gibt genau 6 Geraden, auf denen genau 2 der Punkte A, B, C, D, E und F liegen, nämlich die Geraden AE, AF, CE, CF, DE und DF.

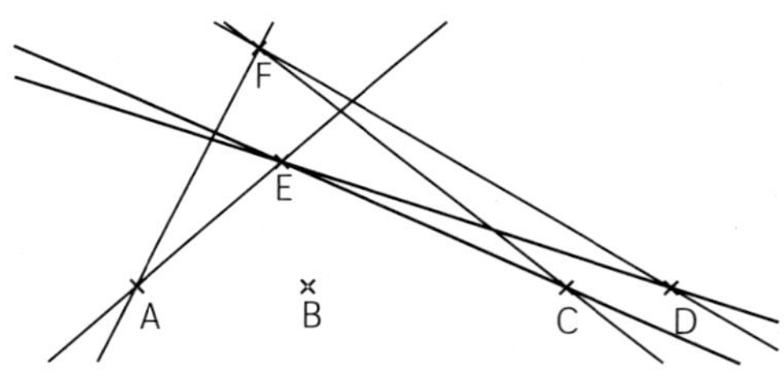

26 **a)** Die Punkte sind die Punkte A, B, C und D.

b) Die Punkte liegen in den grau markierten Gebieten und deren Ränder.

c) Die Punkte liegen innerhalb des Vielecks ABCD und auf dessen Seiten.

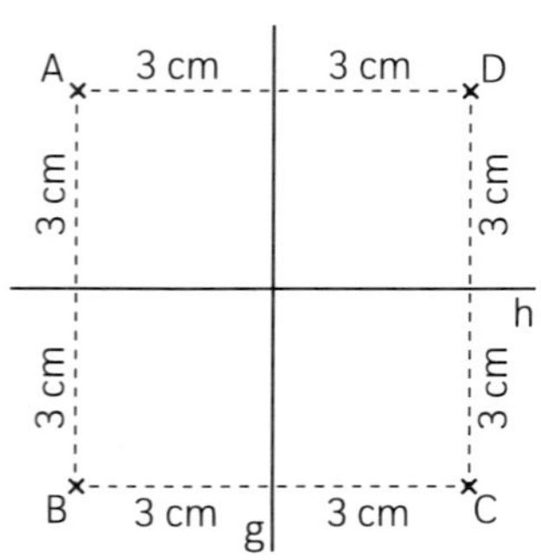

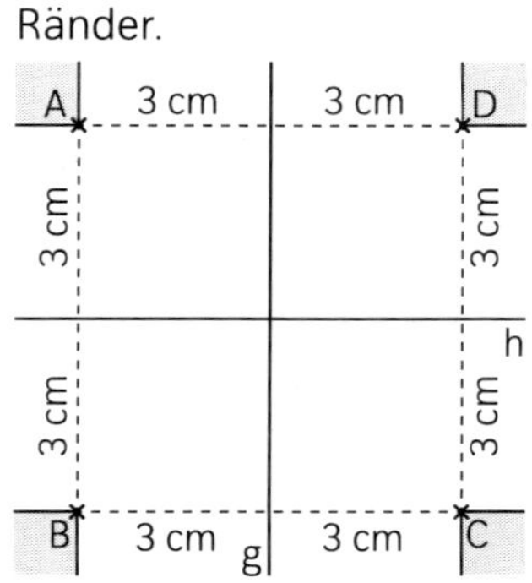

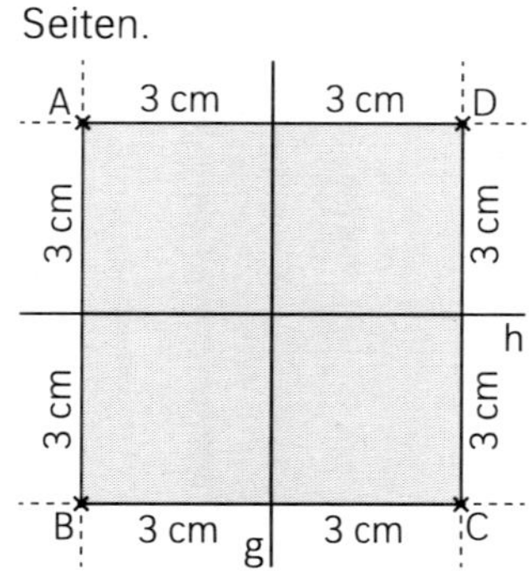

Seite 119

27 **a)** In der Ebene ist Max' Behauptung richtig. Bei Körpern ist die Behauptung aber falsch, denn am Körper im Schülerband erkennt man:
$c \perp a$ und $a \perp b$, aber $c \nparallel b$
b) Das gilt nicht im Raum. Die Geraden b und c schneiden sich nicht, sind aber auch nicht parallel zueinander.

Fokus: Zeichnen mit einem Dynamischen Geometrie-System (DGS)

Seite 120

1 Keine Lösungen

2 Keine Lösungen

3 Der Punkt D ist der Schnittpunkt der Parallelen zu AB durch den Punkt C mit der Parallelen zu BC durch den Punkt A. Der Punkt D hängt von der Lage der Punkte A, B und C ab und kann daher nicht bewegt werden.
Bei allen Bewegungen der Punkte A, B und C bleiben die gegenüberliegenden Seiten der Figur zueinander parallel. Die Figur bleibt also immer ein Parallelogramm.

4 **a)**

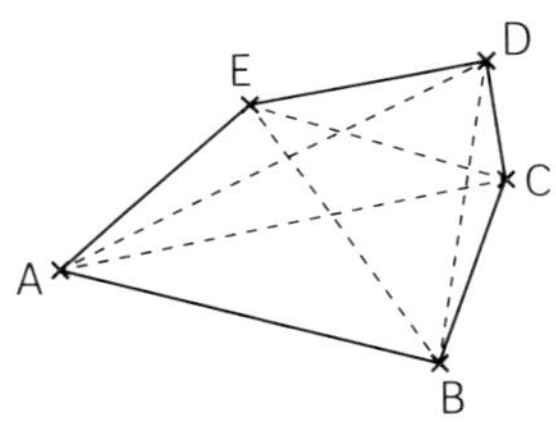

4 **b)**

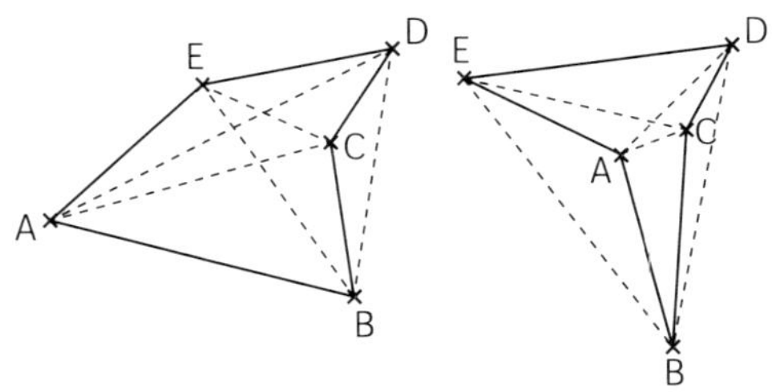

c)

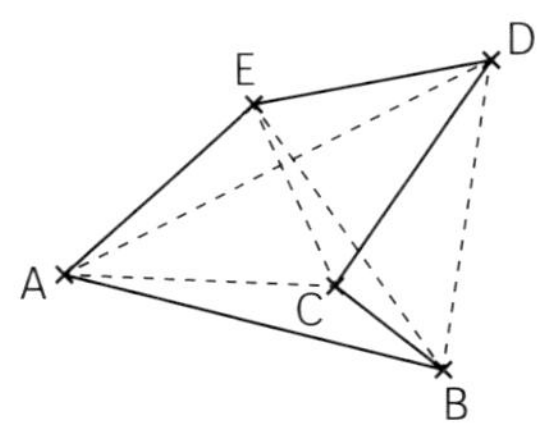

5 Keine Lösungen

3.3 Winkel

Seite 121
Einstieg

Es ist ungefähr der Bereich rechts oben.

Seite 122
Üben

1 **a)** Siehe Bild.
b) $\alpha = ∢BSA$; $\beta = ∢ASB$

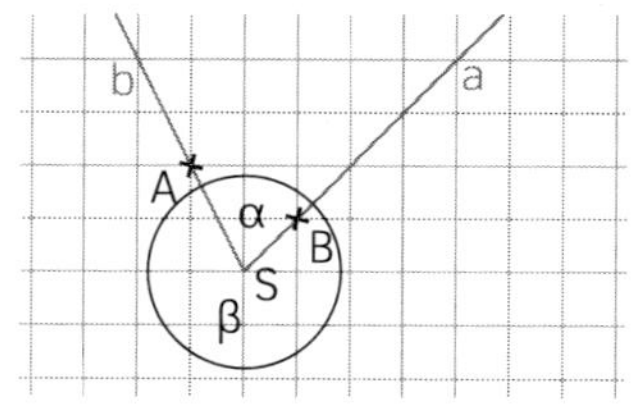

Seite 123

2 Keine Lösungen

3 $\gamma < \alpha < \varepsilon < \beta < \delta$

4 Keine Lösungen

5 Der tote Winkel bezeichnet den Winkel, den ein Autofahrer nicht einsehen kann. Die gelben Felder stellen das Blickfeld des Fahrers über die beiden Außenspiegel und dem Innenspiegel dar, die dunklen Dreiecke das für den Autofahrer nicht einsehbare Stück, welches durch den sogenannten toten Winkel beschrieben wird (der obere Winkel der dunklen Dreiecke).
Der Autofahrer muss zusätzlich darauf achten, ob sich Fahrzeuge außen vom über die Spiegel einsehbaren Blickfeld befinden.

6 α ist der kleinste Winkel, also $\alpha = 36°$. Auch γ ist ein spitzer Winkel, also $\gamma = 56°$.
β und δ sind beide fast gleich groß. Geht man bei β vom Scheitelpunkt 2 Karos nach links, so liegt der Punkt mit dem Kreuz 3 Karos darüber. Geht man bei δ vom Scheitelpunkt 2 Karos nach links, so liegt der Punkt mit dem Kreuz 4 Karos darunter. δ ist also kleiner als β.
$\beta = 124°$ und $\delta = 117°$.

7 Beispiele:

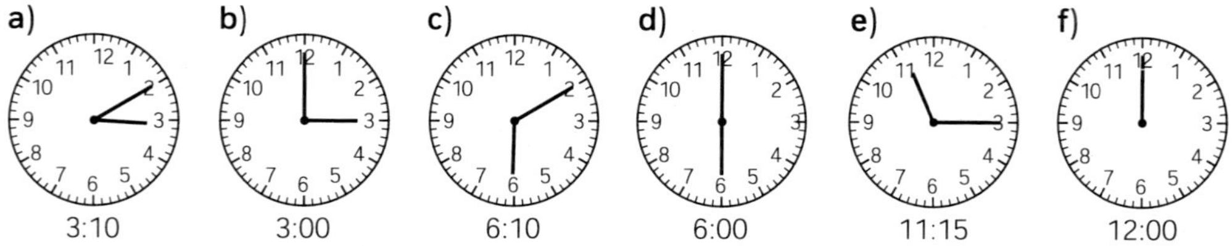

Seite 124

8 Wenn Nina den Winkelbogen eingezeichnet hätte, wäre ihr Vorhaben noch deutlicher geworden. Sonst könnte es auch der Nullwinkel sein.

Seite 124

9 a)

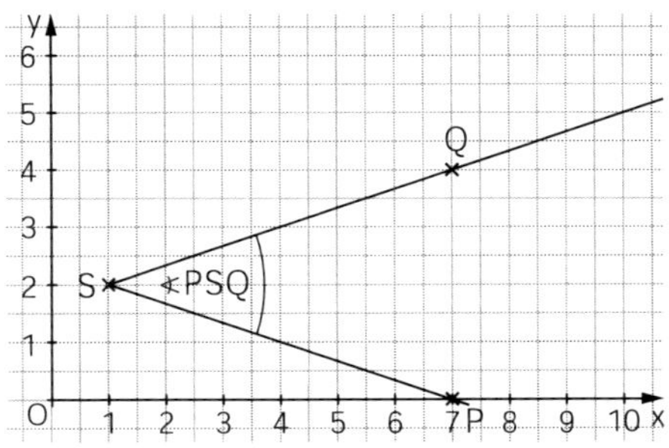

b)

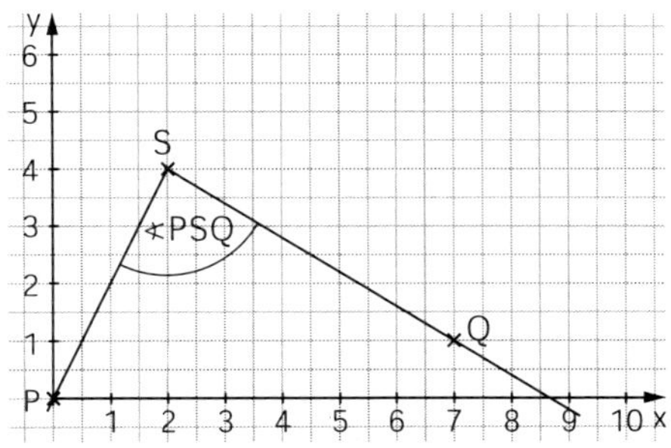

c)

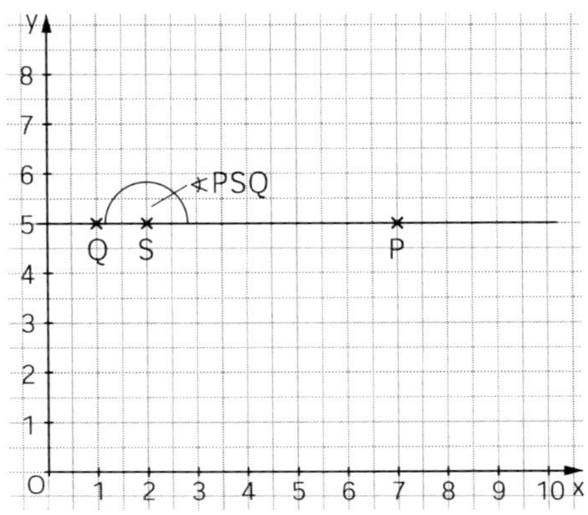

d)

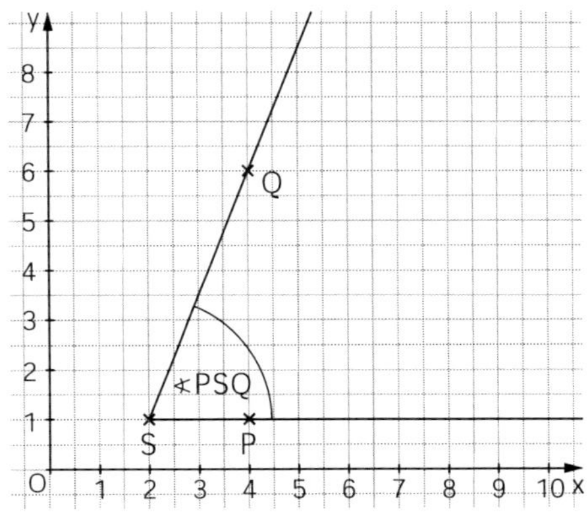

10 a) ∢ABC ist stumpf.

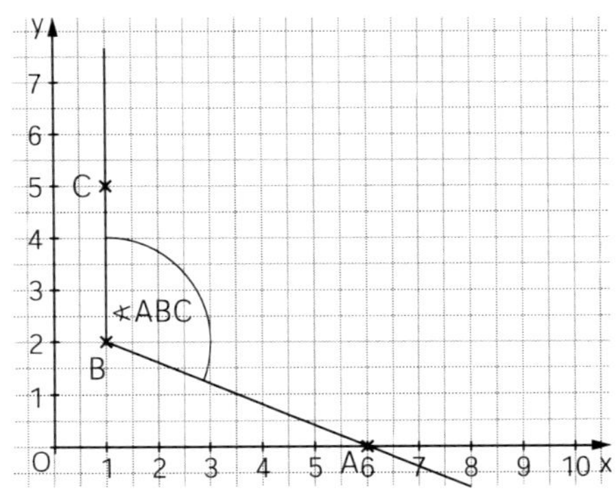

b) ∢ABC ist spitz.

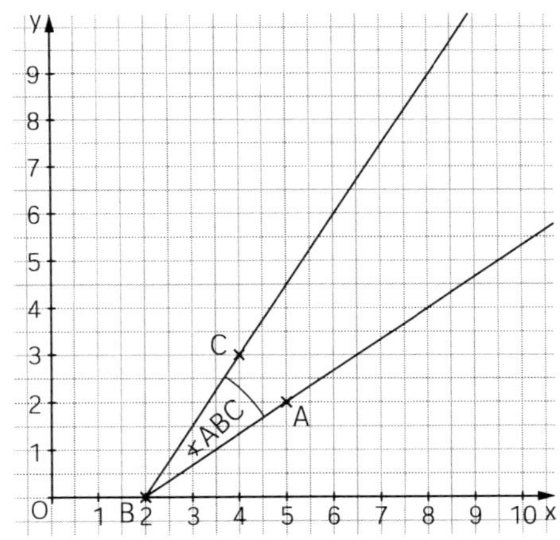

c) ∢ABC ist stumpf.

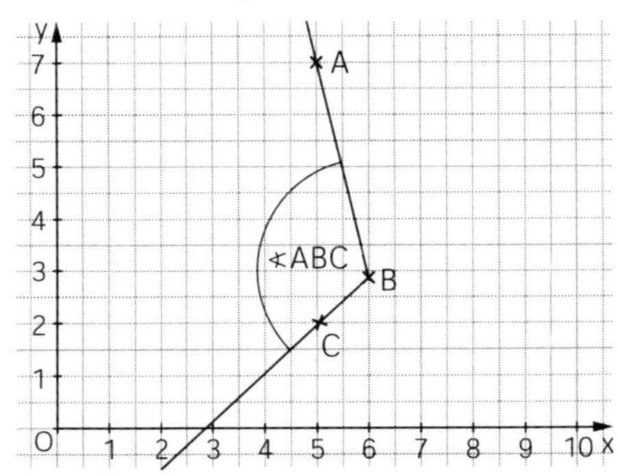

d) ∢ABC ist spitz.

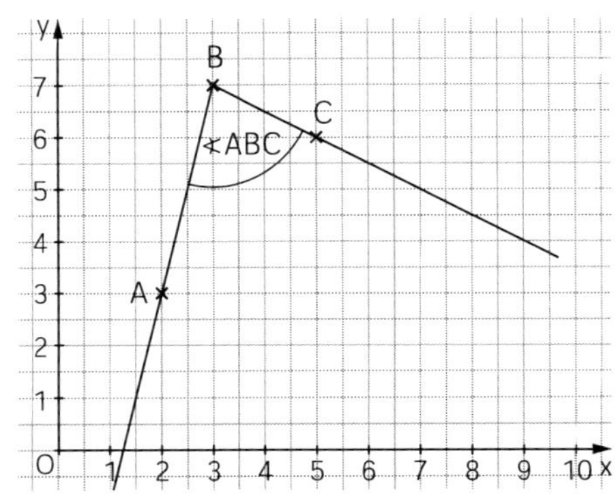

Seite 124

10 **e)** ∢ABC ist spitz.

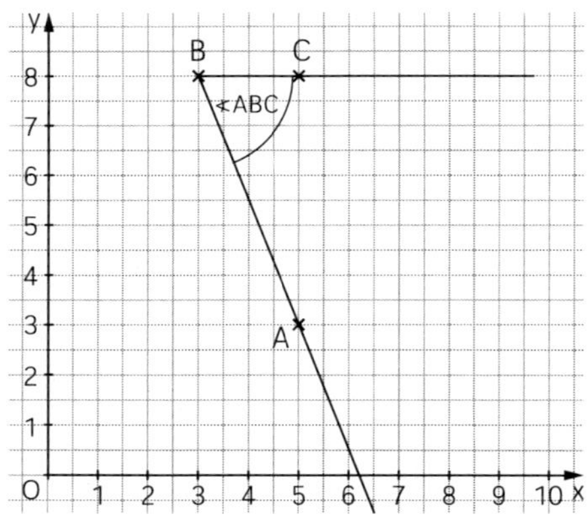

f) ∢ABC ist ein rechter Winkel.

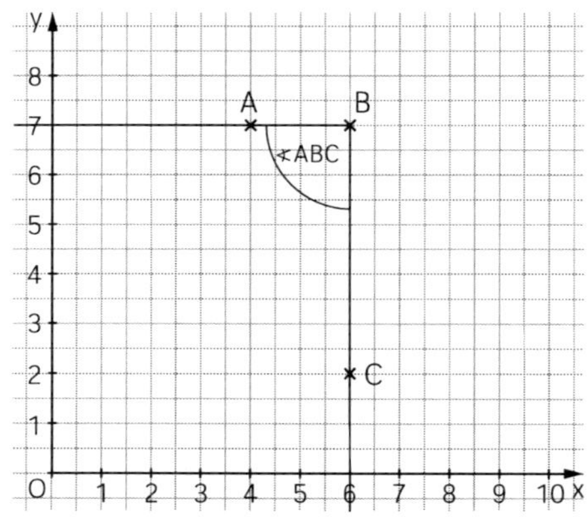

11 **a)** Die Winkel α, β, und γ sind gleich groß. **b)** α < γ < β

12 **a)** α = ∢ASB; β = ∢DSC; γ = ∢FSE; δ = ∢HSG
b) δ < α < γ < β
c) α und δ sind spitze Winkel, γ ist ein stumpfer Winkel und β ist ein überstumpfer Winkel.

Winkel in Figuren

13 α = ∢BAC; β = ∢CBA; γ = ∢ACB

Seite 125

14 **a)** α und β sind spitze Winkel, γ und δ sind stumpfe Winkel.
b) β und δ sind spitze Winkel, α und γ sind stumpfe Winkel.
c) α, β und δ sind spitze Winkel, γ ist ein stumpfer Winkel.
d) α, β und δ sind spitze Winkel, γ ist ein überstumpfer Winkel.

15 **a)** α ist ein rechter Winkel, β und γ sind spitze Winkel. α = 90°; β ≈ 40°; γ ≈ 50°.
b) α und δ sind rechte Winkel, β ist ein spitzer Winkel und γ ein stumpfer Winkel.
α = 90°; β ≈ 60°; γ ≈ 120°; δ = 90°;
c) α, β und δ sind rechte Winkel, γ und ε sind stumpfe Winkel.
α = 90°; β = 90°; γ ≈ 135°; δ = 90°; ε ≈ 135°.
d) α, γ, δ und φ sind spitze Winkel, β und ε sind überstumpfe Winkel.
α ≈ 65°; β ≈ 230°; γ ≈ 65°; δ ≈ 65°; ε ≈ 230°; φ ≈ 65°

16 Beispiele:

a)

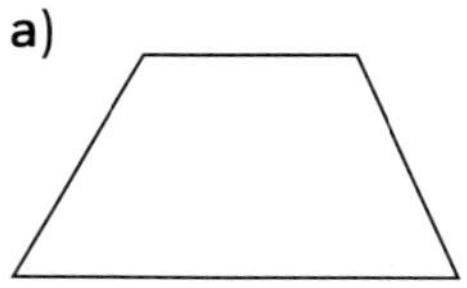

b)

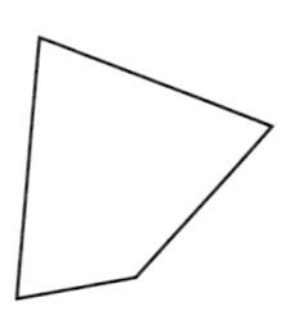

c)

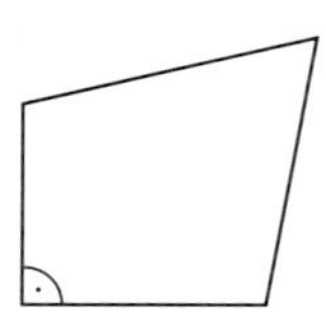

d)

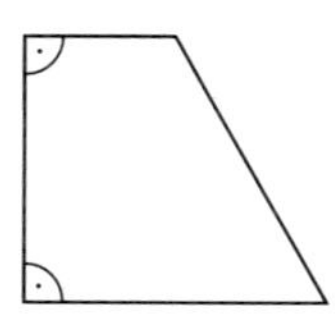

Seite 125
Weiterüben

17 **a)** (1) 30′ (2) 12° 30′ (3) 30° 12′ (4) 19° 15′
b) (1) $\frac{1}{60}°$ (2) $\frac{1}{3}°$ (3) 5,25° (4) 81,4°

18 **a)** (1) 400^g (2) 50^g (3) 20^g (4) 110^g
(5) 108° (6) 0,9° (7) 54° (8) 207°
b) Winkel zwischen 0^g und 100^g liegen im ersten Quadranten. Winkel zwischen 100^g und 200^g liegen im zweiten Quadranten. Winkel zwischen 200^g und 300^g liegen im dritten Quadranten. Winkel zwischen 300^g und 400^g liegen im vierten Quadranten.

3.4 Winkel messen und zeichnen

Seite 126
Einstieg

Das Gesichtsfeld der der Schnecke ist etwa 95° groß. Das Gesichtsfeld der Eule kann man mithilfe des Geodreiecks zeichnen (siehe Bild).

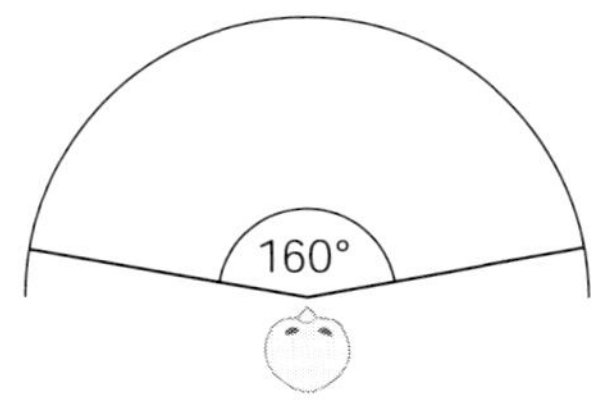

Seite 127
Üben

1 **a)**

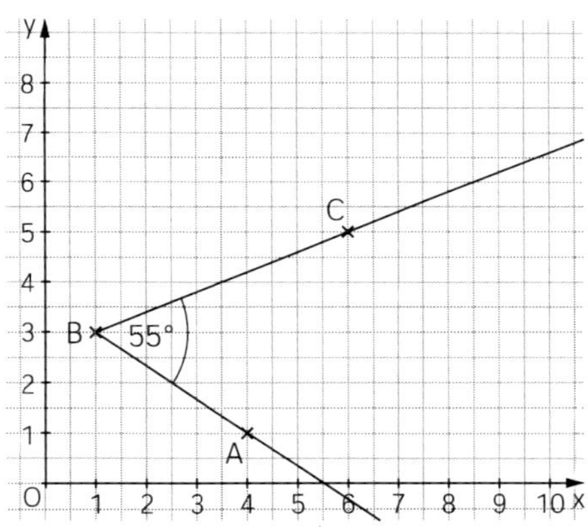

b)

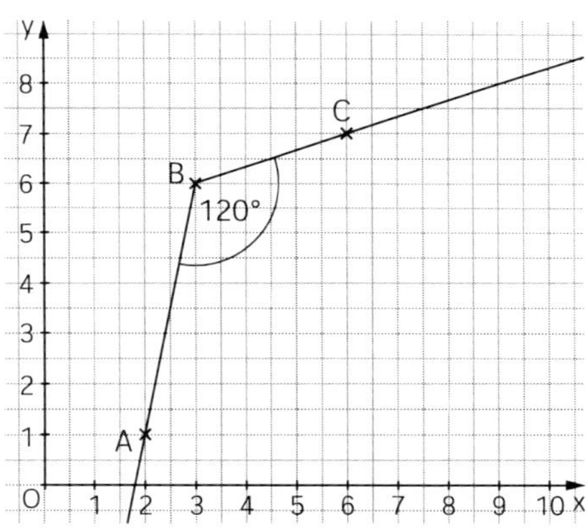

2 **a)** Spitzer Winkel; $\alpha = 45°$
b) Spitzer Winkel; $\beta \approx 23°$
c) Spitzer Winkel; $\gamma \approx 60°$
d) Stumpfer Winkel; $\alpha = 108°$
e) Stumpfer Winkel; $\beta \approx 146°$
f) Stumpfer Winkel; $\gamma \approx 149°$

Seite 127

3 **a)**

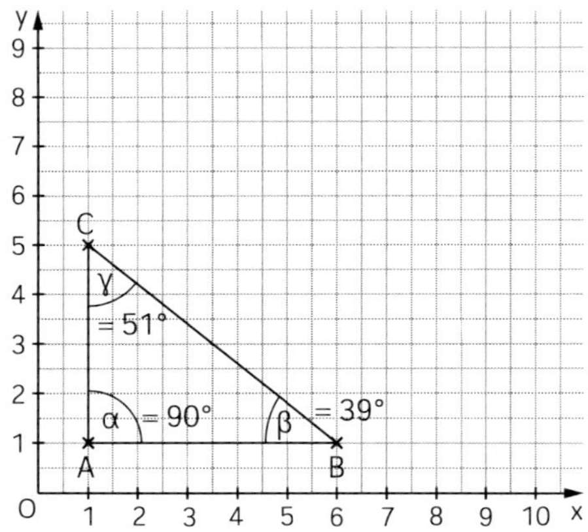

b)

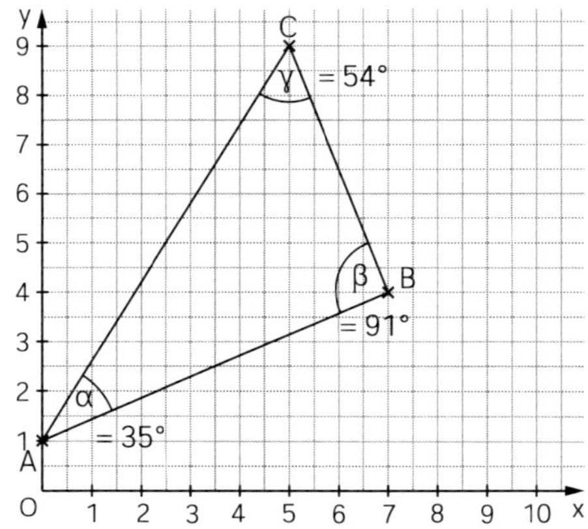

c)

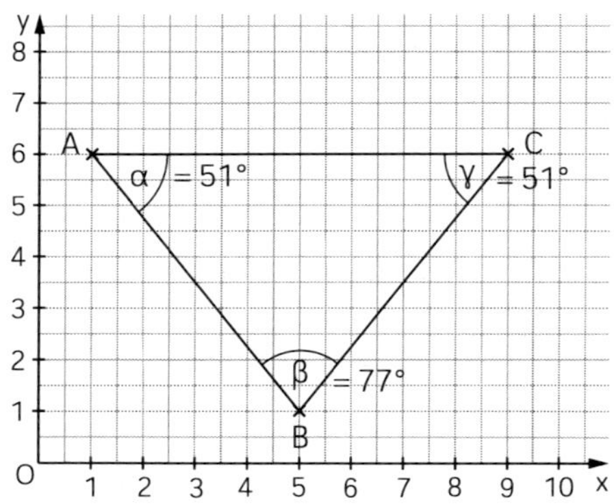

d)

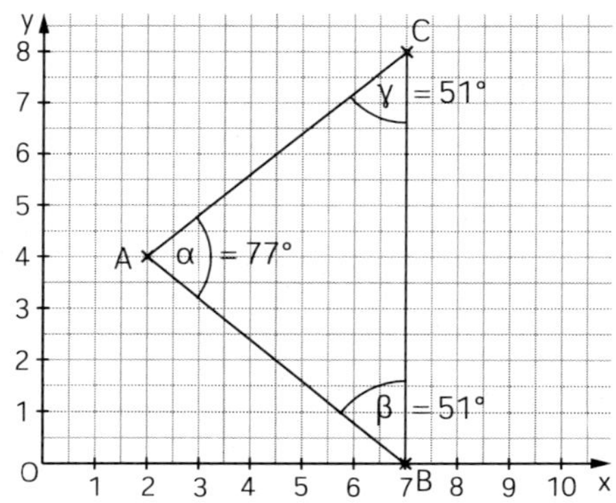

4 Hier ohne Zeichnungen.

a) Spitzer Winkel
b) Spitzer Winkel
c) Spitzer Winkel
d) Rechter Winkel
e) Stumpfer Winkel
f) Stumpfer Winkel
g) Spitzer Winkel
h) Gestreckter Winkel

5 Viereck ABCD:
∢BAD ≈ 63°;
∢CBA ≈ 117°;
∢DCB ≈ 97°;
∢ADC ≈ 83°
Dreieck ABC:
∢BAC ≈ 22°;
∢CBA ≈ 117°;
∢ACB ≈ 42°
Dreieck ABD:
∢BAD ≈ 63°;
∢DBA ≈ 63°;
∢ADB ≈ 53°

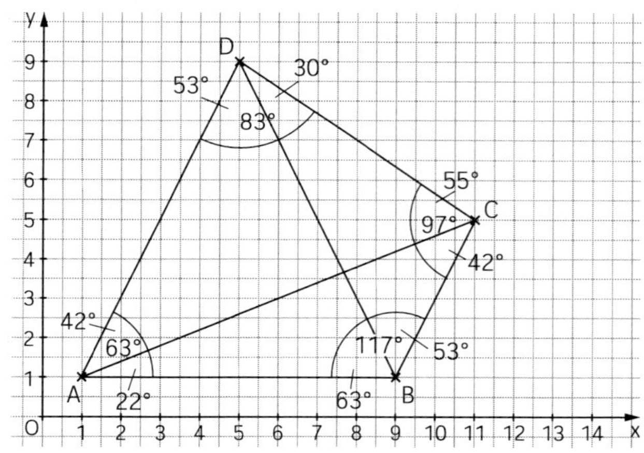

Dreieck ACD: ∢CAD ≈ 42°; ∢DCA ≈ 55°; ∢ADC ≈ 83°
Dreieck BCD: ∢CBD ≈ 53°; ∢DCB ≈ 97°; ∢BDC ≈ 30°

Seite 127

6

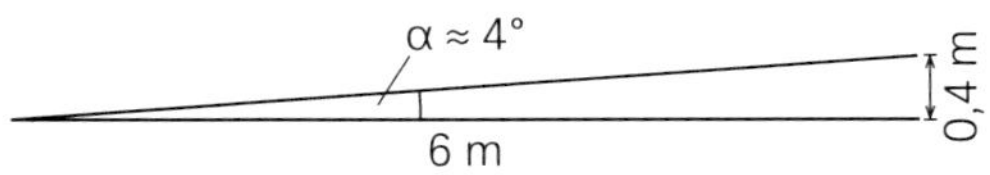

Seite 128

7 Hier anderer Maßstab.

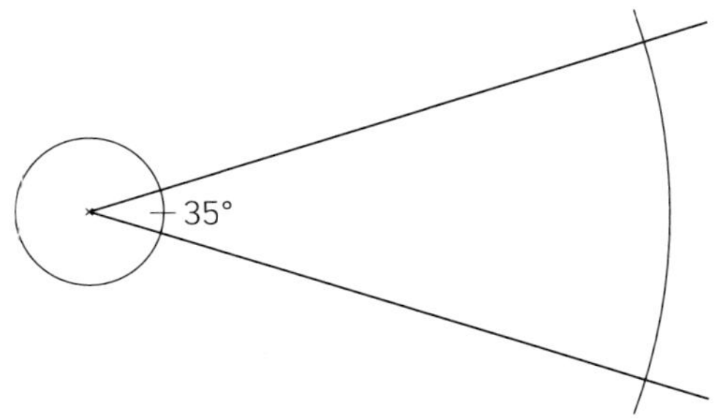

8 a) $|AC| \approx 8{,}3\,cm$; $|BC| \approx 7{,}2\,cm$; $\gamma = 80°$
b) $|AC| \approx 5{,}1\,cm$; $|BC| \approx 9{,}8\,cm$; $\gamma = 30°$
c) $|AC| \approx 8{,}7\,cm$; $|BC| \approx 5{,}5\,cm$; $\gamma = 32°$
d) $|AC| = 6\,cm$; $|BC| = 6\,cm$; $\gamma = 60°$

Messen und Zeichnen eines überstumpfen Winkels

9 $\alpha \approx 236°$

10 Man hat zwei Möglichkeiten.
1. Möglichkeit: Der Ergänzungswinkel des Winkels α zum Vollwinkel 360° beträgt 48°. Diesen Winkel trägt man vom Vollwinkel ab.

Der Winkel α ist 132° größer als 180° (gestreckter Winkel). Man kann an einen gestreckten Winkel einen Winkel der Größe 132° antragen.

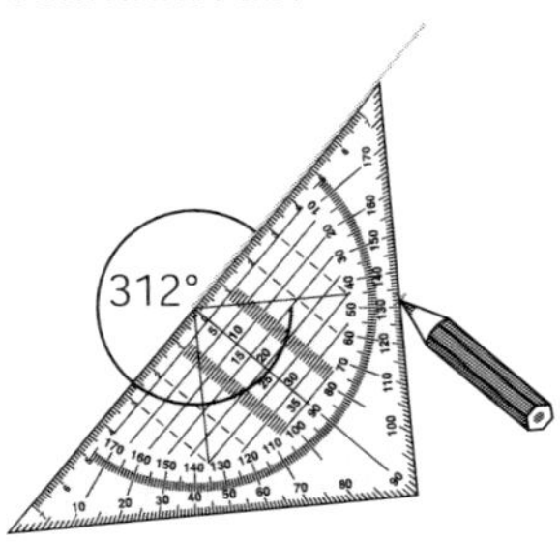

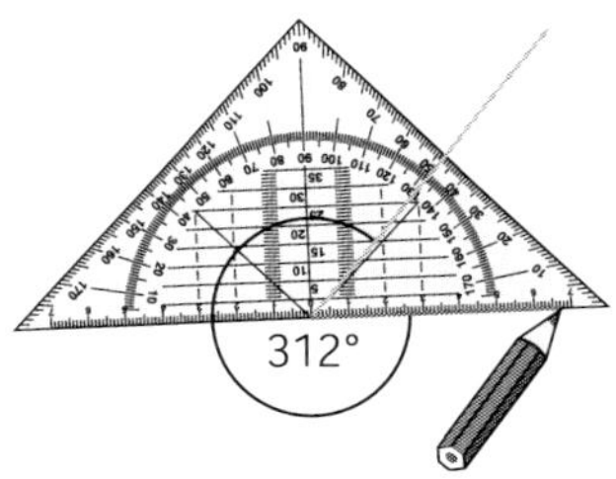

11 a) $\alpha = 256°$; $\beta \approx 273°$; $\gamma \approx 313°$
b) $\alpha = 194°$; $\beta \approx 341°$; $\gamma \approx 270°$

Seite 129
Weiterüben

12 Keine Lösungen

13 Hier ohne Zeichnungen.
a) Spitzer Winkel
b) Spitzer Winkel
c) Nullwinkel
d) Gestreckter Winkel
e) Stumpfer Winkel
f) Rechter Winkel
g) Stumpfer Winkel
h) Stumpfer Winkel
i) Überstumpfer Winkel
j) Überstumpfer Winkel
k) Überstumpfer Winkel
l) Spitzer Winkel
m) Überstumpfer Winkel
n) Überstumpfer Winkel
o) Vollwinkel
p) Überstumpfer Winkel

Seite 129

14 a) b) c) d)

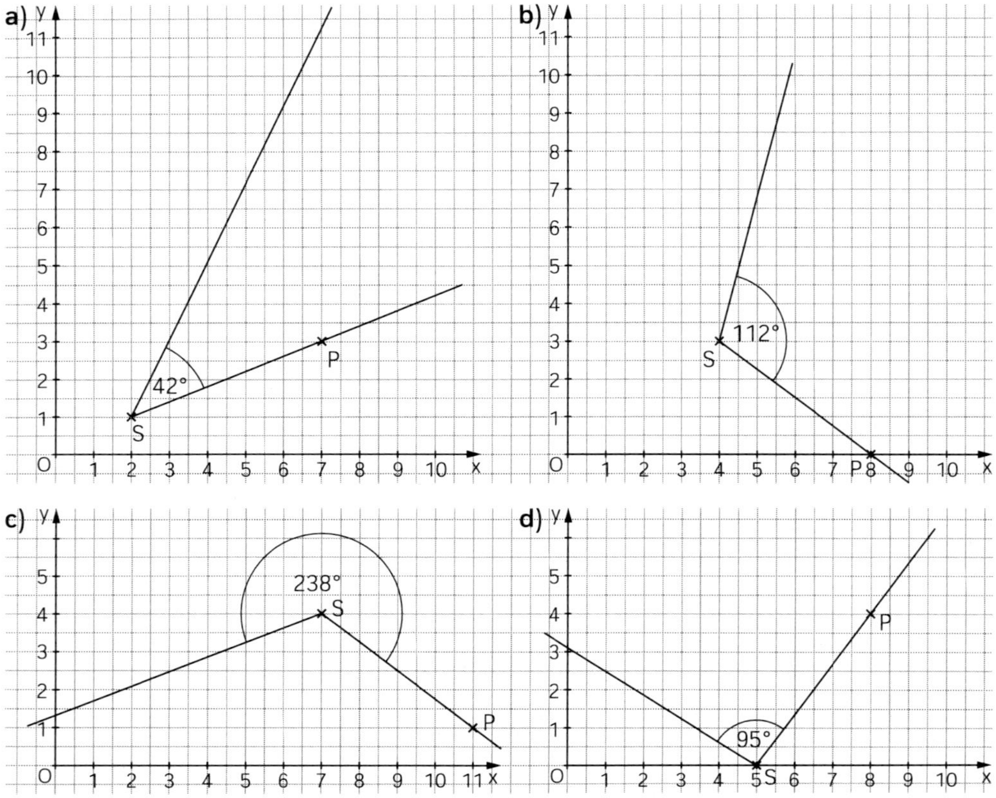

Das kann ich noch!

A $19\,\% = \frac{19}{100}$; $10\,\% = \frac{10}{100} = \frac{1}{10}$; $5\,\% = \frac{5}{100} = \frac{1}{20}$; $3\,\% = \frac{3}{100}$; $50\,\% = \frac{50}{100} = \frac{1}{2}$;
$100\,\% = \frac{100}{100} = 1$

B $\frac{23}{100} = 23\,\%$; $\frac{7}{100} = 7\,\%$; $\frac{1}{50} = \frac{2}{100} = 2\,\%$; $\frac{7}{20} = \frac{35}{100} = 35\,\%$; $\frac{4}{25} = \frac{16}{100} = 16\,\%$;
$\frac{9}{10} = \frac{90}{100} = 90\,\%$; $\frac{3}{4} = \frac{75}{100} = 75\,\%$; $\frac{2}{5} = \frac{40}{100} = 40\,\%$

C 1) 1,1 2) 0,1 3) 1,458 4) 0,208
5) 2,25 6) 0,75 7) 1,65 8) 1,25

D 1) $\frac{2}{4} = \frac{1}{2} = 0{,}5 = 50\,\%$ 2) $\frac{3}{4} = 0{,}75 = 75\,\%$ 3) $\frac{2}{5} = 0{,}4 = 40\,\%$
4) $\frac{7}{20} = 0{,}35 = 35\,\%$

Fokus: Orientierung mithilfe von Winkeln

Seite 130

1 Der Fehler liegt in der Anweisung. In ihr steht nicht, ob Anne an der Eiche 50° nach links oder nach rechts abbiegen soll. Anne ist in die falsche Richtung abgebogen.

2 (1)

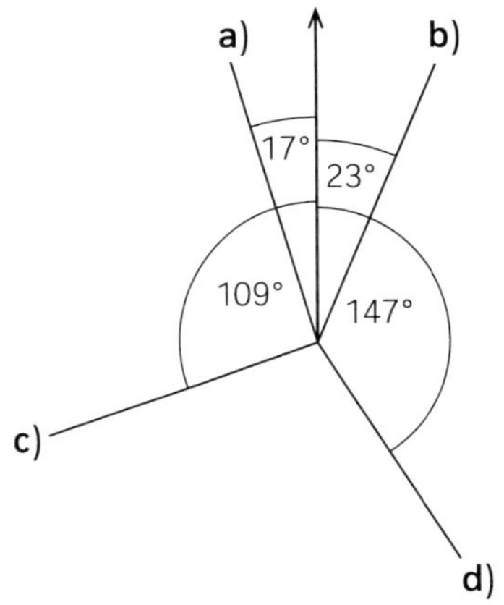

(2)

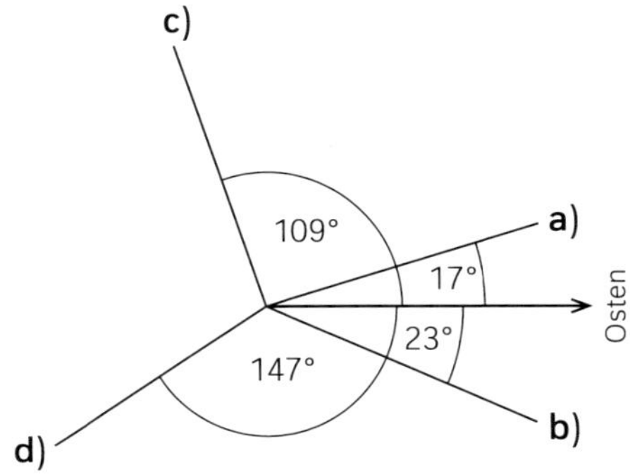

3 **a)** (1) 90° (2) 90° (3) 45° (4) 90°
b) (1) 90° (2) 135° (3) 180° (4) 135° (5) 225° (6) 270°

4 Das Schiff müsste von der Nordrichtung aus 61° nach rechts ungefähr 10,9 km fahren.

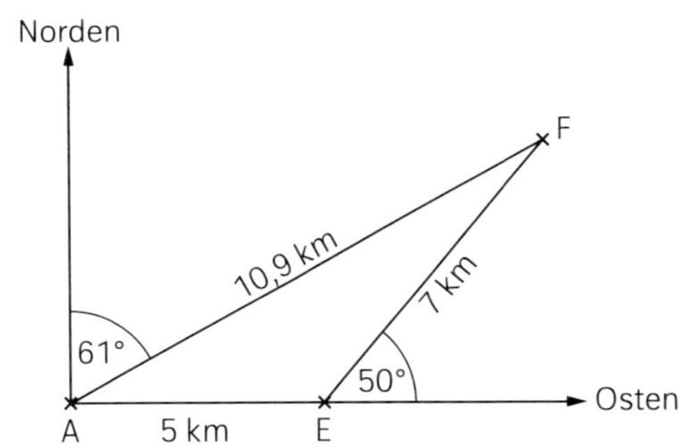

3.5 Winkel an sich schneidenden Geraden

Seite 131
Einstieg

Vermutungen:
An einer Straßenkreuzung ergänzen sich benachbarte Winkel zu 180°, gegenüberliegende Winkel sind gleich groß.
An den benachbarten Straßenkreuzungen der beiden zueinander parallelen Straßen sind entsprechende Winkel gleich groß.

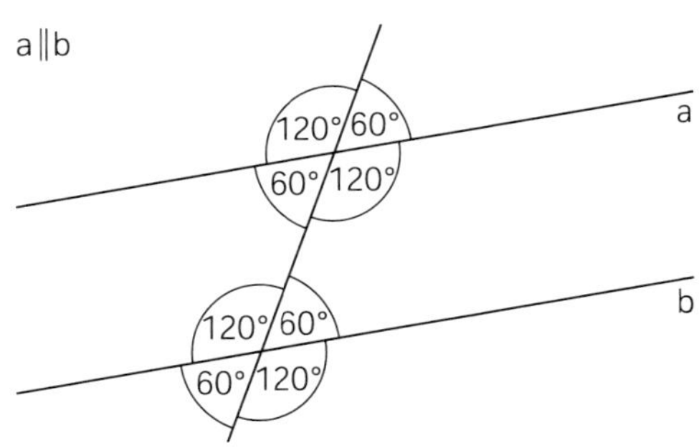

Seite 133
Üben

1 **a)** α und γ sind Scheitelwinkel zueinander. β und δ sind Scheitelwinkel zueinander.
α und β sind Nebenwinkel zueinander. α und δ sind Nebenwinkel zueinander.
β und γ sind Nebenwinkel zueinander. γ und δ sind Nebenwinkel zueinander.
b) (1) $\beta = 180° - \alpha = 180° - 42° = 138°$; $\gamma = \alpha = 42°$; $\delta = 180° - \alpha = 180° - 42° = 138°$
(2) $\alpha = 180° - \delta = 180° - 92° = 88°$; $\beta = \delta = 92°$; $\gamma = 180° - \delta = 180° - 92° = 88°$;
(3) $\alpha = \gamma = 23°$; $\beta = 180° - \gamma = 180° - 23° = 157°$; $\delta = 180° - \gamma = 180° - 23° = 157°$;
(4) $\alpha = 180° - \beta = 180° - 176° = 4°$; $\gamma = 180° - \beta = 180° - 176° = 4°$; $\delta = \beta = 176°$

2 **a)** α und β ergänzen sich nicht zu 180°.
b) γ und δ liegen sich nicht gegenüber, sind also keine Scheitelwinkel zueinander.

3 **a)** $\beta = 180° - \alpha - \gamma = 180° - 37° - 52° = 91°$; $\delta = \alpha = 37°$;
$\varepsilon = 180° - \alpha = 180° - 37° = 143°$
b) $\alpha = \delta = 63°$; $\gamma = 180° - \beta - \delta = 180° - 19° - 63° = 98°$;
$\varepsilon = 180° - \delta = 180° - 63° = 117°$
c) $\alpha = 180° - \varepsilon = 180° - 96° = 84°$; $\beta + \gamma = \varepsilon$, also $\gamma = \varepsilon - \beta = 96° - 34° = 62°$;
$\delta = 180° - \varepsilon = 180° - 96° = 84°$
d) $\alpha = \delta = 210° : 2 = 105°$; $\beta = 180° - \alpha - \gamma = 180° - 105° - 30° = 45°$;
$\varepsilon = 180° - \alpha = 180° - 105° = 75°$

4 Die sich x-förmig schneidenden Halbrundprofile bestehen aus zwei sich schneidenden Parallelenscharen. Es entstehen Scheitel- und Nebenwinkel bzw. Stufen- und Wechselwinkel. Scheitel-, Stufen- und Wechselwinkel sind gleich groß.
Die Querbalken schneiden die parallelen Halbrundprofile unter gleich großen Winkeln.

5 **a)** Es gilt: $\alpha + \beta = 180°$ und $\beta = \alpha + 30°$. Man erhält:
$\alpha = (180° - 30°) : 2 = 150° : 2 = 75°$; $\beta = \alpha + 30° = 75° + 30° = 105°$
b) Es gilt: $\alpha + \beta = 180°$ und $\beta = 3 \cdot \alpha$, also $4 \cdot \alpha = 180°$. Man erhält:
$\alpha = 180° : 4 = 45°$; $\beta = 3 \cdot \alpha = 3 \cdot 45° = 135°$

Seite 134

6 **a)** Es gilt: $\alpha + \beta = 180°$ und $\beta = 2 \cdot \alpha$, also $3 \cdot \alpha = 180°$. Man erhält:
$\alpha = 180° : 3 = 60°$ $\quad$ $\beta = 2 \cdot \alpha = 2 \cdot 60° = 120°$
$\gamma = \alpha = 60°$ $\quad$ $\delta = \beta = 120°$
b) Es gilt: $\beta + \gamma = 180°$ und $\beta = 2 \cdot \gamma$, also $3 \cdot \gamma = 180°$. Man erhält:
$\gamma = 180° : 3 = 60°$ $\quad$ $\beta = 2 \cdot \gamma = 2 \cdot 60° = 120°$
$\alpha = \gamma = 60°$ $\quad$ $\delta = \beta = 120°$
c) Es gilt: $(\alpha + \gamma) + (\beta + \delta) = 360°$ und $\alpha + \gamma = \beta + \delta$. Man erhält:
$\alpha + \gamma = 360° : 2 = 180°$.
Da α Scheitelwinkel zu γ ist, gilt: $\quad$ $\alpha = \gamma = 180° : 2 = 90°$.
Für die Nebenwinkel gilt: $\quad$ $\beta = \delta = 180° - 90° = 90°$
Alle vier Winkel sind rechte Winkel.

7 Der Scheitelwinkel zum rechten Winkel ist genauso groß, also auch ein rechter Winkel.
Die Nebenwinkel sind wegen $180° - 90° = 90°$ auch rechte Winkel.

Seite 134

8 **a)** $\alpha = \gamma = 33°$; $\beta = \delta = 147°$
$\alpha_1 = \gamma_1 = 33°$; $\beta_1 = \delta_1 = 147°$

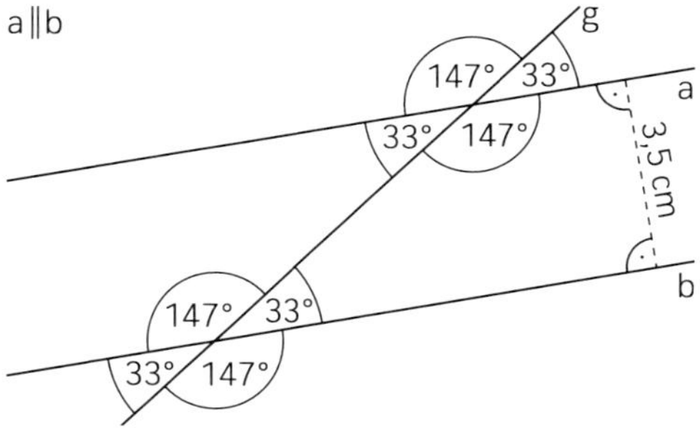

b) $\beta = \delta = 125°$; $\alpha = \gamma = 55°$
$\beta_1 = \delta_1 = 125°$; $\alpha_1 = \gamma_1 = 55°$

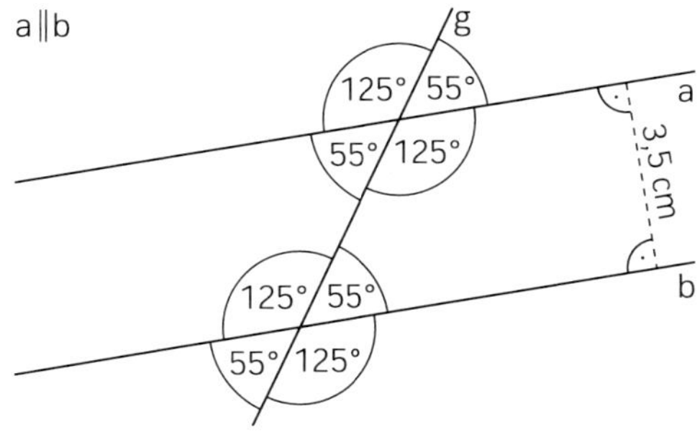

c) $\alpha = \gamma = 137°$; $\beta = \delta = 43°$
$\alpha_1 = \gamma_1 = 137°$; $\beta_1 = \delta_1 = 43°$

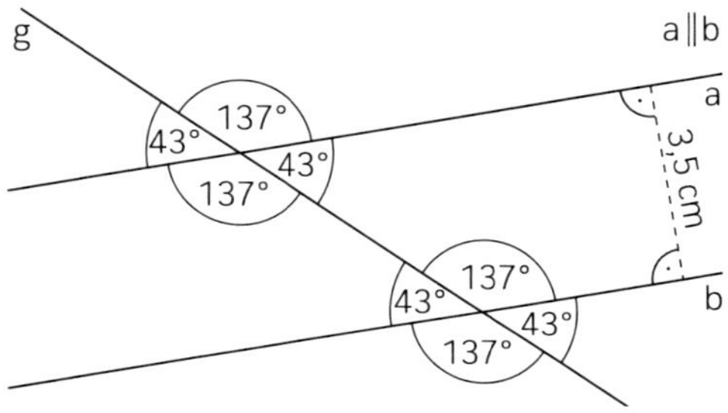

d) $\beta = \delta = 68°$; $\alpha = \gamma = 112°$
$\beta_1 = \delta_1 = 68°$; $\alpha_1 = \gamma_1 = 112°$

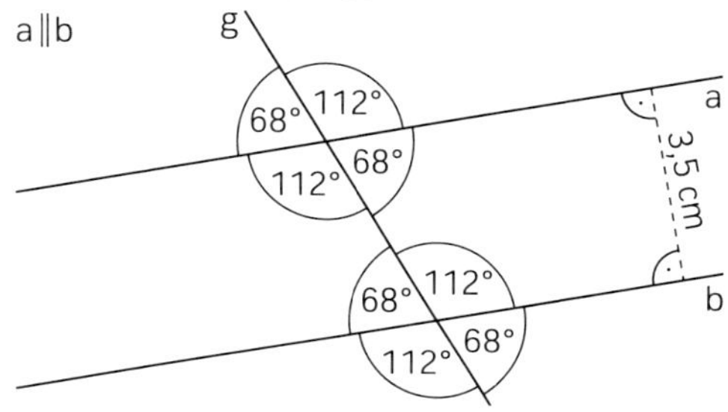

9 **a)** Die senkrechten Latten sind alle parallel zueinander. An den Kreuzungen mit den Querlatten entstehen Scheitel- und Wechselwinkel bzw. Stufen- und Wechselwinkel. An den Schnittpunkten der waagerechten Querleisten mit den senkrechten Latten sind die Winkel alle rechte Winkel.
b) Keine Lösungen

10 **a)** δ_1 und δ_2 sind Stufenwinkel, also $\delta_1 = \delta_2$. Dann ist auch δ_1 doppelt so groß wie α_1.
Aus $\delta_1 + \alpha_1 = 180°$ und $\delta_1 = 2 \cdot \alpha_1$ erhält man $3 \cdot \alpha_1 = 180°$.
Daraus folgt $\alpha_1 = 180° : 3 = 60°$ und $\delta_1 = 2 \cdot 60° = 120°$.
$\alpha_1 = \alpha_2 = \gamma_1 = \gamma_2 = 60°$ und $\beta_1 = \beta_2 = \delta_1 = \delta_2 = 120°$
b) Aus $\alpha_1 + \beta_1 = 180°$ und $\beta_1 = 3 \cdot \alpha_1$ erhält man $4 \cdot \alpha_1 = 180°$.
Daraus folgt $\alpha_1 = 180° : 4 = 45°$ und $\beta_1 = 3 \cdot 45° = 135°$.
$\alpha_1 = \alpha_2 = \gamma_1 = \gamma_2 = 45°$ und $\beta_1 = \beta_2 = \delta_1 = \delta_2 = 135°$
c) Aus $\gamma_1 + \delta_1 = 180°$ und $\delta_1 = \gamma_1 + 60°$ erhält man:
$\gamma_1 = (180° - 60°) : 2 = 120° : 2 = 60°$ und $\delta_1 = \beta_1 + 60° = 60° + 60° = 120°$.
$\alpha_1 = \alpha_2 = \gamma_1 = \gamma_2 = 60°$ und $\beta_1 = \beta_2 = \delta_1 = \delta_2 = 120°$

11 Im Bild ist das ganze Blatt mit der Abrisskante in der Mitte gezeichnet. Man zeichnet auf dem Restblatt zur Geraden b eine parallele Gerade c, die die Gerade a auf dem Restblatt unter dem Schnittwinkel β schneidet. Der Schnittwinkel β der Geraden a und c ist Stufenwinkel zu dem Schnittwinkel α der Geraden a und b, also $\alpha = \beta$.

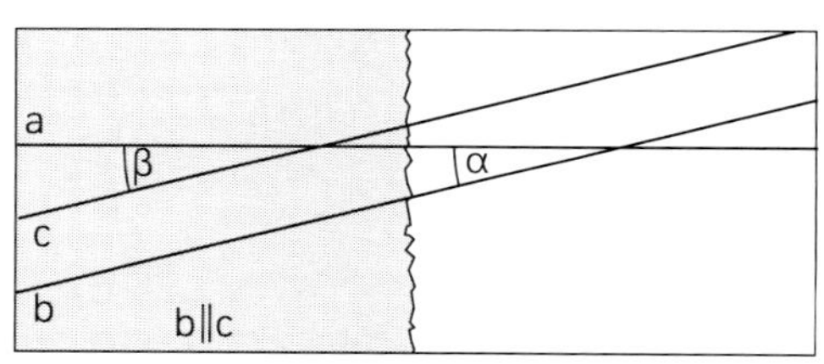

Seite 135

12 α' ist Stufenwinkel zu α an zueinander parallelen Geraden. Nach dem Stufenwinkelsatz gilt: $\alpha = \alpha'$.
α' ist Scheitelwinkel zu β. Nach dem Scheitelwinkelsatz gilt: $\alpha' = \beta$.
Damit gilt insgesamt: $\alpha = \alpha' = \beta$.
Der Wechselwinkelsatz mit $\alpha = \beta$ ist also richtig.

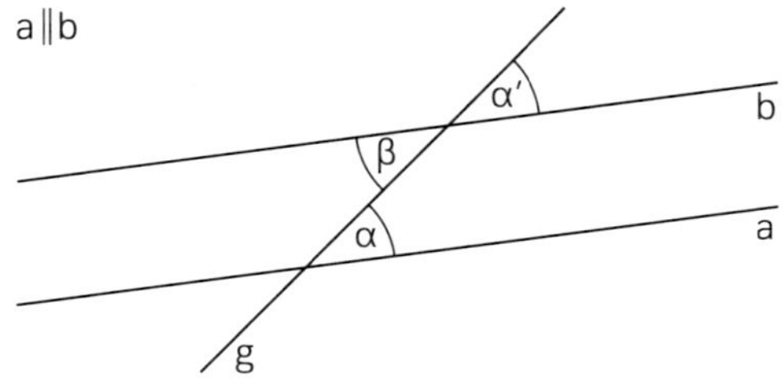

13 **a)** γ ist Nebenwinkel zum gegebenem Winkel, also $\gamma = 180° - 128° = 52°$.
β ist Wechselwinkel zu γ, also $\beta = \gamma = 52°$.
α ist Wechselwinkel zum gegebenem Winkel, also $\alpha = 128°$.
b) Der Winkel mit der Größe $3 \cdot \alpha$ ist Wechselwinkel zum gegebenem Winkel, also $3 \cdot \alpha = 135°$.
Dann gilt: $\alpha = 135° : 3 = 45°$

Weiterüben

14 **a)** $\beta = 180° - 20° - 80° = 80°$
$\alpha = 20°$ (Wechselwinkel an b und c)
$\varepsilon = 40°$ (Wechselwinkel an a und b), also
$\delta = 180° - 40° - 30° = 110°$
$\gamma_1 = 80°$ (Wechselwinkel an b und c) und
$\gamma_2 = 30°$ (Wechselwinkel an a und b),
also $\gamma = \gamma_1 + \gamma_2 = 80° + 30° = 110°$

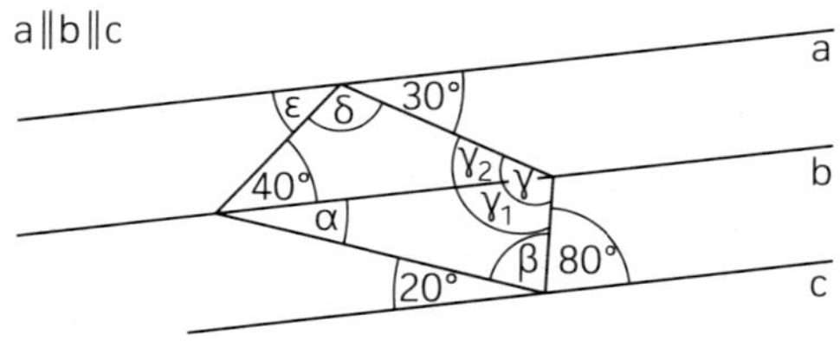

b) Man ergänzt eine zu a und b parallele Gerade c durch den Scheitelpunkt des gesuchten Winkels α.
$\alpha_1 = 22°$ (Wechselwinkel an b und c)
$\alpha_2 = 55°$ (Wechselwinkel an a und c),
also
$\alpha = \alpha_1 + \alpha_2 = 22° + 55° = 77°$

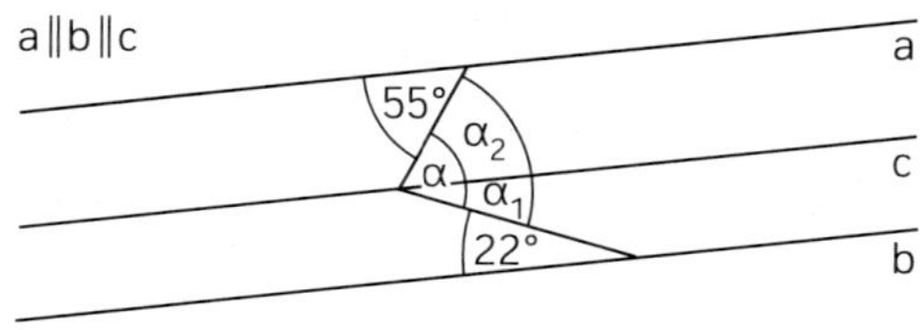

15 Wir ergänzen eine zu SS_2 parallele Gerade g durch den Punkt S_1.
α' ist Wechselwinkel zu α an den zueinander parallelen Geraden g und SS_2, also ist $\alpha' = \alpha$.
γ_2' ist Stufenwinkel zu γ_2 an den zueinander parallelen Geraden E_1S_1 und E_2S_2, also ist $\gamma_2' = \gamma_2$.
Daraus folgt: $\gamma_1 = \gamma_2' - \alpha' = \gamma_2 - \alpha$
Beim Heben des Kranarms um den Winkel α wird der Winkel γ um die Winkelgröße von α kleiner, beim Senken des Kranarms wird der Winkel γ um die Winkelgröße von α größer.

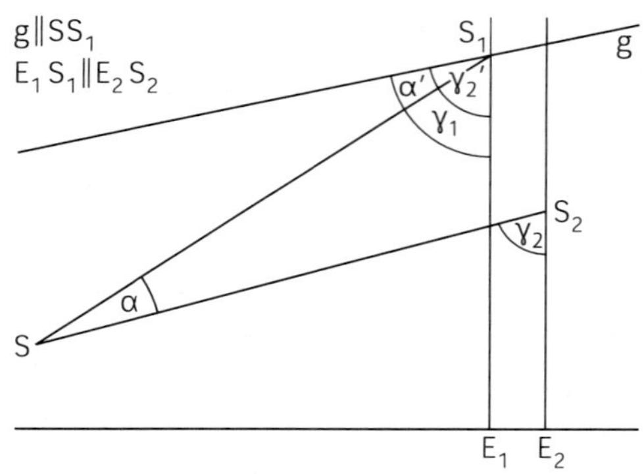

Seite 135
Das kann ich noch!

A Beispiele:

1) $\frac{4}{8} = \frac{1}{2}$ 2) $\frac{3}{9} = \frac{1}{3}$ 3) $\frac{1}{4}$ 4) $\frac{3}{30} = \frac{1}{10}$, denn $\frac{1}{15} = \frac{2}{30}$ und $\frac{2}{15} = \frac{4}{30}$

B $\frac{1}{4}; \frac{2}{8}; \frac{3}{12}$, denn $\frac{1}{4} = \frac{2}{8} = \frac{3}{12}$ $\frac{10}{6}; \frac{5}{3}$, denn $\frac{10}{6} = \frac{5}{3}$ $\frac{8}{12}; \frac{2}{3}; \frac{4}{6}$, denn $\frac{8}{12} = \frac{2}{3} = \frac{4}{6}$

Die Punkte zu $\frac{4}{3}$ bzw. $\frac{15}{12}$ bzw. $\frac{9}{12}$ gehören jeweils zu keinem anderen Bruch.

3.6 Achsensymmetrie und Geradenspiegelung

Seite 136
Einstieg

Wenn man das Bild an der roten Linie faltet, liegen die Hälften genau aufeinander.

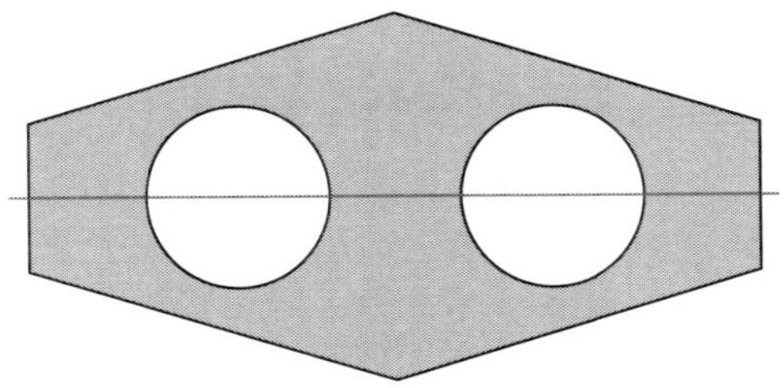

Seite 137
Üben

1 (1) Die Flagge von Jamaika hat zwei Spiegelachsen (siehe Bild).
(2) Die Flagge von Schweden hat eine Spiegelachse (siehe Bild).
(3) Die Flagge von Tansania hat keine Spiegelachsen.
(4) Die Flagge von Thailand hat zwei Spiegelachsen (siehe Bild).

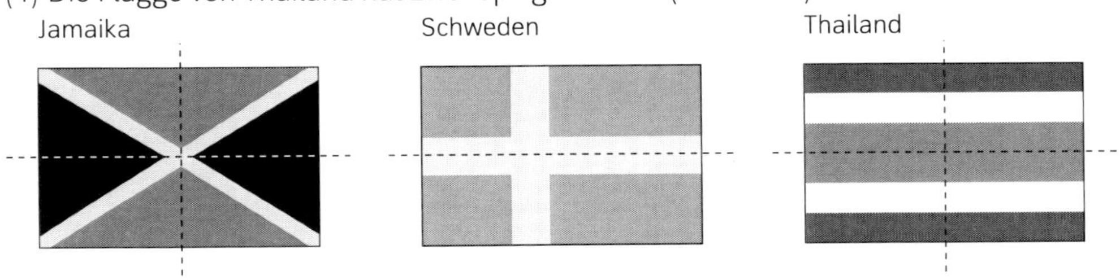

2 **a)** Die Figur ist achsensymmetrisch. Die Punkte A und D liegen auf der Symmetrieachse. Paare von Punkten, die aufeinander abgebildet werden: B und F; C und E.
b) Die Figur ist nicht achsensymmetrisch.

Seite 137

3

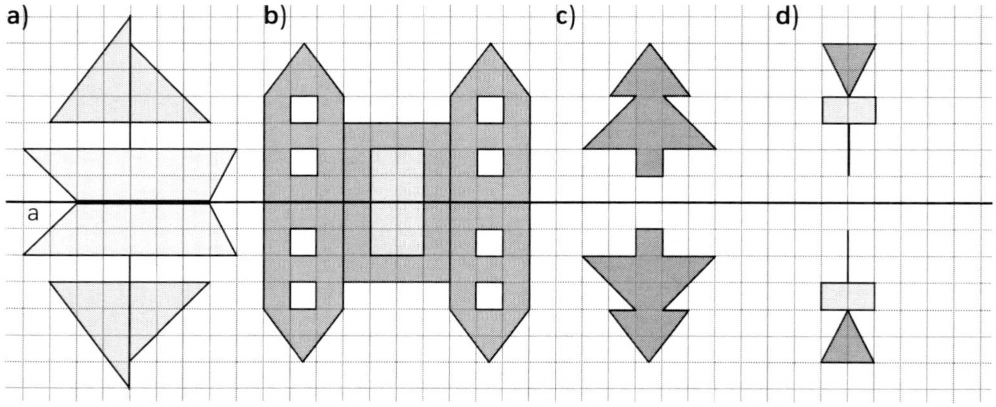

Seite 138

4

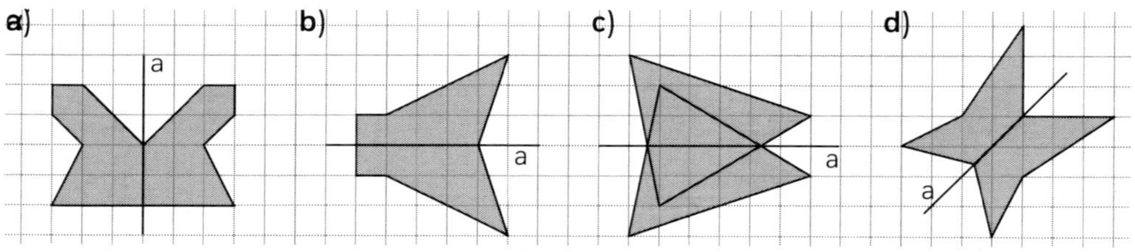

5

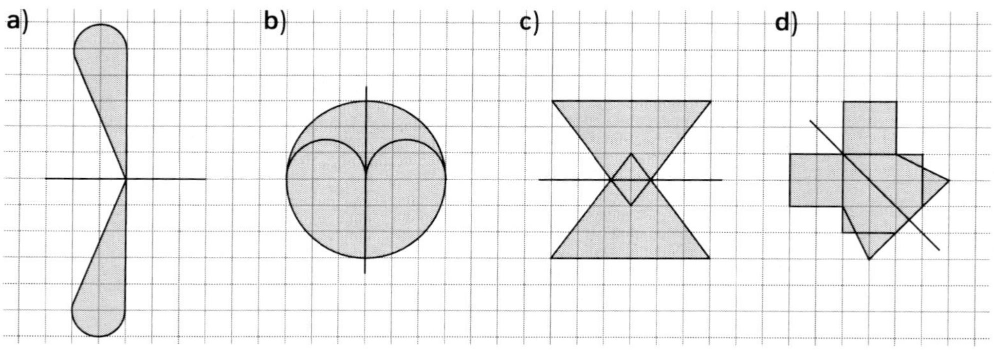

6 a)

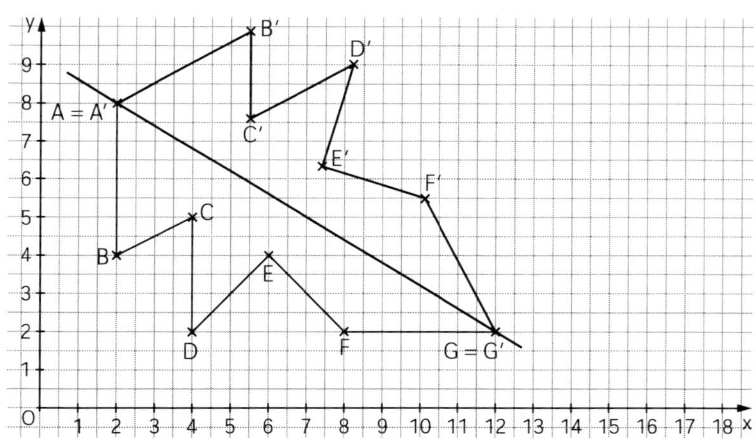

Seite 138

6 b)

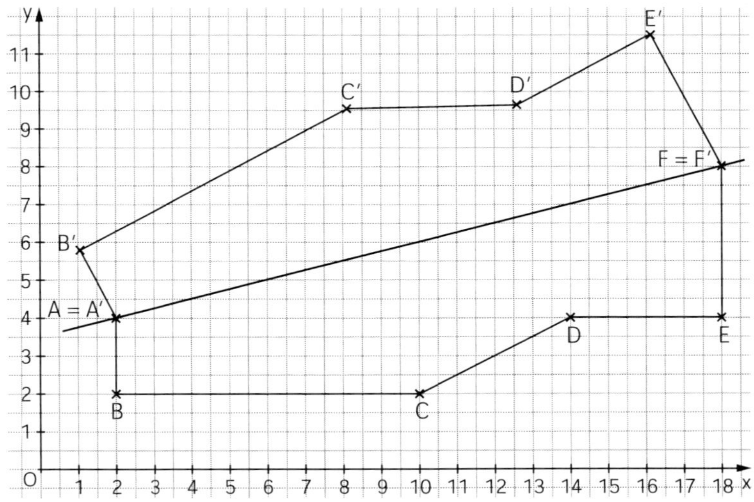

c)

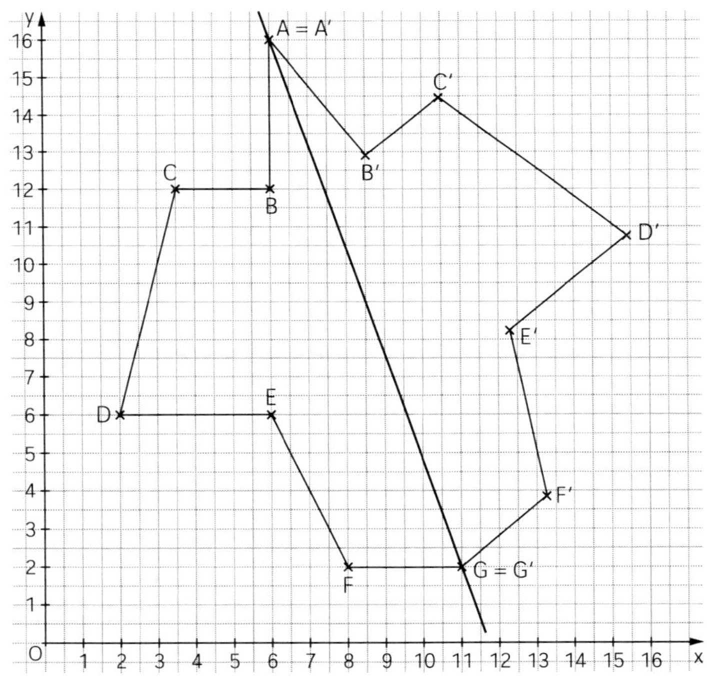

Seite 138

6 d)

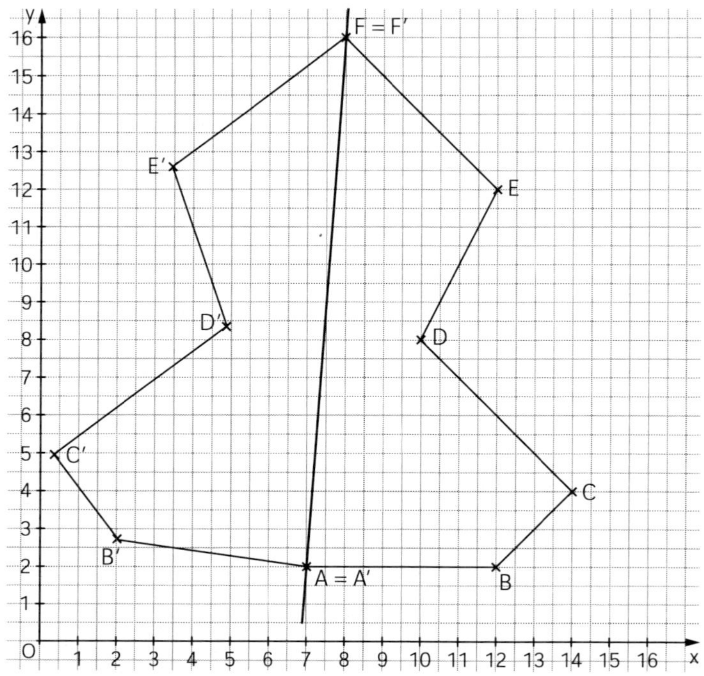

e)

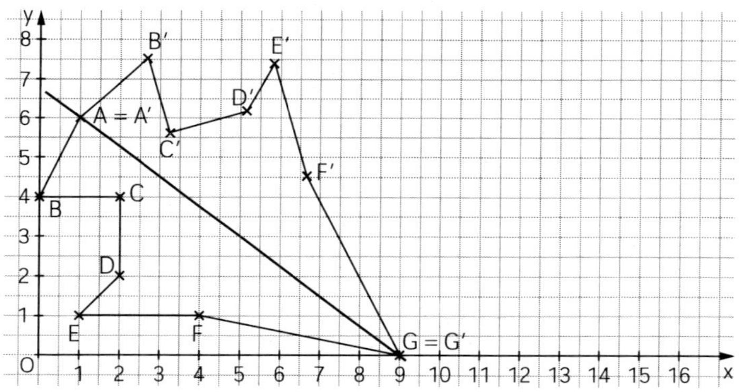

f)

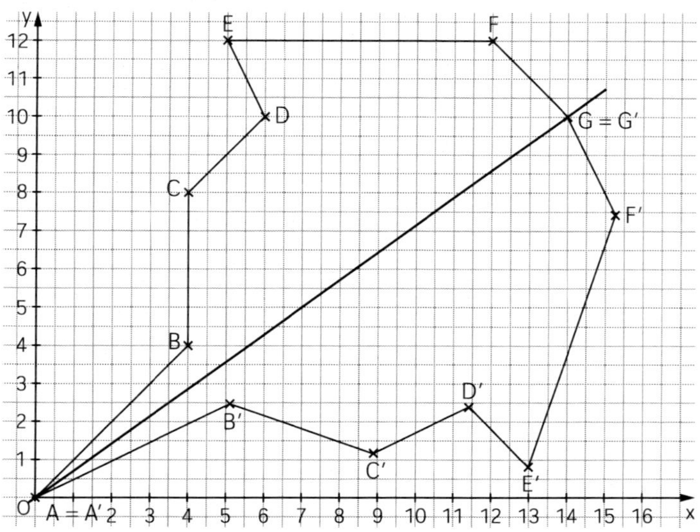

Seite 138

7 Keine Lösungen

Eigenschaften der Geradenspiegelung

Seite 139

8 **a)** Die Zeiger laufen im Spiegelbild linksherum.
b) Jans Zeichnung: Der eine Handschuh ist größer als der andere. Die beiden Handschuhe passen nicht genau aufeinander.
Felines Zeichnung: Der Winkel zwischen den beiden Scherenklingen ist unterschiedlich groß.

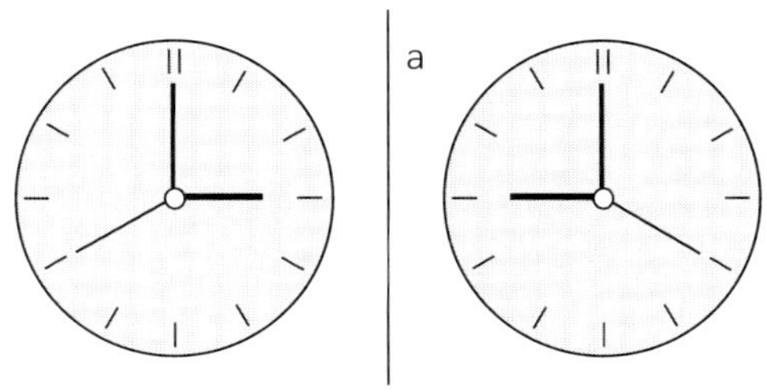

9 Keine Lösungen

Weiterüben

10 Die Fehler sind hier markiert. Teilweise sind es auch unterschiedliche Farben.

a)
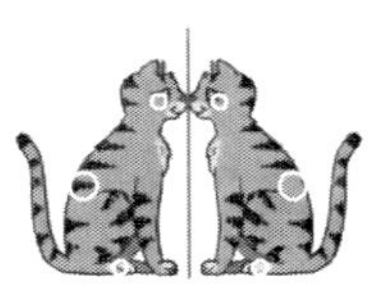

b)
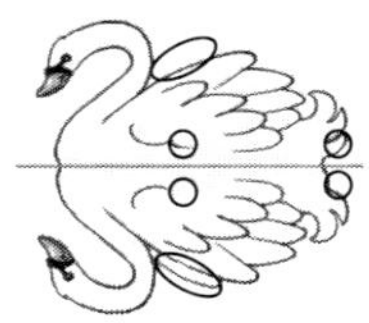

c)
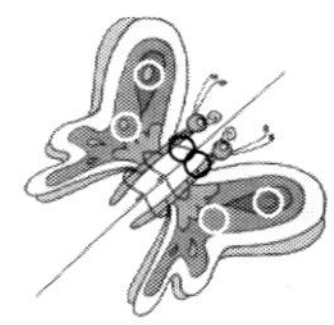

d)

3.7 Punktsymmetrie und Punktspiegelung

Seite 140
Einstieg

Die Karten kommen bei einer halben Drehung mit sich zur Deckung. Sie sind punktsymmetrisch zum Mittelpunkt der Karten (siehe Information auf Seite 94 des Schülerbandes).

Seite 141
Üben

1 **a)** Die Figur ist nicht punktsymmetrisch, da die Farben unterschiedlich sind. Wenn man die Farben nicht berücksichtigt, ist die Figur punktsymmetrisch.
b) Die Figur ist nicht punktsymmetrisch. Der runde Punkt hat keinen zugehörigen Bildpunkt. Das S ohne Punkt darüber wäre punktsymmetrisch.
c) Die Figur ist punktsymmetrisch.
d) Die Figur ist nicht punktsymmetrisch, da die Farben unterschiedlich sind. Wenn man die Farben nicht berücksichtigt, ist die Figur punktsymmetrisch.

Seite 141

2 **a)** Figur (4) ist nicht punktsymmetrisch, da entsprechende Seiten nicht gleich lang sind. Die anderen Figuren sind punktsymmetrisch (siehe Bild).

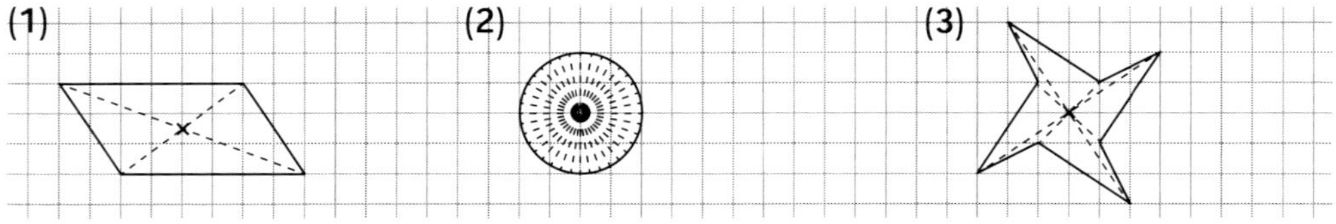

b) Nur der Kreis ist achsensymmetrisch. Er ist achsensymmetrisch zu jeder beliebigen Geraden, die durch den Mittelpunkt des Kreises geht;

3 **a)** Achsensymmetrisch sind Karo Ass, Karo 8 und Herz 8. Die anderen Karten sind nicht achsensymmetrisch, da die Kartenbezeichnungen 7, 9 und Q nicht symmetrisch sind.
Punktsymmetrisch sind Karo Ass, Karo 8 und Kreuz Dame. Herz 8 ist nicht punktsymmetrisch, da die beiden äußeren mittleren Herzen kein punktsmmetrisches Bild voneinander sind. Pik 7 ist nicht punktsymmetrisch, da die Figur in der Mitte keinen Bildpunkt besitzt. Kreuz 9 ist nicht punktsymmetrisch, da das Blatt in der Mitte nicht symmetrisch zum Symmetriepunkt ist.
b) Herz 8
c) Kreuz Dame
d) Pik 7 und Kreuz 9

4 Der Buchstabe H ist punktsymmetrisch und besitzt zwei Symmetrieachsen.
a) Achsensymmetrisch sind: A, B, C, D, E, H (zwei Achsen), I (zwei Achsen), K, M, O (zwei Achsen), T, U, V, W, X (zwei Achsen), Y.
Punktsymmetrisch sind: H, I, N, O, S, X, Z
b) (1) Beispiele: OTTO; ICH; EBBE (2) Beispiel: ONO (3) Beispiel: OHO

5

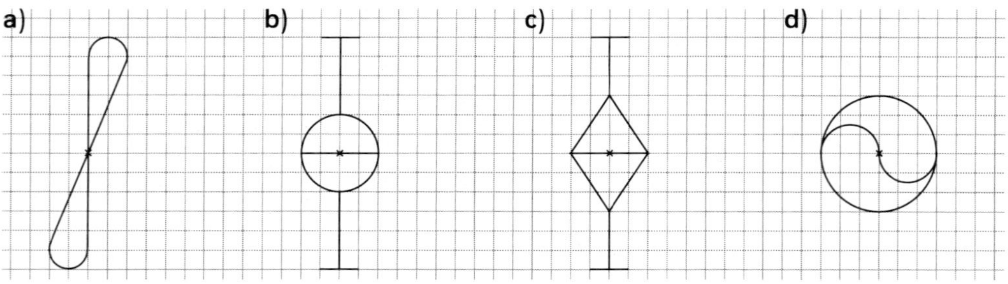

Seite 142

6 Die Fehler sind hier markiert. Teilweise sind es auch unterschiedliche Farben.

a)

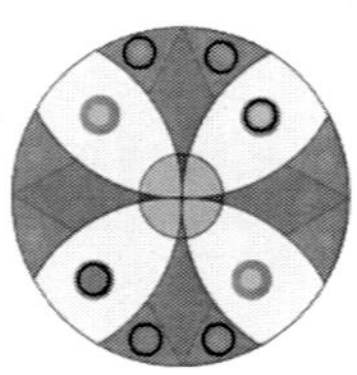

b)

c)

d)

Seite 142

7 Das Quadrat ist punktsymmetrisch zum Schnittpunkt der Diagonalen und achsensymmetrisch zu den beiden Diagonalen und zu den beiden Mittellinien.
Das Rechteck ist punktsymmetrisch zum Schnittpunkt der Diagonalen und achsensymmetrisch zu den beiden Mittellinien.
Die Raute ist punktsymmetrisch zum Schnittpunkt der Diagonalen und achsensymmetrisch zu den beiden Diagonalen.
Das Parallelogramm ist punktsymmetrisch zum Schnittpunkt der Diagonalen.

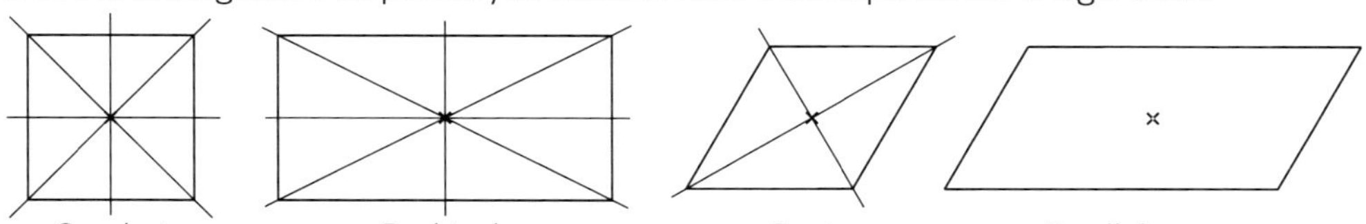
Quadrat Rechteck Raute Parallelogramm

Eigenschaften der Punktspiegelung

8 **a)** (1) Keine Punkspiegelung, da die Winkel α und α′ unterschiedlich groß sind.
(2) Keine Punkspiegelung, da die Strecken $\overline{AB}$ und $\overline{A'B'}$ unterschiedlich lang sind.
(3) Punktspiegelung, da das Dreieck A′B′C′ das Bild des Dreieck ABC ist. Das Spiegelzentrum ist der Schnittpunkt der drei Geraden AA′, BB′ und CC′.
(4) Keine Punktspiegelung, da sich der Umlaufsinn eines Dreiecks bei einer Punktspiegelung nicht ändert. Die Bildpunkte B′ und C′ sind vertauscht.
b) Bei einer Punktspiegelung ändert sich die Länge einer Strecke und die Größe eines Winkels auch nicht, aber auch der Umlaufsinn ändert sich nicht.

Seite 143

9 **a)**

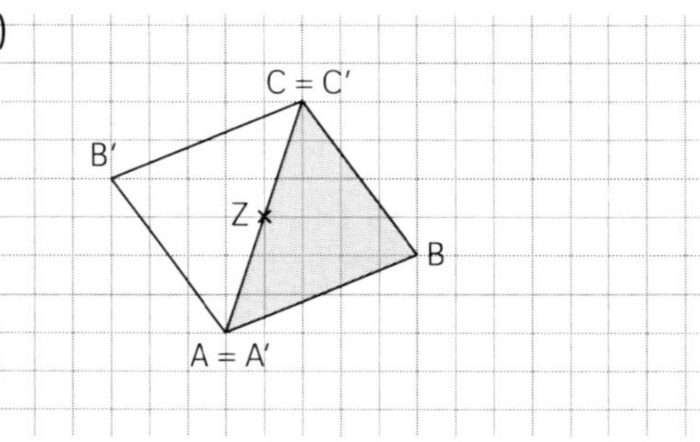

b)

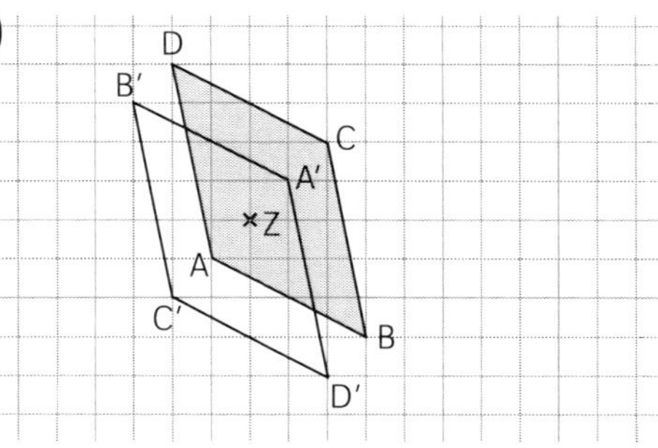

c)

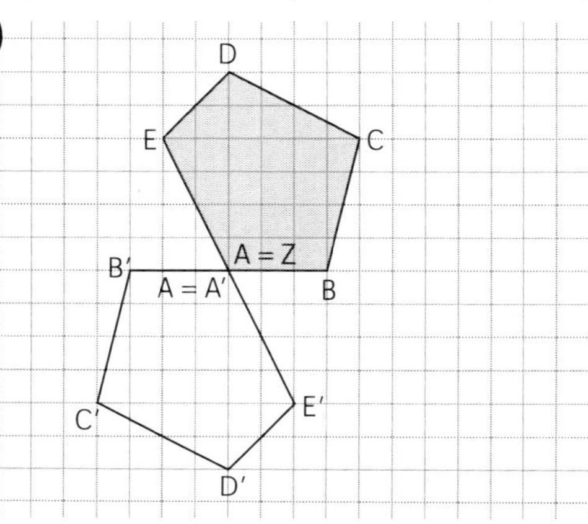

d)

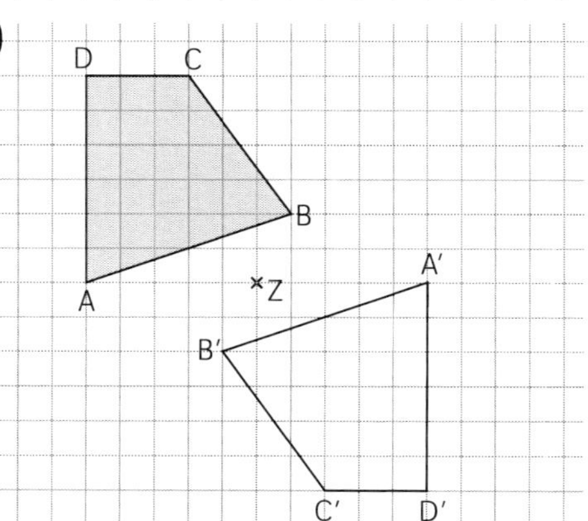

Seite 143

10

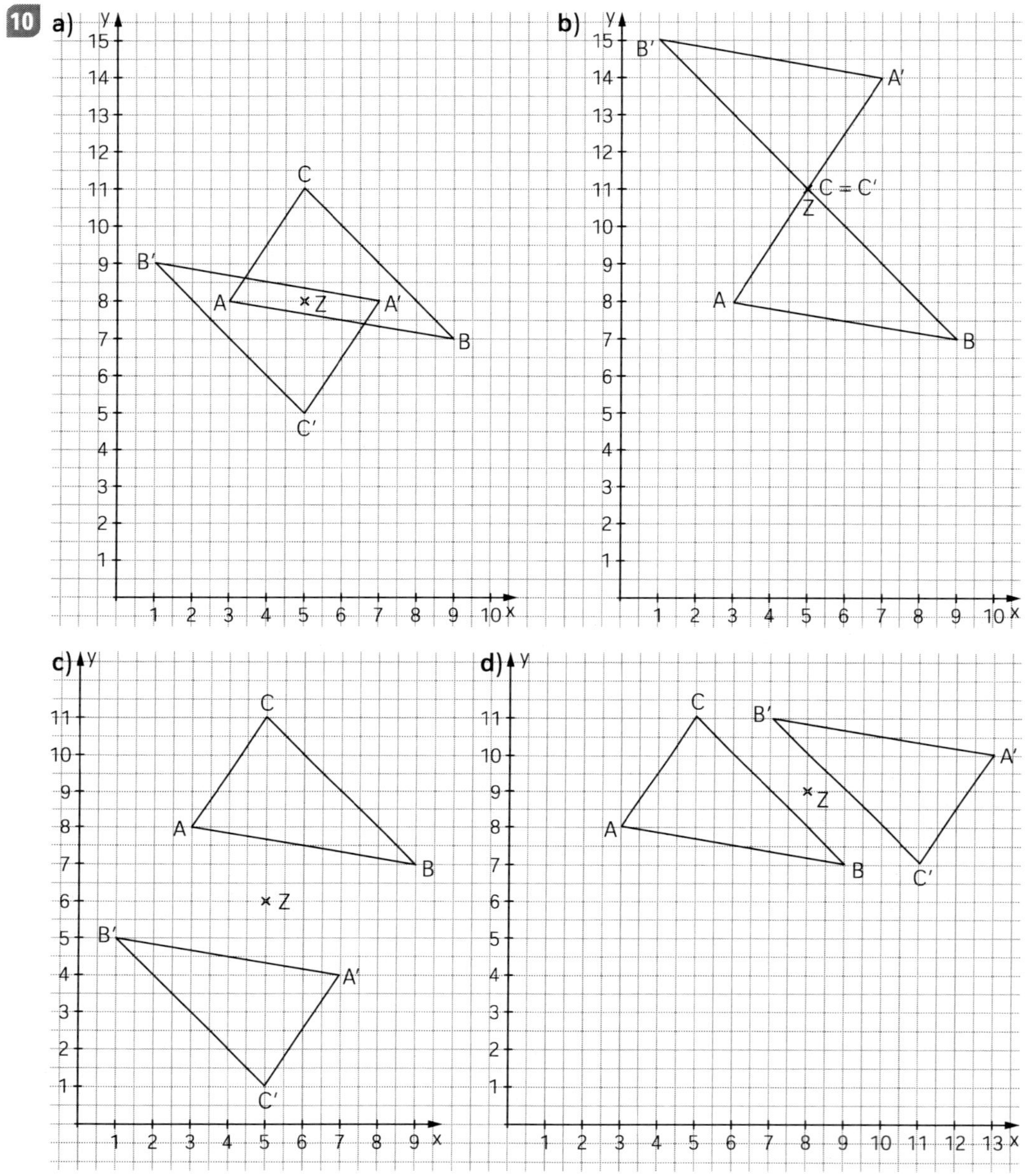

Seite 143

11

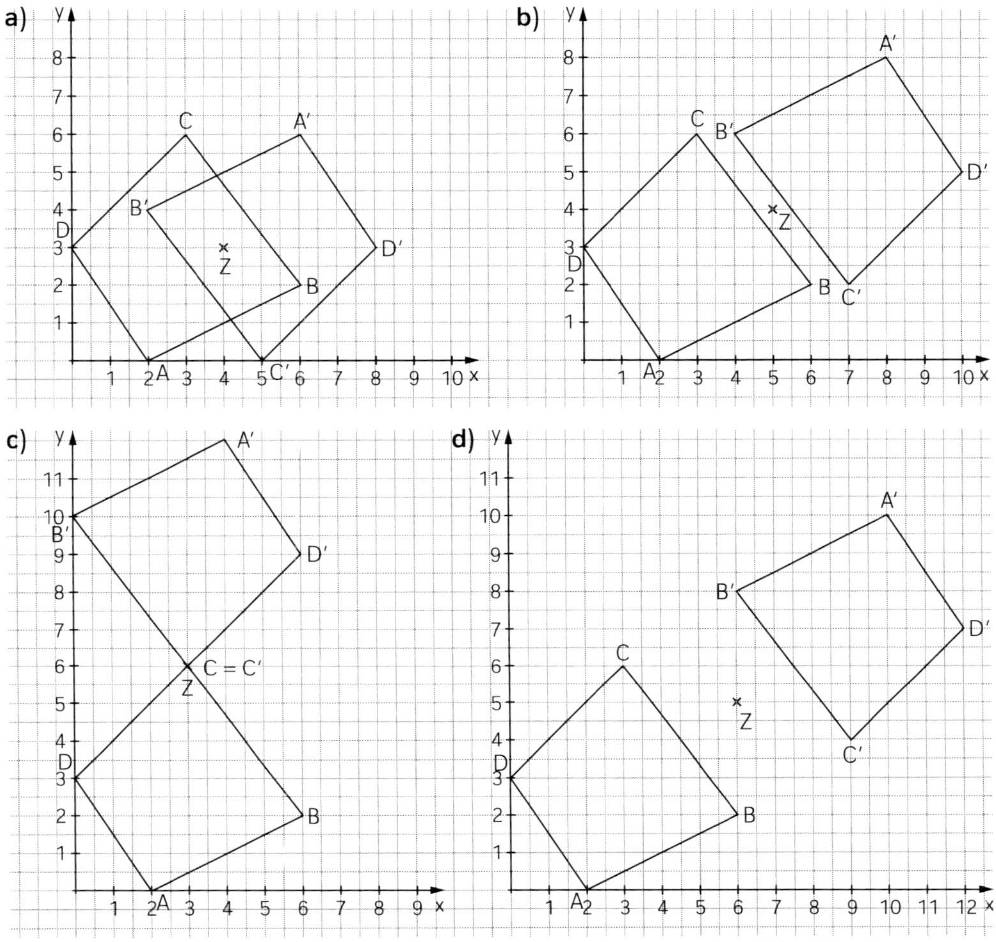

12 Da bei einer Punktspiegelung Strecke und Bildstrecke gleich lang sind, ist der Radius des Bildkreises auch gleich dem Radius des ursprünglichen Kreises, also r' = r. Man muss also nur den Mittelpunkt M' des Bildkreises bestimmen und dann den Bildkreis mit dem Radius r' zeichnen.

a) M'(5|6) **b)** M'(3|0) **c)** M'(9|4) **d)** M = M'; M'(5|4)

13 Die Lage des Bildvierecks ändert sich, nicht aber seine Form und seine Größe.

Seite 143
Weiterüben

14 Beispiele:

(1) Man verlängert die Seiten $\overline{AB}$ und $\overline{FE}$. So erhält man den Eckpunkt G des gesuchten Dreiecks AGF. Das Spiegelzentrum Z ist der Schnittpunkt der Geraden AD, EB und FC. Das Bild des Dreiecks FCG liegt innerhalb des Sechsecks.

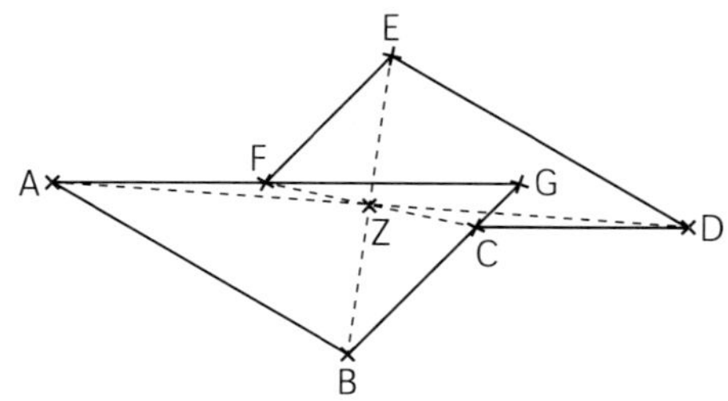

(2) Das Viereck ABCF ist das gesuchte Viereck. Das Spiegelzentrum Z liegt auf $\overline{CF}$ und halbiert diese Strecke.

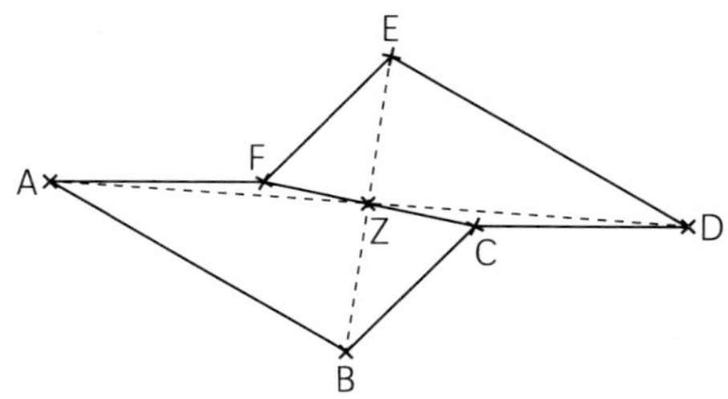

(3) Das Spiegelzentrum Z liegt auf $\overline{BE}$ und halbiert diese Strecke. Den 5. Eckpunkt H des Fünfecks muss man so legen, dass das Bild des Dreiecks ECH innerhalb des Sechsecks ABCDEF liegt.

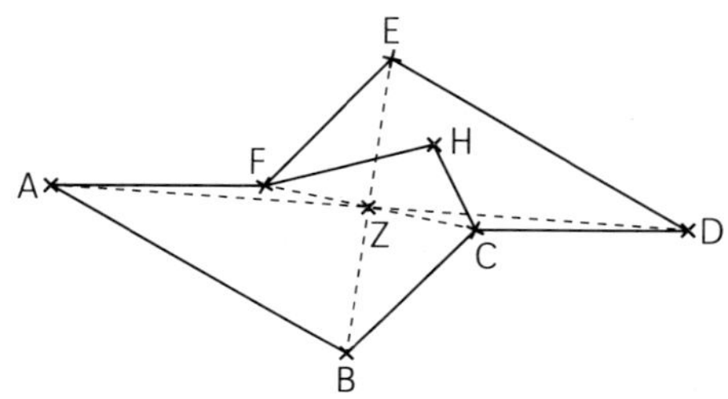

15 (1) Die Bildgerade g' ist parallel zu g. Z liegt zwischen g und g' und der Abstand von Z zu g' ist gleich dem Abstand von Z zu g.
(2) Die Gerade g wird auf sich abgebildet, $g = g'$.

3.8 Verschiebungen

Seite 144 Einstieg

Man kommt von einem Punkt zum entsprechenden Punkt, indem man 2 Karos nach rechts und 1 Karo nach oben geht.

Seite 145 Üben

1 **a)** Man kommt von einem Punkt zum entsprechenden Punkt, indem man 2 Karos nach rechts geht. Man muss dann die Figuren noch abwechselnd färben. Wenn man die Farben berücksichtigt, muss man 4 Karos nach rechts gehen.
b) Man kommt von einem Punkt zum entsprechenden Punkt, indem man 4 Karos nach rechts geht.
c) Man kommt von einem Punkt zum entsprechenden Punkt, indem man 3 Karos nach rechts und 1 Karo nach oben geht.
d) Man kommt von einem Punkt zum entsprechenden Punkt, indem man 4 Karos nach rechts geht.

2 Keine Lösungen

3 Man kann 4 Karos nach links oder nach rechts gehen. Man erhält aber jeweils das gleiche Ornament.

a)
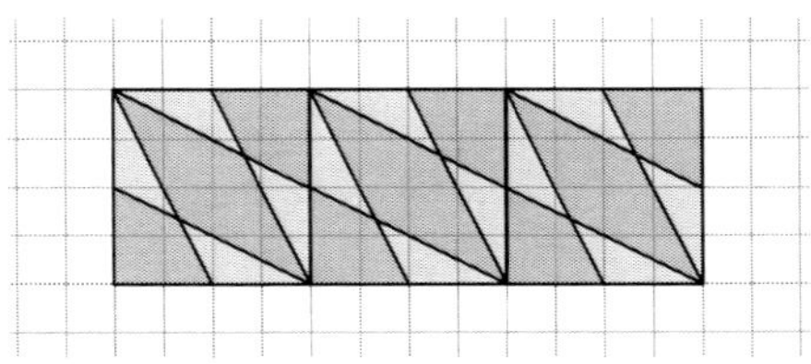

b)
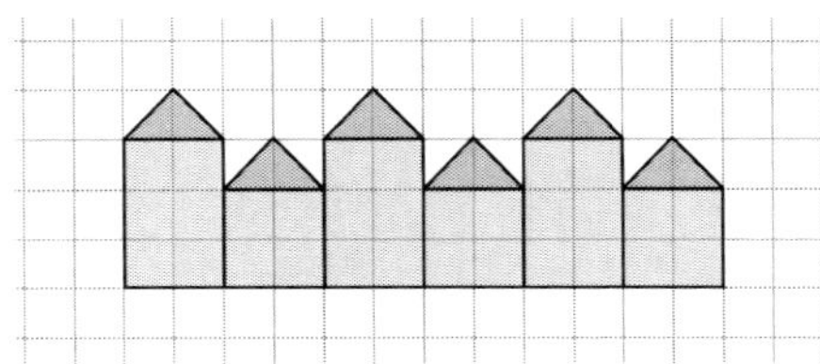

c)
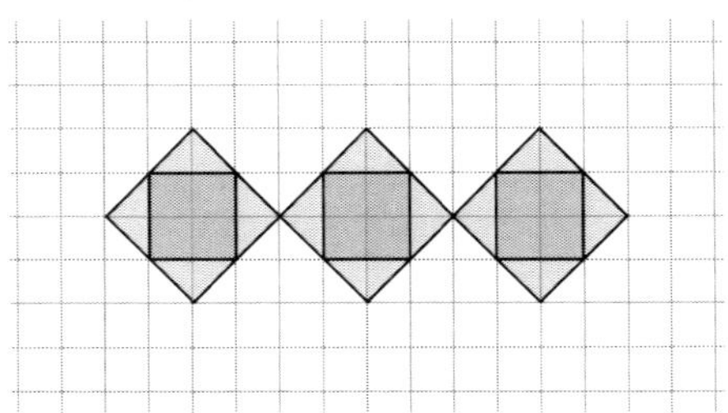

d)
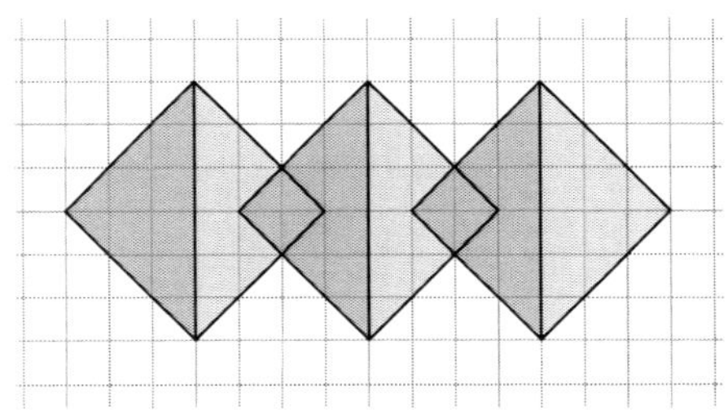

4 **a)**
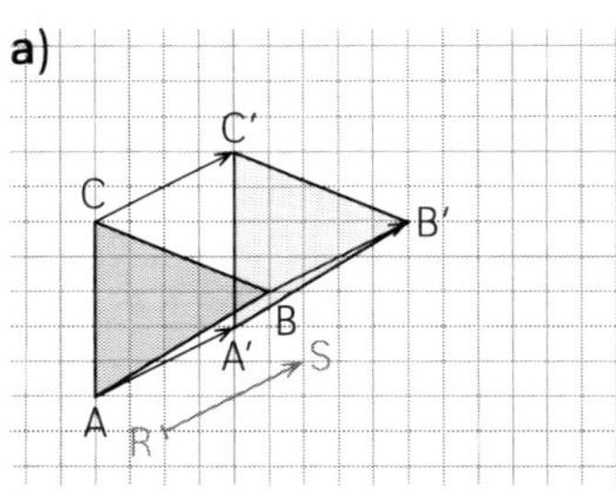

b)
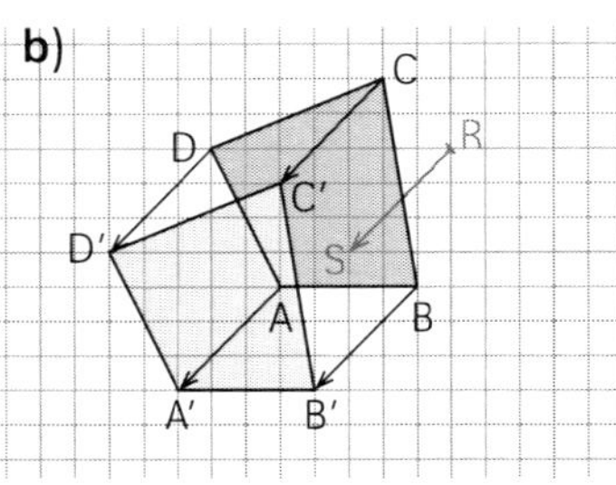

c)
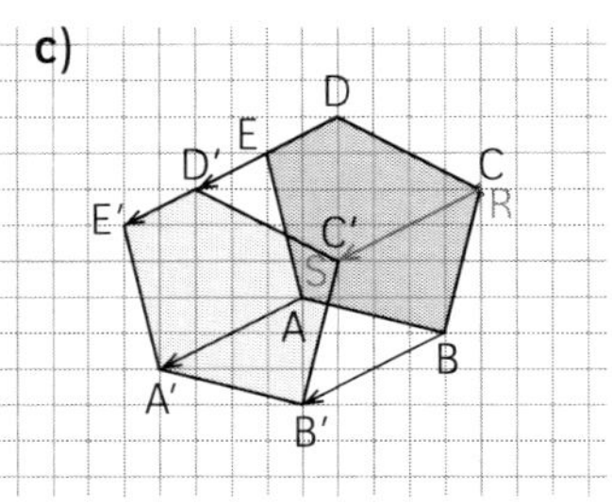

Seite 145

5 a)

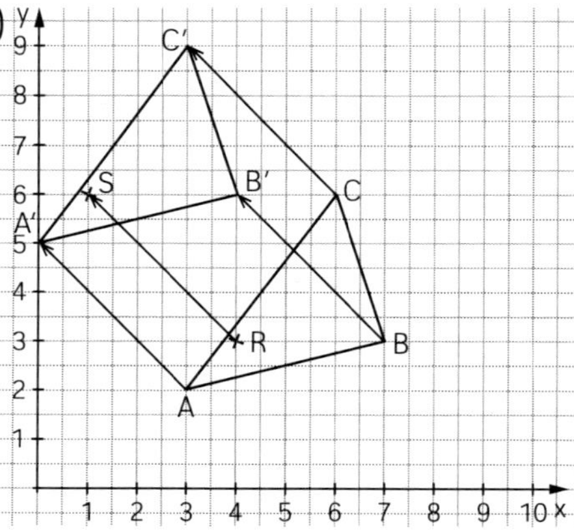

b)

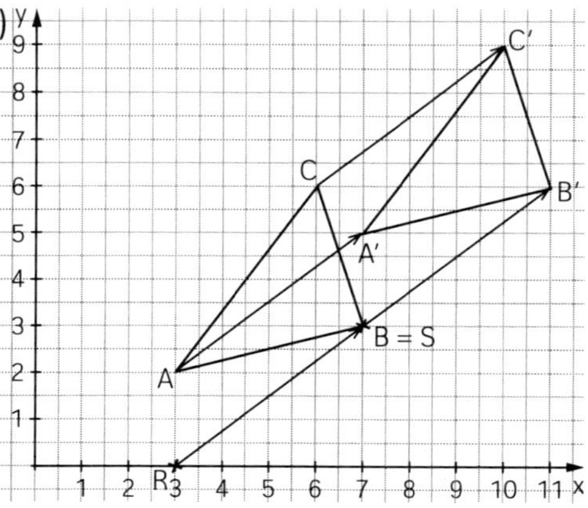

Eigenschaften der Verschiebung

Seite 146

6 **a)** (1) Keine Verschiebung, denn die Winkel α und α′ sind nicht gleich groß.
(2) Keine Verschiebung, denn die Radien von Kreis und Bildkreis sind verschieden.
(3) Keine Verschiebung, denn Dreieck ABC und Dreieck A′B′C′ haben verschiedenen Umlaufsinn. Die Bildpunkte A′ und B′ sind vertauscht.
(4) Viereck A′B′C′D′ ist das Bild von ABCD bei einer Verschiebung. Der Verschiebungspfeil geht zum Beispiel von A nach A′.
b) Bei einer Verschiebung ändert sich die Länge einer Strecke und die Größe eines Winkels auch nicht, aber auch der Umlaufsinn ändert sich nicht. (Siehe auch Information im Schülerband auf Seite 100.)

7 **a)** B′(9 | 2), C′(4 | 8)

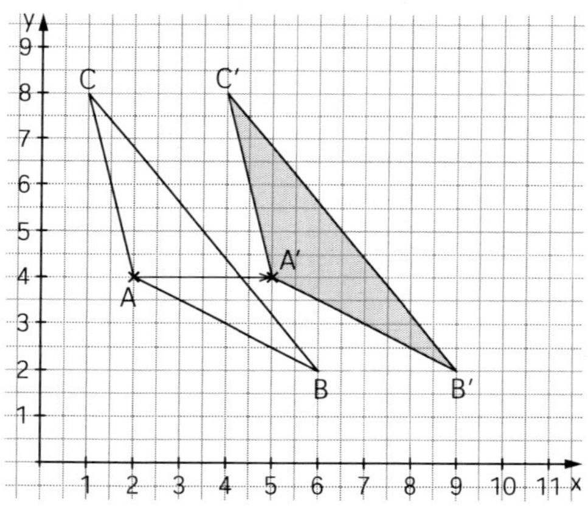

b) B′(7 | 3), C′(2 | 9)

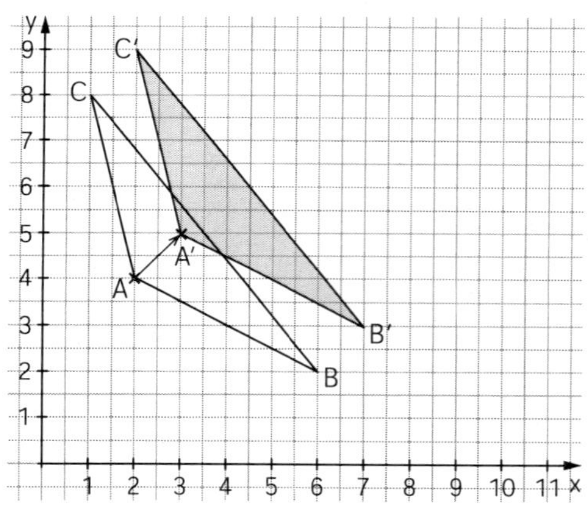

Seite 146

7 **c)** B′(10|1), C′(5|7)

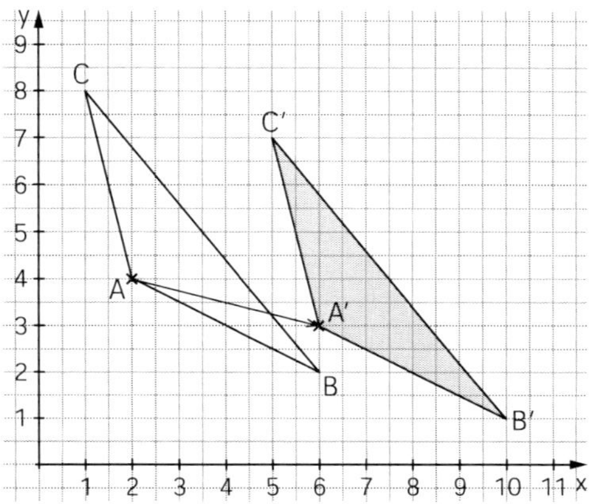

d) B′(5|0), C′(0|6)

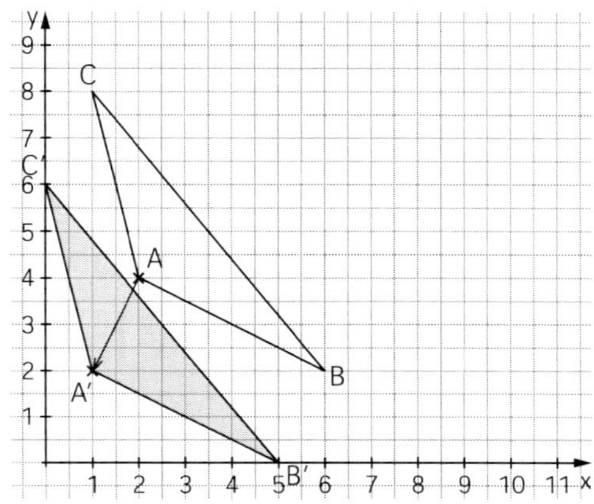

8 **a)** Verschiebung um 4 nach rechts und 1 nach oben.
b) Keine Verschiebung, denn C wird nicht verschoben und D wird um 2 nach rechts und 2 nach oben verschoben.
c) Keine Verschiebung, denn B wird um 1 nach rechts verschoben und D wird um 4 nach rechts verschoben.
d) Keine Verschiebung, denn A wird um 2 nach oben verschoben und C wird um 2 nach links verschoben.

9 Druckfehler in der 1. und 2. Auflage: E(5|10).
a) Man muss zur x-Koordinate eines Punktes 5 addieren um die x-Koordinate des Bildpunktes zu erhalten. Von der y-Koordinate muss man 3 subtrahieren.
A′(9|5), B′(9|2), C′(12|1), D′(12|4), E′(10|7)
b) Man muss zur x-Koordinate eines Punktes 1 addieren um die x-Koordinate des Bildpunktes zu erhalten. Von der y- Koordinate muss man 2 subtrahieren.
A′(5|6), B′(5|3), C′(8|2), D′(8|5), E′(6|8)
c) Man muss zur x-Koordinate eines Punktes 3 addieren um die x-Koordinate des Bildpunktes zu erhalten. Zur y-Koordinate muss man 3 addieren.
A′(7|11), B′(7|8), C′(10|7), D′(10|10), E′(8|13)
d) Man muss zur x-Koordinate eines Punktes 5 addieren um die x-Koordinate des Bildpunktes zu erhalten. Zur y-Koordinate muss man 2 addieren.
A′(9|10), B′(9|7), C′(12|6), D′(12|9), E′(10|12)

4. Rechtecke und Quader

Seite 151
Einstiegsseite

Auf 1 m Länge passen genau 2 quadratische Platten. An die 4 m lange Zimmerseite passen also 8 quadratische Platten. An die 3 m lange Zimmerseite passen 6 quadratische Platten. Insgesamt liegen also 8 Platten in einer Reihe und davon passen 6 Reihen aneinander. Das sind dann $8 \cdot 6 = 48$ quadratische Platten.

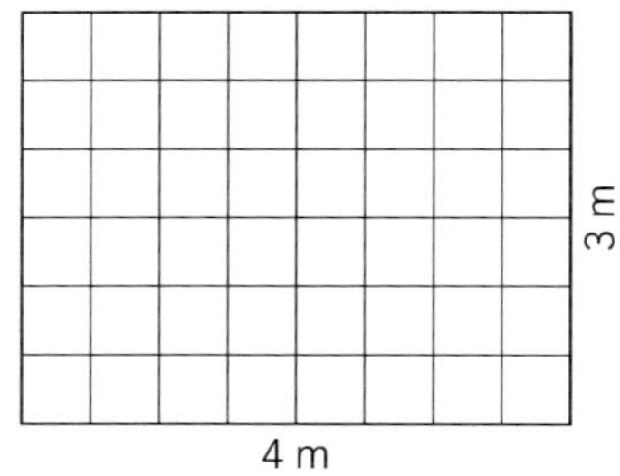

4.1 Größenvergleich von Flächen

Seite 152
Einstieg

Man kann zum Beispiel das 80 cm lange Stück in der Mitte zerschneiden und dann die beiden Stücke wie im Bild zusammenlegen.

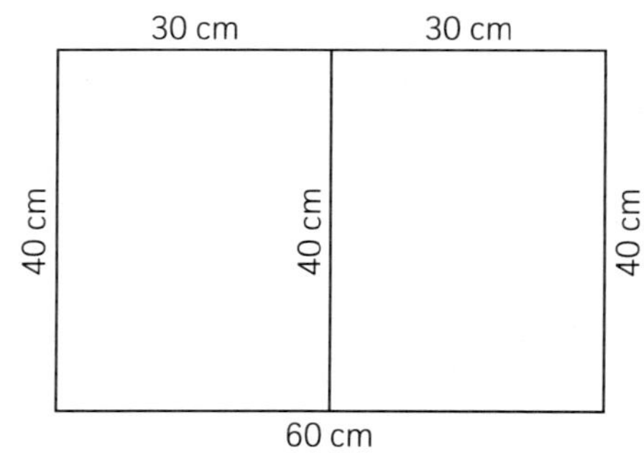

Seite 153
Üben

1 **a)** Figur (1) hat die zwei Teilflächen 1 und 3 mehr, ist also größer.

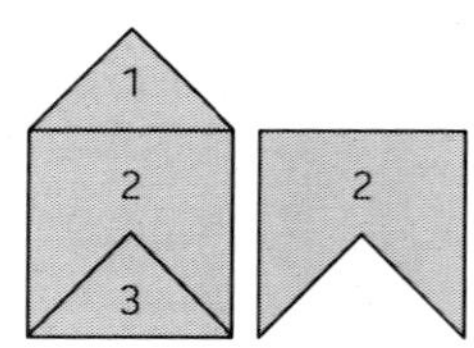

b) Die Figuren stimmen in ihren Teilflächen überein, sind also gleich groß.

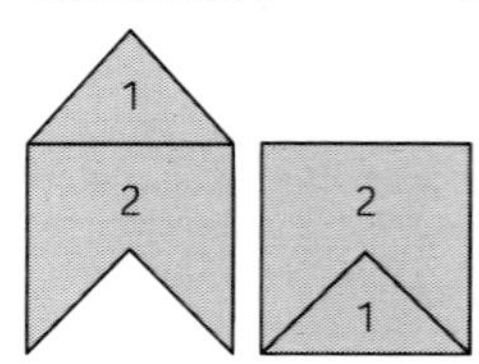

c) Figur (2) hat die Teilfläche 4 mehr, ist also größer.

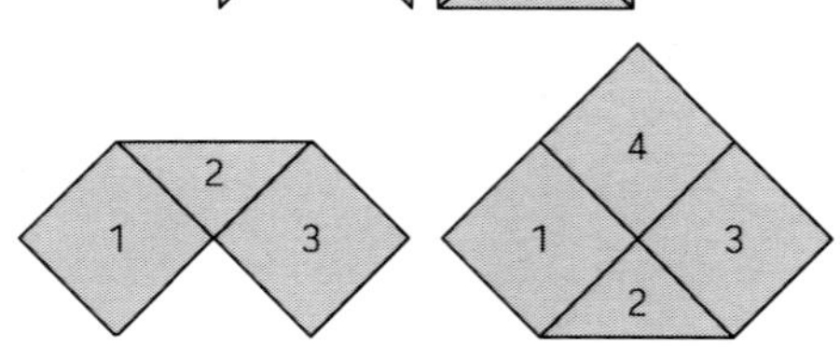

Seite 153

2 Die vier hellblauen Dreiecke passen genau auf die vier dunkelblauen Dreiecke im Rechteck. Die Quadrate ABCD und CEFD sind gleich groß, da sie beide die Seitenlänge |CD| haben. Die Dreiecke sind halb so groß wie diese Quadrate.

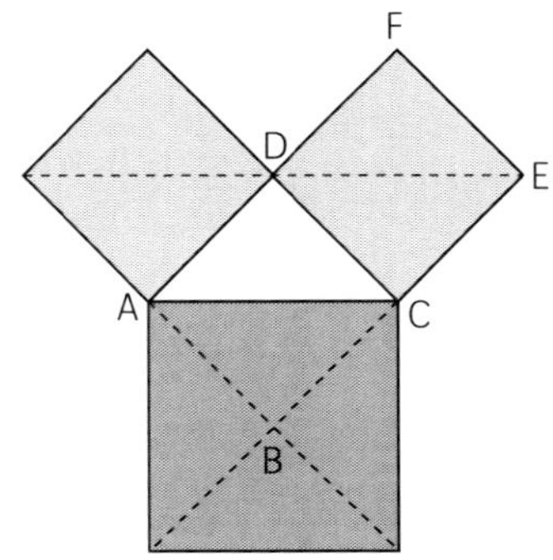

3 **a)** Die beiden Figuren haben denselben Flächeninhalt. Bei Figur 2 kann man rechts ein 2 cm langes Stück abtrennen und unten anlegen.
Figur 1 hat den Umfang U = 12 cm und Figur 2 den Umfang U = 16 cm.

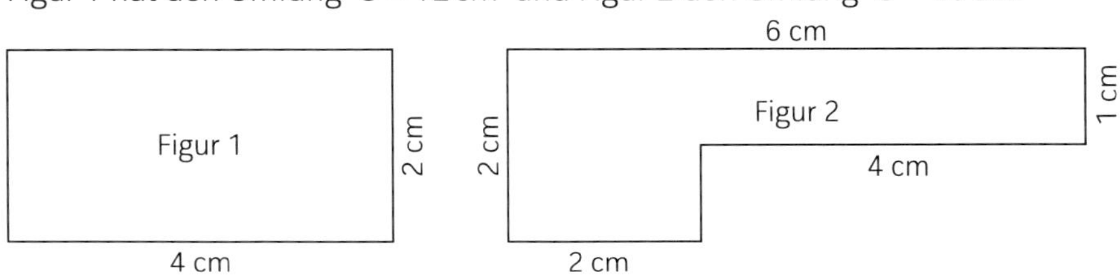

b) Die beiden Figuren haben denselben Flächeninhalt.
Bei Figur 1 kann man rechts ein 1 cm langes Stück abtrennen und unten anlegen.

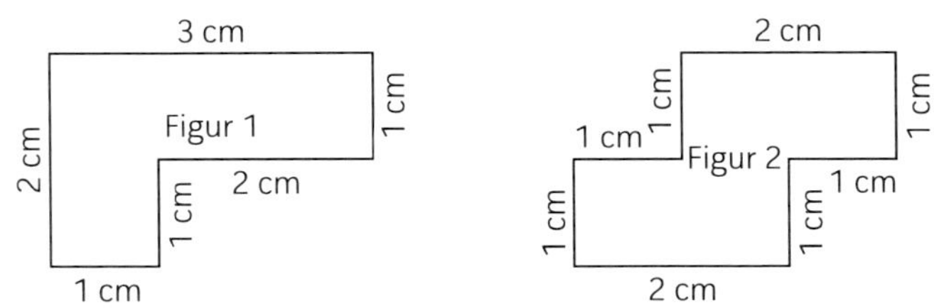

Man erhält ein Quadrat mit der Seitenlänge 2 cm.
Bei Figur 2 kann man rechts ein 1 cm langes Stück abtrennen und oben links anlegen.
Man erhält ein Quadrat mit der Seitenlänge 2 cm.
Beide Figuren haben den Umfang U = 10 cm.

4 Man kann die Figur M so zerlegen, dass man es zu einem genauso großen Rechteck wie Figur L zusammenlegen kann (siehe Bild). Man legt Figur 1 auf Figur 3 und Figur 2 auf Figur 4.

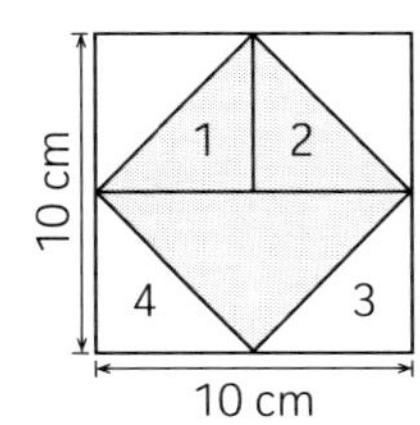

5 Die erste Fliese kann man in die Teilfiguren 1, 2 und 3 zerlegen, die zweite Fliese in die Teilfiguren 1 und 2. Die erste Fliese hat die Teilfigur 3 mehr, ist also größer.

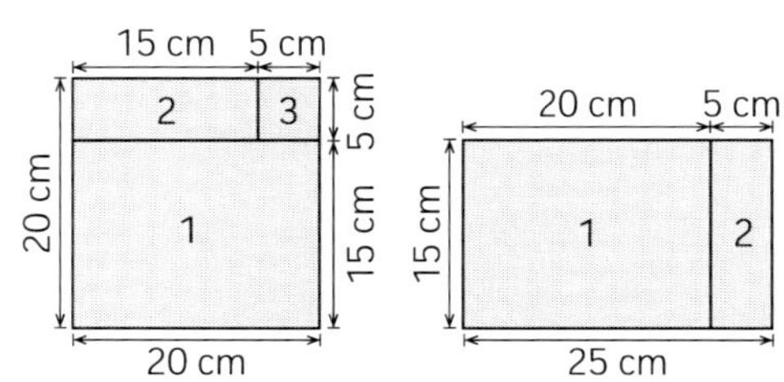

Seite 153 Das kann ich noch!

A 1) 5,65 m + 25 cm = 565 cm + 25 cm = 590 cm = 5,90 m
Situation: Eine Terrasse ist 5.65 m breit. An einer Seite ist eine 25 cm breite Mauer. Wie breit ist die Terrasse einschließlich Mauer?
Antwort: Die Terrasse einschließlich Mauer ist 5,90 m breit.
2) 12 kg : 500 g = 12 000 g : 500 g = 24
Situation: 12 kg Kaffee werden in 500-g-Tüten verpackt. Wie viele Tüten erhält man?
Antwort: Man erhält 24 Tüten Kaffee zu je 500 g.
3) 45 min · 6 = 270 min = 4 h 30 min
Situation: Eine Schulstunde dauert 45 Minuten. Wie lange dauert der Unterricht mit 6 Schulstunden (ohne Pausen)?
Antwort: Der Unterricht dauert 4 h 30 min.
4) 12 t – 3 500 kg = 12 000 kg – 3 500 kg = 8 500 kg = 8,5 t
Situation: Ein Futtermittelhändler hat 12 t Futtermittel auf seinem Lkw. 3 500 kg werden bei dem ersten Kunden abgeladen. Wie viel t Futtermittel sind dann noch auf dem Lkw?
Antwort: Auf dem Lkw sind dann noch 8,5 t Futtermittel.

Seite 154

6 **a)** Das Zerlegen und Zusammensetzen der Figuren ergibt: Die Rasenstücke A und B sind gleich groß. Man kann sie aus den Teilen 1 und 2 zusammensetzen (linkes Bild).
Die Rasengrundstücke A und C sind nicht gleich groß. A besteht aus den Teilen 1 bis 4, C aber nur aus den Teilen 1 bis 3 (mittleres Bild). A ist größer als C.
Die Rasengrundstücke A und D sind gleich groß. Man kann sie aus den Teilen 1 und 2 zusammensetzen (rechtes Bild).
Die Rasenstücke A, B und D sind gleich groß. Rasenstück C ist kleiner. Für A, B und D benötigt man also gleich viel Rasensamen, für C etwas weniger.

A und B:

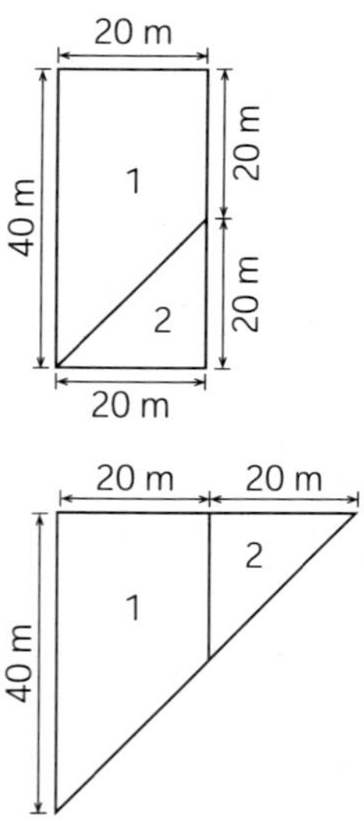

A und C:

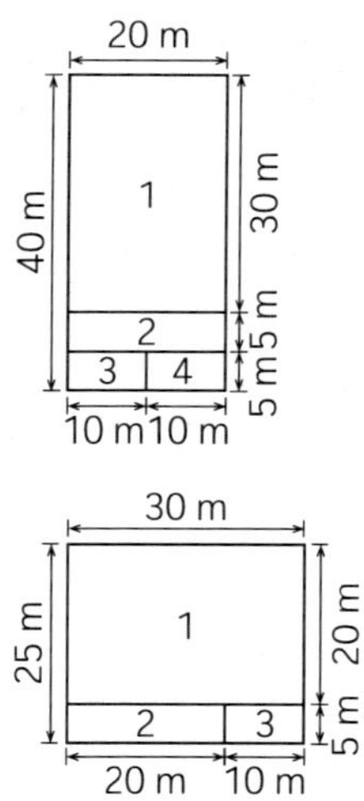

A und D:

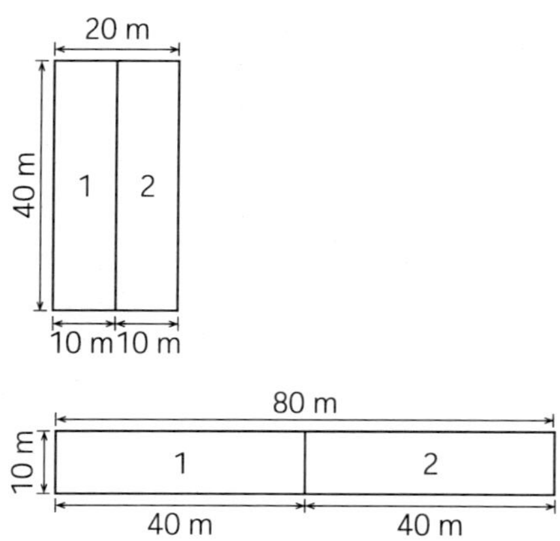

Seite 154

6 **b)** Umfang Rasenstück A: $U_A = 2 \cdot 40\,m + 2 \cdot 20\,m = 120\,m$
Umfang Rasenstück D: $U_D = 2 \cdot 80\,m + 2 \cdot 10\,m = 180\,m$
Rasenstück D hat zwar einen größeren Umfang als Rasenstück A, aber beide haben denselben Flächeninhalt, sind also gleich groß.
Die Überlegung von Lukas ist falsch.

Vergleich durch Auslegen mit gleichen Flächen

7 **a)** Keine Lösungen
b) Man kann zum Beispiel kleinere Hefte bzw. Zettel von einem Zettelblock nehmen.
c) Keine Lösungen

8 **a)**

A: 4 KG	B: 13 KG	C: 12 KG	D: 4 KG
E: 8 KG	F: 8 KG	G: 8 KG	H: 8 KG
I: 9 KG	K: 12 KG	L: 4 KG	M: 12 KG
N: 4 KG			

b)

A: 8 KL	B: 16 KL	C: 14 KL	D: 10 KL
E: 12 KL	F: 12 KL	G: 18 KL	H: 14 KL
I: 20 KL	K: 16 KL	L: 10 KL	M: 16 KL
N: 10 KL			

c) A und D; A und L; A und N; C und K; C und M; E und G; E und H; F und G; F und H; G und H
d) B und K; B und M; C und H

Weiterüben

9 Man zerlegt das Quadrat durch die Diagonale und legt vier der entstandenen Dreiecke zu einem neuen Quadrat zusammen. Das neue Quadrat ist doppelt so groß und die Seitenlänge ist gleich der Länge der Diagonalen im kleinen Quadrat.

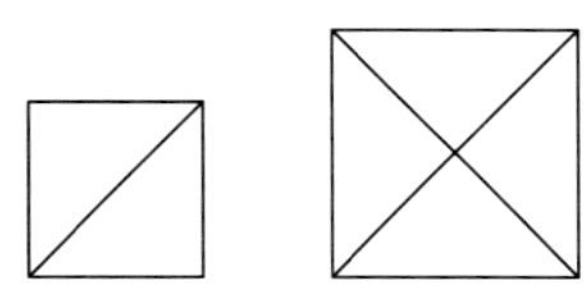

4.2 Flächeninhaltseinheiten

Seite 155
Einstieg

Das Foto ist 6 cm breit und 3 cm hoch. Es passen 6 Quadrate der Seitenlänge 1 cm nebeneinander in ein Reihe und 3 Reihen davon übereinander. Das sind insgesamt $6 \cdot 3 = 18$ Quadrate.
Das Foto ist $18\,\text{cm}^2$ groß.

Seite 156
Üben

1

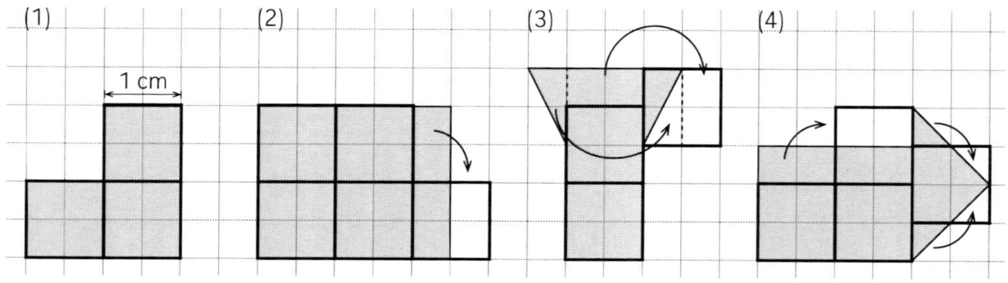

(1) Die Figur besteht aus 3 ganzen Zentimeterquadraten.
$A = 3\,\text{cm}^2$
(2) Die Figur besteht aus 4 ganzen Zentimeterquadraten und einem Streifen, den man zu einem Zentimeterquadrat zusammenlegen kann.
$A = 5\,\text{cm}^2$
(3) Die Figur besteht aus 2 ganzen Zentimeterquadraten. Es bleiben dann noch 2 Karokästchen und zwei Dreiecke übrig. Die zwei Dreiecke kann man zu zwei Karokästchen zusammenlegen. Die 4 Karokästchen ergeben zusammen $1\,\text{cm}^2$.
$A = 3\,\text{cm}^2$
(4) Die Figur besteht aus 2 ganzen Zentimeterquadraten und zwei Rechtecken mit 2 Karokästchen, die man zu einem weiteren Zentimeterquadrat zusammenlegen kann. Die restliche Figur rechts kann man mit den 2 kleinen Dreiecken auch zu einem Zentimeterquadrat zusammenlegen.
$A = 4\,\text{cm}^2$

2 Beispiele:

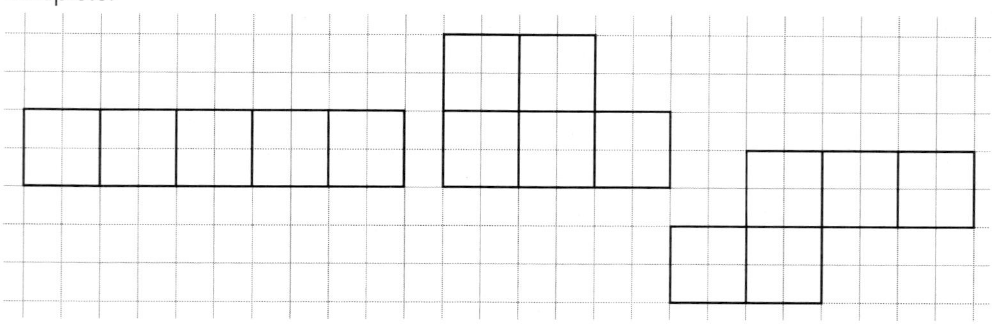

Seite 157

3 a)

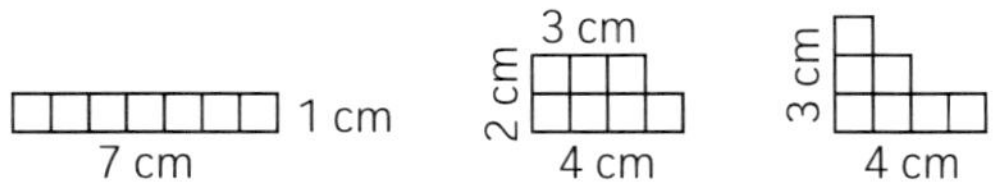

b)

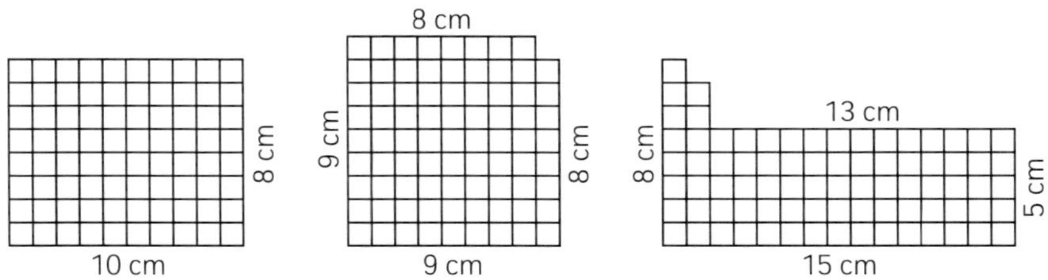

c)

d)

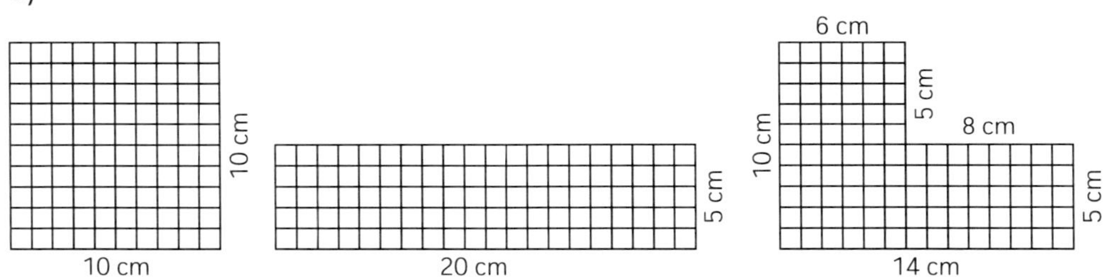

e)

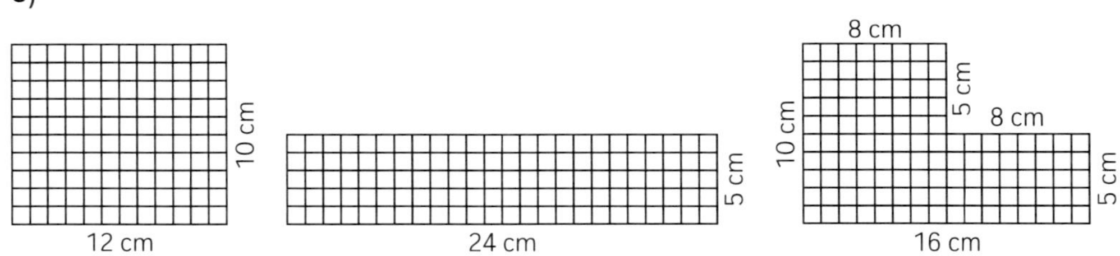

f)

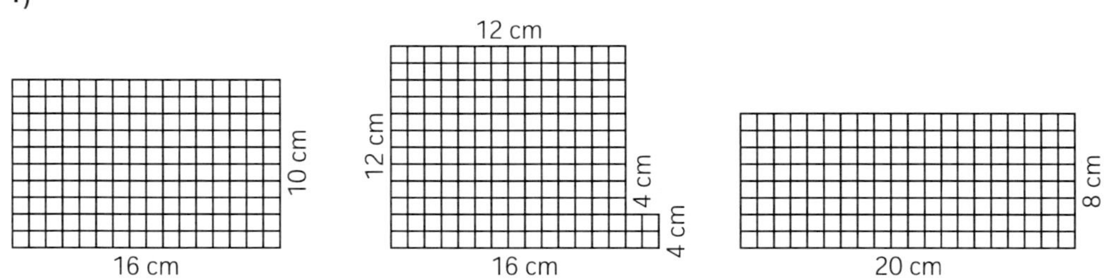

4 Beispiele:

a) Quadrat mit der Seitenlänge $a = 4\,cm$.

b) Rechteck mit den Seitenlängen $a = 8\,cm$ und $b = 2\,cm$.

c) Quadrat mit der Seitenlänge $a = 3\,cm$.

d) Rechteck mit den Seitenlängen $a = 5\,cm$ und $b = 1\,cm$.

Seite 157

5 a) Es sind 21 Quadrate mit der Seitenlänge 1 m, also $A = 21\,m^2$.
b)

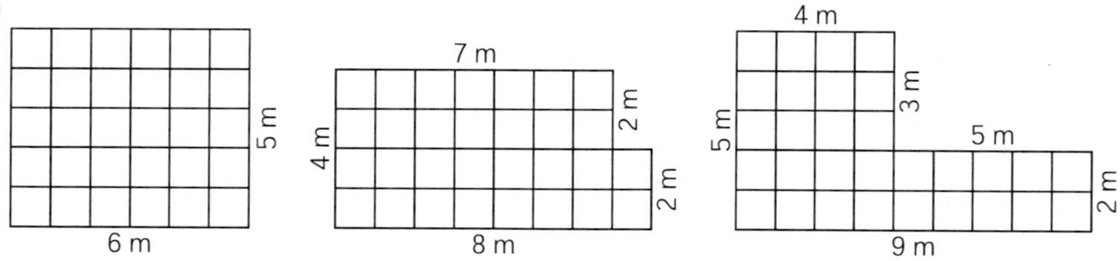

6 a) Die Wiese ist 40 m lang und 20 m breit. 1 Karo gibt die Größe von 1 a an.
Für den Flächeninhalt gilt: A = 8 a
b) Der Acker ist 300 m lang und 150 m breit. 1 Karo gibt die Größe von 25 a an.
Für den Flächeninhalt gilt: A = 450 a
c) Wiese: 120 m; Acker: 900 m
d) Beispiel:

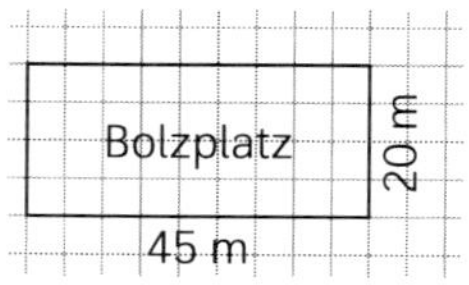

e) Beispiele:

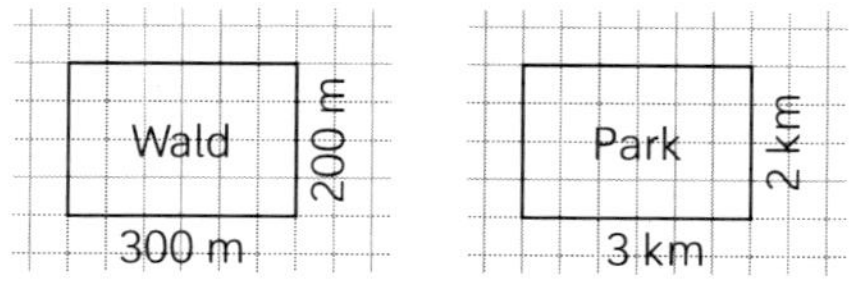

7 Die Diagonale eines Quadrats mit der Seitenlänge 1 dm ist ungefähr 1,4 dm lang.
a) $A = 5\,dm^2$; $U = 10\,dm$
b) $A = 5\,dm^2$; $U \approx 8{,}8\,dm$
c) $A = 4\,dm^2$; $U \approx 9{,}6\,dm$
d) $A = 2\,dm^2$; $U \approx 5{,}6\,dm$

Weiterüben

8 Garagentor: $6\,m^2$
Laptop-Bildschirm: $600\,cm^2$
Korbballplatz: 10 a
Grundstück: $500\,m^2$
Hausgrundfläche: $120\,m^2$
Briefmarke: $7\,cm^2$
Reichstaggrundfläche: 133 a
Fingernagel: $2\,cm^2$

4.3 Umrechnen von Flächeneinheiten

Seite 158
Einstieg

Auf das Blatt passen 6 Quadrate mit der Seitenlänge 1 dm. Auf den restlichen Streifen passen 30 Quadrate mit der Seitenlänge 1 cm.
$A = 6\,dm^2\ 30\,cm^2$
In ein Quadrat mit der Seitenlänge 1 dm passen an der einen Seite 10 Quadrate mit der Seitenlänge 1 cm. Davon passen 10 Reihen in das Dezimeterquadrat.
Insgesamt passen $10 \cdot 10$, also 100 Quadrate der Seitenlänge 1 cm in ein Quadrat mit der Seitenlänge 1 dm.
Es gilt: $1\,dm^2 = 100\,cm^2$
Damit gilt für den Flächeninhalt des Din-A4-Blattes:
$A = 6\,dm^2\ 30\,cm^2 = 630\,cm^2$

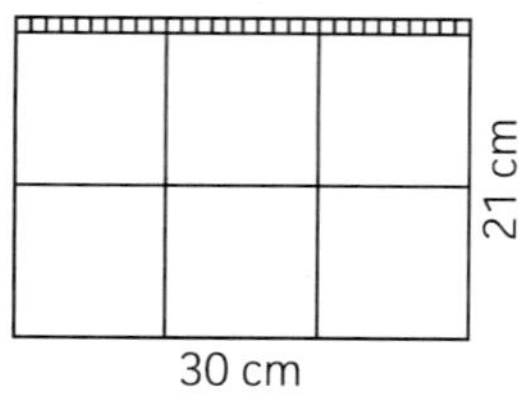

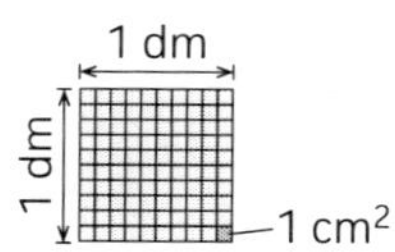

Seite 159
Üben

1 a) $800\,cm^2$ b) $500\,dm^2$ c) $2\,700\,dm^2$ d) $7\,500\,m^2$
e) $800\,mm^2$ f) $43\,000\,000\,m^2$ g) $38\,dm^2$ h) $40\,dm^2$
i) $4\,km^2$ j) $3\,cm^2$ k) $47\,m^2$ l) 10 ha

2 a) $1\,825\,mm^2$ b) 318 a c) 2 448 a d) $109\,dm^2$
e) 415 ha f) 104 ha g) $803\,cm^2$ h) $412\,dm^2$
i) $975\,dm^2$

3 a) 12 a $40\,m^2$ b) $1\,dm^2\,37\,cm^2$ c) 48 a $23\,m^2$ d) 2 a $4\,m^2$
e) 8 ha 3 a f) $2\,km^2$ 60 ha g) 50 a $20\,m^2$ h) $8\,dm^2\,9\,cm^2$
i) $3\,m^2\,72\,dm^2$

4 a) $8\,m^2 = 800\,dm^2 = 80\,000\,cm^2$ b) $900\,mm^2 = 9\,cm^2$
c) $300\,m^2 = 3\,a = 0{,}03\,ha$ d) $4\,a\,7\,m^2 = 407\,m^2$
e) 500 m = 0,5 km f) 24 ha = 2 400 a
g) 4 m = 400 cm h) $70\,000\,m^2 = 700\,a = 7\,ha$
i) $2\,km^2 = 200\,ha = 20\,000\,a = 2\,000\,000\,m^2$

Kommaschreibweise

5 a) $3\,cm^2\,8\,mm^2 = 308\,mm^2$ b) $0\,m^2\,54\,dm^2 = 54\,dm^2$
c) $4\,cm^2\,70\,mm^2 = 470\,mm^2$ d) $2\,m^2\,4\,dm^2 = 204\,dm^2$
e) $8\,km^2$ 6 ha = 806 ha f) $2\,m^2\,40\,dm^2 = 240\,dm^2$
g) $30\,km^2$ 3 ha = 3 003 ha h) $9\,m^2\,31\,dm^2 = 931\,dm^2$
i) $2\,dm^2\,54\,cm^2 = 254\,cm^2$ j) $37\,km^2$ 53 ha = 3 753 ha
k) $59\,dm^2\,9\,cm^2 = 5\,909\,cm^2$ l) $0\,cm^2\,4\,mm^2 = 4\,mm^2$
m) $0\,dm^2\,35\,cm^2 = 35\,cm^2$ n) $2\,km^2$ 49 ha = 249 ha

6 a) $2\,m^2\,97\,dm^2$ b) $18\,dm^2\,52\,cm^2$ c) $37\,cm^2\,36\,mm^2$ d) $84\,m^2\,28\,dm^2$
e) $5\,km^2$ 20 ha f) $7\,cm^2\,60\,mm^2$ g) $4\,m^2\,70\,dm^2$ h) 4 a $90\,m^2$
i) $3\,m^2\,5\,dm^2$ j) 2 ha 40 a k) 1 ha 97 a l) $0\,km^2$ 9 ha

7 a) $7{,}12\,m^2$ b) 5,43 ha c) $4{,}06\,dm^2$ d) $5{,}16\,dm^2$
e) $3{,}54\,cm^2$ f) $8{,}07\,km^2$ g) 12,16 a h) 27,32 ha

Weiterüben

8 7 ha = 700 a; $100\,m^2 = 1\,a$; $700 \cdot 1{,}1\,kg = 770\,kg$
Die Landwirtin muss 770 kg Roggen-Saatgut kaufen.

4.4 Flächeninhalt und Umfang eines Rechtecks

Seite 160
Einstieg

Man kann die Zimmer mit Quadraten der Seitenlänge 1 m auslegen. Jedes dieser Quadrate hat den Flächeninhalt 1 m².

Zimmer des Jungen:

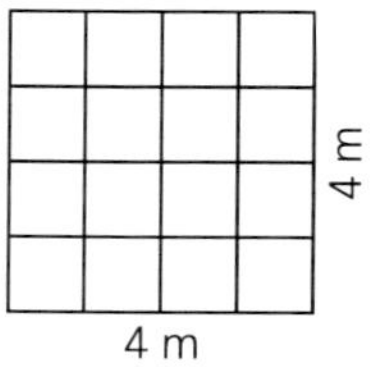

In das Zimmer passen $4 \cdot 4 = 16$ Quadrate der Größe $1\,m^2$. Das Zimmer ist $16\,m^2$ groß.

Zimmer des Mädchens:

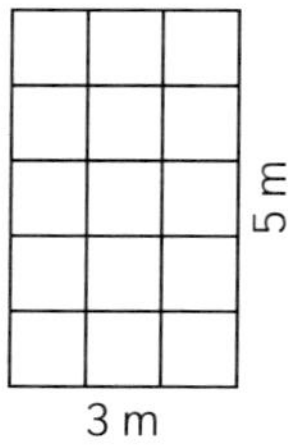

In das Zimmer passen $3 \cdot 5 = 15$ Quadrate der Größe $1\,m^2$. Das Zimmer ist $15\,m^2$ groß.

Das Zimmer des Jungen ist $1\,m^2$ größer.

Seite 161
Üben

1 **a)** $A = 7\,cm \cdot 8\,cm = 56\,cm^2$
$U = 2 \cdot 7\,cm + 2 \cdot 8\,cm = 14\,cm + 16\,cm = 30\,cm$
b) $A = 4\,m \cdot 6\,m = 24\,m^2$
$U = 2 \cdot 4\,m + 2 \cdot 6\,m = 8\,m + 12\,m = 20\,m$
c) $A = 64\,mm \cdot 89\,mm = 5696\,mm^2$
$U = 2 \cdot 64\,mm + 2 \cdot 89\,mm = 128\,mm + 178\,mm = 306\,mm$
d) $A = 40\,cm \cdot 6\,dm = 4\,dm \cdot 6\,dm = 24\,dm^2 = 2400\,cm^2$
$U = 2 \cdot 40\,cm + 2 \cdot 6\,dm = 2 \cdot 4\,dm + 2 \cdot 6\,dm = 8\,dm + 12\,dm = 20\,dm = 200\,cm$
e) $A = 70\,dm \cdot 8\,m = 7\,m \cdot 8\,m = 56\,m^2 = 5600\,dm^2$
$U = 2 \cdot 70\,dm + 2 \cdot 8\,m = 2 \cdot 7\,m + 2 \cdot 8\,m = 14\,m + 16\,cm = 30\,m = 300\,dm$
f) $A = 8\,cm \cdot 2{,}5\,dm = 8\,cm \cdot 25\,cm = 200\,cm^2 = 2\,dm^2$
$U = 2 \cdot 8\,cm + 2 \cdot 2{,}5\,dm = 2 \cdot 8\,cm + 2 \cdot 25\,cm = 16\,cm + 50\,cm = 66\,cm = 6{,}6\,dm$
g) $A = 5{,}8\,m \cdot 4{,}4\,m = 58\,dm \cdot 44\,dm = 2552\,dm^2 = 25{,}52\,m^2$
$U = 2 \cdot 5{,}8\,m + 2 \cdot 4{,}4\,m = 2 \cdot 58\,dm + 2 \cdot 44\,dm = 116\,dm + 88\,dm = 204\,dm = 20{,}4\,m$

2 **a)** $A = 40\,mm \cdot 5\,mm = 200\,mm^2 = 2\,cm^2$
$U = 2 \cdot 40\,mm + 2 \cdot 5\,mm = 80\,mm + 10\,mm = 90\,mm = 9\,cm$
b) $A = 1180\,cm \cdot 114\,cm = 134520\,cm^2$
$U = 2 \cdot 1180\,cm + 2 \cdot 114\,cm = 2360\,cm + 228\,cm = 2588\,cm$
c) $A = 75\,mm \cdot 53\,mm = 3975\,mm^2 = 39{,}75\,cm^2$
$U = 2 \cdot 75\,mm + 2 \cdot 53\,mm = 150\,mm + 106\,mm = 256\,mm = 25{,}6\,cm$
d) $A = 408\,cm \cdot 340\,cm = 138720\,cm^2 = 1387{,}2\,dm^2 = 13{,}872\,m^2$
$U = 2 \cdot 408\,cm + 2 \cdot 340\,cm = 816\,cm + 680\,cm = 1496\,cm = 149{,}6\,dm = 14{,}96\,m$
e) $A = 3{,}25\,m \cdot 75\,cm = 325\,cm \cdot 75\,cm = 24375\,cm^2 = 243{,}75\,dm^2 = 2{,}4375\,m^2$
$U = 2 \cdot 3{,}25\,m + 2 \cdot 75\,cm = 2 \cdot 325\,cm + 2 \cdot 75\,cm = 650\,cm + 150\,cm = 800\,cm = 8\,m$
f) $A = 42\,cm \cdot 8{,}5\,cm = 420\,mm \cdot 85\,mm = 35700\,mm^2 = 357\,cm^2 = 3{,}57\,dm^2$
$U = 2 \cdot 420\,mm + 2 \cdot 85\,mm = 840\,mm + 170\,mm = 1010\,mm = 101\,cm = 10{,}1\,dm$

Seite 161

3 $A = 40\,cm \cdot 2\,m = 40\,cm \cdot 200\,cm = 8000\,cm^2 = 80\,dm^2 = 0{,}8\,m^2$
Noel hat recht.

4 **a)** $A = 26\,dm \cdot 125\,cm = 260\,cm \cdot 125\,cm = 32\,500\,cm^2 = 325\,dm^2 = 3{,}25\,m^2$
Eine Gipskartonplatte ist $3{,}25\,m^2$ groß.
b) Eine Gipskartonplatte ist gut $3\,m^2$ groß. Für $9\,m^2$ benötigt man mindestens 3 Platten.

5 **a)** Bei einem Quadrat sind alle Seiten gleich lang.
$A = 7\,cm \cdot 7\,cm = (7\,cm)^2 = 49\,cm^2$ $\quad$ $U = 4 \cdot 7\,cm = 28\,cm$
b) Das Quadrat hat die Länge a und die Breite a. Für den Flächeninhalt erhält man:
$A = a \cdot a = a^2$
Beim Quadrat sind alle Seiten gleich lang. Für die Seitenlänge a erhält man für den Umfang: $U = a + a + a + a = 4 \cdot a$

6 **a)** $A = (12\,cm)^2 = 144\,cm^2$
$U = 4 \cdot 12\,cm = 48\,cm$
b) $A = (24\,cm)^2 = 576\,cm^2$
$U = 4 \cdot 24\,cm = 96\,cm$
c) $A = (14{,}3\,m)^2 = (143\,dm)^2 = 20\,449\,dm^2 = 204{,}49\,m^2$
$U = 4 \cdot 14{,}3\,m = 4 \cdot 143\,dm = 572\,dm = 57{,}2\,m$
d) $A = (2{,}09\,m)^2 = (209\,cm)^2 = 43\,681\,cm^2 = 436{,}81\,dm^2 = 3{,}3681\,m^2$
$U = 4 \cdot 2{,}09\,m = 4 \cdot 209\,cm = 836\,cm = 83{,}6\,dm = 8{,}36\,m$

Berechnen einer Seitenlänge aus dem Flächeninhalt

7 $\blacksquare \cdot 2\,cm = 36\,cm^2$, also $36\,cm^2 : 2\,cm = 18\,cm$
Die andere Seite des Rechtecks ist 18 cm lang.

Seite 162

8 **a)** $b = 88\,dm^2 : 11\,dm = 8\,dm$
$U = 2 \cdot 11\,dm + 2 \cdot 8\,dm = 38\,dm$
b) $a = 306\,cm^2 : 18\,cm = 17\,cm$
$U = 2 \cdot 17\,cm + 2 \cdot 18\,cm = 70\,cm$
c) $a = (36\,mm - 2 \cdot 9\,mm) : 2 = 18\,mm : 2 = 9\,mm$
Man erhält ein Quadrat mit der Seitenlänge 9 mm.
$A = (9\,mm)^2 = 81\,mm^2$
d) $b = (28\,m - 2 \cdot 10\,m) : 2 = 8\,m : 2 = 4\,m$
$A = 10\,m \cdot 4\,m = 40\,m^2$

9 **a)** 24 cm und 1 cm $\quad$ 12 cm und 2 cm $\quad$ 8 cm und 3 cm $\quad$ 6 cm und 4 cm
Länge und Breite vertauscht:
1 cm und 24 cm $\quad$ 2 cm und 12 cm $\quad$ 3 cm und 8 cm $\quad$ 4 cm und 6 cm
b) 70 cm und 1 cm $\quad$ 35 cm und 2 cm $\quad$ 14 cm und 5 cm $\quad$ 10 cm und 7 cm
Länge und Breite vertauscht:
1 cm und 70 cm $\quad$ 2 cm und 35 cm $\quad$ 5 cm und 14 cm $\quad$ 7 cm und 10 cm

Seite 162

10 Beispiele für Seitenlängen eines Rechtecks:
6,5 km und 2 km; 3,25 km und 4 km; 13 km und 1 km

11 Länge der anderen Seite: $40\,cm^2 : 8\,cm = 5\,cm$
Umfang des Rechtecks: $U = 2 \cdot 5\,cm + 2 : 8\,cm = 26\,cm$

12

a	6 cm	9 mm	13 m	3 cm	24 mm
A	$36\,cm^2$	$81\,mm^2$	$169\,m^2$	$9\,cm^2$	$576\,mm^2$
u	24 cm	36 mm	52 m	12 cm	96 mm

a	8 mm	12 m	25 dm = 2,5 m	15 cm = 0,15 m
A	$64\,mm^2$	$144\,m^2$	$625\,dm^2 = 6{,}25\,m^2$	$225\,cm^2 = 0{,}0225\,m^2$
u	32 mm	48 m	10 m	0,6 m = 60 cm

13 Länge der Fußleiste:
$2 \cdot 45\,dm + 2 \cdot 52\,dm - 12\,dm = 194\,dm - 12\,dm = 182\,dm = 18{,}20\,m$

14 $A = 47\,m \cdot 22\,m = 1\,034\,m^2$; Preis: $1\,034 \cdot 125\,€ = 129\,250\,€$

15 Keine Lösungen

16 Größe der Folie in einer Verpackung:
$50\,m \cdot 29\,cm = 5\,000\,cm \cdot 29\,cm = 145\,000\,cm^2 = 14{,}5\,m^2$

17 Keine Lösungen

18 **a)** Länge des Zauns: $2 \cdot 87\,m + 11\,m = 185\,m$
b) $A = 11\,m \cdot 87\,m = 957\,m^2$
Größe des Rasens: $957\,m^2 : 2 = 95\,700\,dm^2 : 2 = 47\,850\,dm^2 = 478{,}5\,m^2$

19 Länge des Rechtecks: $(24\,cm - 2 \cdot 4\,cm) : 2 = 16\,cm : 2 = 8\,cm$
Flächeninhalt des Rechtecks: $A = 8\,cm \cdot 4\,cm = 32\,cm^2$

Seite 163

20 $A = 110\,m \cdot 42\,m = 4\,620\,m^2 = 46{,}2\,a$ $U = 2 \cdot 110\,m + 2 \cdot 42\,m = 304\,m$

21 Seitenlänge des Quadrats: $a = 100\,cm : 4 = 25\,cm$
Flächeninhalt des Quadrats: $A = (25\,cm)^2 = 625\,cm^2$

22 Größe des ersten Kinderzimmers: $A = 5\,m \cdot 4\,m = 20\,m^2$
Größe des zweiten Kinderzimmers: $A = 6\,m \cdot 3\,m = 18\,m^2$
Das erste Zimmer ist größer. Nora hat für beide Zimmer den halben Umfang berechnet. Flächen mit gleichem Umfang besitzen aber nicht unbedingt den gleichen Flächeninhalt.

Seite 163
Weiterüben

23 **a)** Man kann weder von der Länge noch von der Breite eines Fußballfeldes auf die Größe des Fußballfeldes schließen. Deshalb haben beide mit ihrem Vergleich nicht recht. Für die Größe muss man die Flächeninhalte vergleichen.
Louisas Sportverein: $A = 95\,m \cdot 65\,m = 6\,175\,m^2$
Brunos Sportverein: $A = 90\,m \cdot 72\,m = 6\,480\,m^2$
Brunos Sportverein hat das größere Fußballfeld. Trotzdem war Brunos Begründung mithilfe der Breite des Fußballfeldes falsch.
b) Größe des Strafraums:
$A = 40{,}32\,m \cdot 16{,}5\,m = 4\,032\,cm \cdot 1\,650\,cm = 6\,652\,800\,cm^2 = 665{,}28\,m^2 \approx 665\,m^2$
c) Beispiele:
Frage: Wie groß ist das kleinste und wie groß ist das größte Fußballfeld?
Rechnungen: $90\,m \cdot 45\,m = 4\,050\,m^2$ $\quad$ $120\,m \cdot 90\,m = 10\,800\,m^2$
Antwort: Das kleinste Fußballfeld ist $4\,050\,m^2$ groß, das größte Fußballfeld $10\,800\,m^2$.
Frage: Wie groß ist der Torraum?
Rechnung: $18{,}32\,m \cdot 5{,}5\,m = 1\,832\,cm \cdot 550\,cm = 1\,007\,600\,cm^2 = 100{,}76\,m^2$
Antwort: Der Torraum ist ungefähr $101\,m^2$ groß.

24 $48\,000\,000\,mm^2 = 480\,000\,cm^2 = 4\,800\,dm^2 = 48\,m^2$
Die Angabe kann richtig sein.

25 Größe der Fläche: $A = 640\,m \cdot 120\,m = 76\,800\,m^2 = 768\,a$
Benötigte Weizenmenge: $768 \cdot 1{,}6\,kg = 768 \cdot 1\,600\,g = 1\,228\,800\,g = 1\,228{,}8\,kg \approx 1{,}23\,t$

26 Kinderzimmer 1: $A = 3{,}5\,m \cdot 6\,m = 35\,dm \cdot 60\,dm = 2\,100\,dm^2 = 21\,m^2$
Kinderzimmer 2: $A = 4\,m \cdot 5\,m = 20\,m^2$
Wohnfläche der beiden Kinderzimmer zusammen: $A = 21\,m^2 + 20\,m^2 = 41\,m^2$

27 Erstes Poster: $A = 50\,cm \cdot 75\,cm = 3\,750\,cm^2$
Zweites Poster: $A = 70\,cm \cdot 55\,cm = 3\,850\,cm^2$
Das zweite Poster ist größer. Das kann man auch ohne zu rechnen entscheiden: Man geht von einem $70\,cm \times 50\,cm$ großen Teilstück aus. Wenn man dieses Teil von den beiden Postern abtrennt, bleibt beim ersten Poster ein $50\,cm \times 5\,cm$ großer Streifen übrig, beim zweiten Poster ein $70\,cm \times 5\,cm$ großer Streifen. Beide Streifen sind 5 cm breit, aber der zweite Streifen ist länger. Daher ist das zweite Poster größer als das erste Poster.

4.5 Rechnen mit Flächeneinheiten

Seite 164
Einstieg

Das zur Verfügung stehende Grundstück kann man in drei Rechtecke zerlegen. Die Summe der drei Flächeninhalte ergibt den Flächeninhalt des gesamten Grundstücks.

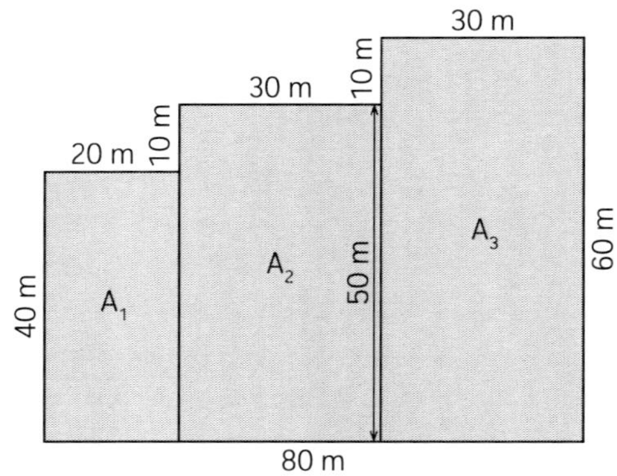

Rechteck R_1: $A_1 = 20\,m \cdot 40\,m = 800\,m^2$
Rechteck R_2: $A_2 = 30\,m \cdot 50\,m = 1\,500\,m^2$
Rechteck R_3: $A_3 = 30\,m \cdot 60\,m = 1\,800\,m^2$
Flächeninhalt des Grundstücks:
$A = A_1 + A_2 + A_3$
$= 800\,m^2 + 1\,500\,m^2 + 1\,800\,m^2$
$= 4\,100\,m^2$

Das zur Verfügung stehende Grundstück kann man auch zu einem Rechteck R mit den Seitenlängen 80 m und 60 m ergänzen. Um den Flächeninhalt des gesamten Grundstücks zu erhalten, muss man von dem Flächeninhalt dieses Rechtecks noch die Flächeninhalte der ergänzten Rechtecke subtrahieren.

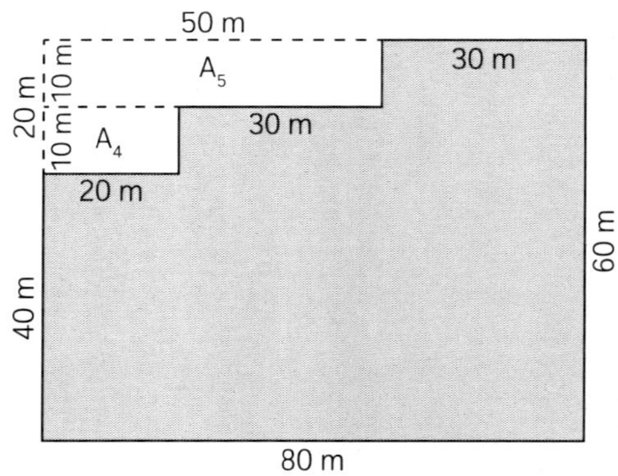

Rechteck R_g: $A_g = 80\,m \cdot 60\,m = 4\,800\,m^2$
Rechteck R_1: $A_1 = 20\,m \cdot 20\,m = 400\,m^2$
Rechteck R_2: $A_2 = 30\,m \cdot 10\,m = 300\,m^2$
Flächeninhalt des Grundstücks:
$A = A_g - A_1 - A_2$
$= 4\,800\,m^2 - 400\,m^2 - 300\,m^2$
$= 4\,100\,m^2$

Für das Schülercamp benötigt man:
5 Blockhütten: $5 \cdot 420\,m^2 = 2\,100\,m^2$
Wirtschaftsgebäude: $60\,m^2$
Kletterpark: $2\,500\,m^2$
Gesamte benötigte Fläche: $2\,100\,m^2 + 60\,m^2 + 2\,500\,m^2 = 4\,660\,m^2$
Die Grundstücksfläche ist mit $4\,100\,m^2$ zu klein.

Seite 165
Üben

1 1. Möglichkeit: Man kann die Fläche in die Rechtecke R_1 und R_2 zerlegen.

$A_1 = 5\,m \cdot 4\,m = 20\,m^2$
$A_2 = 2{,}50\,m \cdot 2{,}50\,m$
$= 25\,dm \cdot 25\,dm$
$= 625\,dm^2 = 6{,}25\,m^2$
$A = A_1 + A_2$
$= 20\,m^2 + 6{,}25\,m^2$
$= 2000\,dm^2 + 625\,dm^2$
$= 2625\,dm^2 = 26{,}25\,m^2$

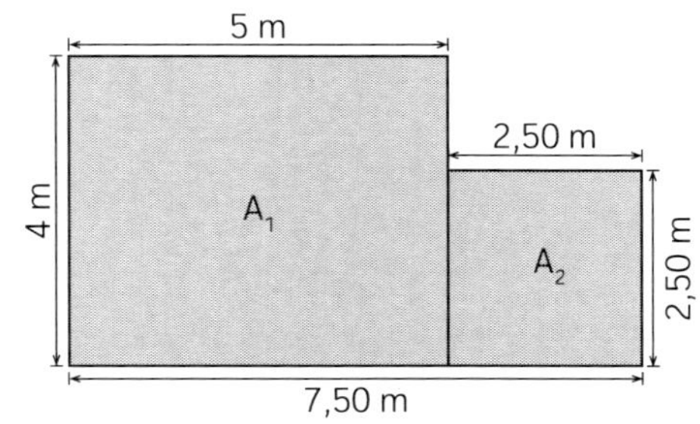

2. Möglichkeit: Man kann die Fläche in die Rechtecke R_3 und R_4 zerlegen.

$A_3 = 7{,}50\,m \cdot 2{,}50\,m$
$= 75\,dm \cdot 25\,dm$
$= 1\,875\,dm^2 = 18{,}75\,m^2$
$A_4 = 5\,m \cdot 1{,}50\,m$
$= 50\,dm \cdot 15\,dm$
$= 750\,dm^2 = 7{,}5\,m^2$
$A = A_3 + A_4$
$= 18{,}75\,m^2 + 7{,}5\,m^2$
$= 1\,875\,dm^2 + 750\,dm^2$
$= 2625\,dm^2 = 26{,}25\,m^2$

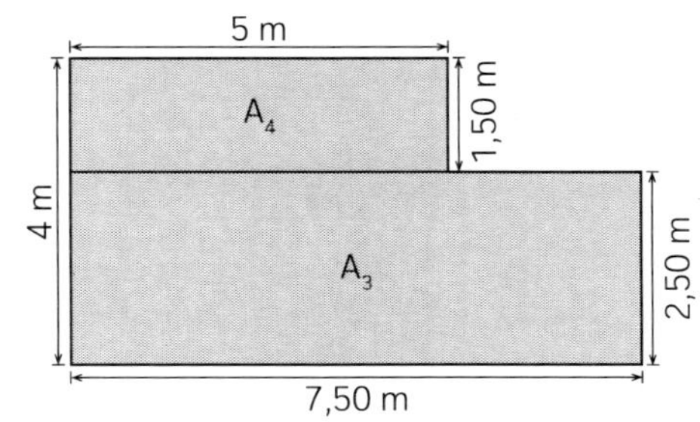

3. Möglichkeit: Man kann die Fläche durch das Rechteck Re zu einem Rechteck R_g ergänzen. Vom Flächeninhalt des Rechtecks R_g muss man den Flächeninhalt des Recktecks R_e subtrahieren.

$A_g = 7{,}50\,m \cdot 4\,m$
$= 75\,dm \cdot 40\,dm$
$= 3000\,dm^2 = 30\,m^2$
$A_e = 2{,}5\,m \cdot 1{,}50\,m$
$= 25\,dm \cdot 15\,dm$
$= 375\,dm^2 = 3{,}75\,m^2$
$A = A_3 - A_4$
$= 30\,m^2 - 3{,}75\,m^2$
$= 3000\,dm^2 - 375\,dm^2$
$= 2625\,dm^2 = 26{,}25\,m^2$

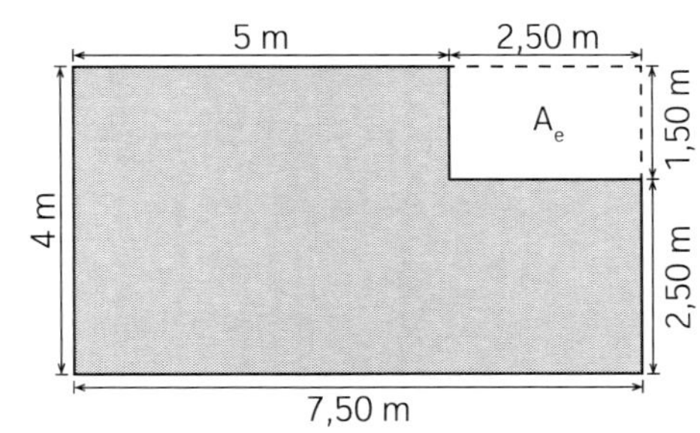

2 Man kann die Figuren in Rechtecke zerlegen oder zu einem Rechteck ergänzen.

a) $A = 3\,m \cdot 4\,m + 3\,m \cdot 2\,m = 12\,m^2 + 6\,m^2 = 18\,m^2$
$A = 6\,m \cdot 4\,m - 3\,m \cdot 2\,m = 24\,m^2 - 6\,m^2 = 18\,m^2$

b) $A = 4\,m \cdot 5\,m + 3\,m \cdot 4\,m + 1\,m \cdot 2\,m = 20\,m^2 + 12\,m^2 + 2\,m^2 = 34\,m^2$
$A = 8\,m \cdot 5\,m - 3\,m \cdot 1\,m - 1\,m \cdot 3\,m = 40\,m^2 - 3\,m^2 - 3\,m^2 = 34\,m^2$

3 681 ha + 810 ha + 618 ha + 22 ha + 12 ha = 2 143 ha; 2 735 ha − 2 143 ha = 592 ha
592 ha sind ungenutztes Land.

Seite 165

4 $A = 3\,m \cdot 3\,m + 3\,m \cdot 5\,m + 6\,m \cdot 8\,m + 3\,m \cdot 4\,m = 9\,m^2 + 15\,m^2 + 48\,m^2 + 12\,m^2 = 84\,m^2$
Eine Dose reicht für $30\,m^2$. Er benötigt also 3 Dosen.
Kosten für die Farbe: $3 \cdot 19{,}50\,€ = 3 \cdot 1\,950\,ct = 5\,850\,ct = 58{,}50\,€$

5 Z. B. Frage: Wie groß sind die Grundstücke zusammen und wie viel kosten sie insgesamt?
Rechnung: $750\,m^2 + 675\,m^2 + 775\,m^2 + 650\,m^2 = 2\,850\,m^2$; $2\,850 \cdot 210\,€ = 598\,500\,€$
Antwort: Die Grundstücke sind zusammen $2\,850\,m^2$ groß und kosten 598 500 €

Vervielfachen und Dividieren von Flächeninhalten

Seite 166

6 **a)** 1 Grundstück: $A = 30\,m \cdot 15\,m = 450\,m^2$; 5 Grundstücke: $5 \cdot 450\,m^2 = 2\,250\,m^2$
Die neue Fläche ist $2\,250\,m^2$ groß.
b) $2\,250\,m^2 : 250\,m^2 = 9$ Man erhält 9 Gärten.
c) $2\,250\,m^2 : 6 = 375\,m^2$ Ein Garten ist jetzt $375\,m^2$ groß.

7 **a)** $660 : 3 = 220$ Man benötigt 220 Stellplätze zu $2\,m^2$ Größe.
$220 \cdot 2\,m^2 = 440\,m^2$ Die Radstation muss mindestens $440\,m^2$ groß werden.
b) $126\,m^2 : 42 = 3\,m^2$ Die Abstellfläche für ein Fahrrad ist $3\,m^2$ groß.
c) $144\,m^2 : 2\,m^2 = 72$ Es können dann 72 Fahrräder abgestellt werden.

8 Größe der Grundfläche der Pyramide: $A = (230\,m)^2 = 52\,900\,m^2 = 529\,a$
Größe eines Fußballfeldes: $A = 105\,m \cdot 80\,m = 8\,400\,m^2 = 84\,a$
$529 : 84 = 6$ R 25
In die Grundfläche der Pyramide passen von der Größe her 6 Fußballfelder. Es wurde nicht beachtet, ob die rechteckigen Fußballfelder von der Form her auch in die quadratische Grundfläche passen. Wenn man das auch fordert, passen nur 4 Fußballfelder in die Grundfläche

9 **a)** Rechengeschichte: Ein Mosaik ist $380\,cm^2$ groß, ein anderes Mosaik $750\,cm^2$. Wie groß sind beide zusammen?
Rechnung: $380\,cm^2 + 750\,cm^2 = 1\,130\,cm^2$
Antwort: Die beiden Mosaike sind zusammen $1\,130\,cm^2$ groß.
b) Rechengeschichte: Ein Bild ist $240\,cm^2$ groß. Drumherum ist ein $48\,cm^2$ großer Rand. Wie groß ist das Bild ohne Rand?
Rechnung: $240\,cm^2 - 48\,cm^2 = 192\,cm^2$
Antwort: Das Bild ohne Rand ist $192\,cm^2$ groß.
c) Rechengeschichte: Für ein Reihenhaus sollen 6 Parkgaragen gebaut werden. Jede Garage ist $18\,m^2$ groß. Wie groß ist die Fläche für alle Garagen zusammen?
Rechnung: $6 \cdot 18\,m^2 = 108\,m^2$
Antwort: Die Fläche für alle Garagen ist $108\,m^2$ groß.
d) Rechengeschichte: Ein rechteckiger Garten ist $40\,m^2$ groß und $5\,m$ breit. Wie lang ist der Garten?
Rechnung: $40\,m^2 : 5\,m = 8\,m$
Antwort: Der Garten ist $8\,m$ lang.

Seite 166

9 **e)** Rechengeschichte: Für einen neuen Parkplatz stehen $720\,m^2$ zur Verfügung. Für einen Stellplatz rechnet man $12\,m^2$. Wie viele Stellplätze erhält man?
Rechnung: $720\,m^2 : 12\,m^2 = 60$
Antwort: Man erhält 60 Stellplätze.
f) Rechengeschichte: Ein $135\,m^2$ großer Lagerraum wird in 15 gleich große Lagerplätze abgeteilt. Wie groß ist ein Lagerplatz?
Rechnung: $135\,m^2 : 15 = 9\,m^2$
Antwort: Ein Lagerplatz ist $9\,m^2$ groß.
g) Rechengeschichte: Ein Garten ist $120\,m^2$ groß. Der Gartenbesitzer kauft vom Nachbarn noch $30\,m^2$ dazu. Wie groß ist der Garten dann?
Rechnung: $120\,m^2 + 30\,m^2 = 150\,m^2$
Antwort: Der Garten ist dann $150\,m^2$ groß.
h) Rechengeschichte: Ein Acker ist 5 ha groß. Für eine Straße werden 5 a abgegeben. Wie groß ist der Acker dann?
Rechnung: $5\,ha - 5\,a = 500\,a - 2\,a = 498\,a = 4\,ha\ 98\,a$
Antwort: Der Acker ist dann noch 4 ha 98 a groß.

10 Die drei Fälle stehen in dem Beispiel zu Aufgabe 6.

Seite 167
Weiterüben

11 Z. B.: Frage: Wie oft kann Frau Sorp ihren Rasen mit einem Paket düngen?
Rechnung: Größe des Rasens: $8\,m \cdot 3\,m = 24\,m^2$; $120\,m^2 : 24\,m^2 = 5$
Antwort: Frau Sorp kann ihren Rasen mit einem Paket fünfmal düngen.

12 **a)** Ein DIN-A4-Blatt hat die Seitenlängen 297 mm und 210 mm.
$A = 297\,mm \cdot 210\,mm = 62\,370\,mm^2$; $U = 2 \cdot 297\,mm + 2 \cdot 210\,mm = 1\,014\,mm$
b) Ein DIN-A3-Blatt hat die Maße 420 mm und 297 mm.
$A = 420\,mm \cdot 297\,mm = 124\,740\,mm$; $U = 2 \cdot 420\,mm + 2 \cdot 297\,mm = 1\,434\,mm$
Der Flächeninhalt eines DIN-A3-Blatts ist doppelt so groß wie der Flächeninhalt eines DIN-A4-Blatts. Der Umfang ist aber nicht doppelt so groß.
c) $A = 500 \cdot 62\,370\,mm^2 = 31\,185\,000\,mm^2 \approx 31\,m^2$
Eine Packung reicht also etwa nur für ein $6\,m \times 5\,m$ großes Zimmer
d) Keine Lösungen

13 **a)** $A = 20\,cm \cdot 30\,cm - 10\,cm \cdot 10\,cm = 500\,cm^2$; $500 \cdot 3\,g = 1\,500\,g = 1{,}5\,kg$
Das Blech ist $500\,cm^2$ groß und 1,5 kg schwer.
b) $A = 5\,cm \cdot 25\,cm + 15\,cm \cdot 5\,cm = 200\,cm^2$; $200 \cdot 3\,g = 600\,g = 0{,}6\,kg$
Das Blech ist $200\,cm^2$ groß und 0,6 kg schwer.
c) $A = 20\,cm \cdot 30\,cm - 5\,cm \cdot 15\,cm = 525\,cm^2$; $525 \cdot 3\,g = 1\,575\,g = 1{,}575\,kg$
Das Blech ist $525\,cm^2$ groß und 1,575 kg schwer.
d) $A = 20\,cm \cdot 25\,cm - 5\,cm \cdot 10\,cm - 5\,cm \cdot 15\,cm = 375\,cm^2$;
$375 \cdot 3\,g = 1\,125\,g = 1{,}125\,kg$
Das Blech ist $375\,cm^2$ groß und 1,125 kg schwer.

14 Bildfläche: $A = 30\,cm \cdot 20\,cm = 600\,cm^2$
Weiße Fläche: $A = 2\,000\,cm^2 - 600\,cm^2 = 1\,400\,cm^2$
Die weiße Fläche ist mehr als doppelt so groß wie die Bildfläche.

Seite 167

15 **a)** 1 Woche: $200\,000 \cdot 30\,m^2 = 6\,000\,000\,m^2 = 60\,000\,a = 600\,ha = 6\,km^2$
1 Jahr: $52 \cdot 6\,km^2 = 312\,km^2$
10 Jahre: $10 \cdot 312\,km^2 = 3\,120\,km^2$
b) Die Bundesrepublik Deutschland ist ungefähr 115-mal so groß wie die Fläche, die in 10 Jahren von der Zeitung abgedeckt wird.

16 Der Schulhof ist $15\,m \cdot 20\,m = 300\,m^2$ groß. Auf dieser Fläche können 900 bis 1 200 Schülerinnen und Schüler stehen, eng gedrängt sogar noch mehr.

Seite 168

17 Die Größe der Ausstellungsfläche entspricht ungefähr einem 430 m langen und 400 m breitem Rechteck, denn $430\,m \cdot 400\,m = 172\,000\,m^2$.

18 **a)** Hofgröße: $12\,m \cdot 5\,m = 60\,m^2$ Plattengröße: $75\,cm \cdot 50\,cm = 3\,750\,cm^2 = 0{,}375\,m^2$
$60\,m^2 : 3\,750\,cm^2 = 600\,000\,cm^2 : 3\,750\,cm^2 = 160$
Es werden 160 Platten benötigt.
b) Zaunlänge: $2 \cdot 12\,m + 2 \cdot 5\,m - 2\,m = 34\,m - 2\,m = 32\,m$

19 $A = 3 \cdot 12\,m \cdot 9\,m + 2 \cdot 8\,m \cdot 6\,m = 324\,m^2 + 96\,m^2 = 420\,m^2$
1 Eimer Farbe reicht für $15 \cdot 4\,m^2 = 60\,m^2$. $420\,m^2 : 60\,m^2 = 7$
Es werden 7 Eimer Farbe benötigt. Die Kosten liegen bei $7 \cdot 25\,€ = 175\,€$.

20 Grundstück 1: $A = 32\,m \cdot 24\,m - 10\,m \cdot 6\,m = 708\,m^2$; Kosten: $708 \cdot 110\,€ = 77\,880\,€$
Grundstück 2: $A = 36\,m \cdot 21\,m = 756\,m^2$; Kosten: $756 \cdot 110\,€ = 83\,160\,€$
Grundstück 3: $A = 32\,m \cdot 26\,m - 7\,m \cdot 5\,m = 797\,m^2$; Kosten: $797 \cdot 110\,€ = 87\,670\,€$
Grundstück 4: $A = 32\,m \cdot 19\,m - 7\,m \cdot 5\,m = 573\,m^2$; Kosten: $573 \cdot 110\,€ = 63\,030\,€$

21 **a)** Wenn die eine Seite des Rechtecks um 1 m verlängert wird, so muss man die andere Seite um 1 m verkürzen, damit der Umfang sich nicht ändert.
Allgemein: Wenn man die eine Seite des Rechtecks um eine bestimmte Länge verlängert, so muss man die andere Seite um diese Länge verkürzen, damit der Umfang sich nicht ändert.
b) Die andere Seite muss (1) halbiert; (2) gedrittelt; (3) geviertelt werden, damit der Flächeninhalt sich nicht ändert.
Allgemein: Wenn man die eine Seite mit einem bestimmten Faktor verlängert, dann muss man die Länge der anderen Seite durch diesen Faktor dividieren, damit der Flächeninhalt sich nicht ändert.

Das kann ich noch!

A 1) $2 \cdot 9 \cdot 5 \cdot 9 = (2 \cdot 5) \cdot (9 \cdot 9) = 10 \cdot 81 = 810$
2) $25 \cdot 337 \cdot 40 = (25 \cdot 40) \cdot 337 = 1\,000 \cdot 337 = 337\,000$
3) $126 : 7 - 56 : 7 = (126 - 56) : 7 = 70 : 7 = 10$
4) $34 \cdot 77 + 66 \cdot 77 = (34 + 66) \cdot 77 = 100 \cdot 77 = 7\,700$

4.6 Netz eines Quaders

Seite 169
Einstieg

Die Begrenzungsflächen bestehen aus 6 Rechtecken. Gegenüberliegende Rechtecke passen genau aufeinander und sind parallel zueinander. Bei einer würfelförmigen Verpackung passen alle 6 Rechtecke genau aufeinander.

Seite 170
Üben

1 **a)** Das Aquarium ist ein Quader. Es wird von 6 rechteckigen Flächen begrenzt. Er hat 8 Ecken und 12 Kanten. Zueinander parallele Kanten sind gleich lang und benachbarte Kanten sind orthogonal zueinander.
Der Spielewürfel ist ein Würfel. Man vernachlässigt dabei, dass die Ecken abgerundet sind. Er wird von 6 rechteckigen Flächen begrenzt, die alle genau aufeinander passen. Er hat 8 Ecken und 12 Kanten. Alle Kanten sind gleich lang und benachbarte Kanten sind orthogonal zueinander.
Das Buch ist kein Quader, denn der Umschlag des Buches steht über und der Buchrücken ist gewölbt.
Der Zettelblock ist ein Würfel. Er wird von 6 rechteckigen Flächen begrenzt, die alle genau aufeinander passen. Er hat 8 Ecken und 12 Kanten. Alle Kanten sind gleich lang und benachbarte Kanten sind orthogonal zueinander.
b) Zum Beispiel Spielewürfel, besondere Suppenwürfel, besondere Verpackungen.
c) In der Regel ist ein Stück Würfelzucker ein Quader, der kein Würfel ist. Es gibt aber auch Würfelzuckerstücke, die die Form eines Würfels haben.

2 Ein Quader hat insgesamt 12 Kanten. Die Kanten wurden doppelt gezählt, z. B. sind von den 4 Kanten unten eine Kante vorne, eine rechts, eine hinten und eine links.

3 **a)** Die Quadrate der Seitenflächen sind alle gleich groß mit der Seitenlänge 6 cm. Man muss darauf achten, dass man das Netz zu einem Würfel zusammenfalten kann. Siehe dazu auch Lösung zu Aufgabe 8 von Seite 122 des Schülerbandes.
b) Man muss darauf achten, dass man das Netz zu einem Quader zusammenfalten kann. Gegenüberliegende Seitenflächen müssen genau aufeinander passen und sie liegen im Netz nie direkt aneinander. Kanten, die beim Zusammenfalten zusammenfallen, müssen gleich lang sein.

Seite 170

4 **a)** Beispiele:

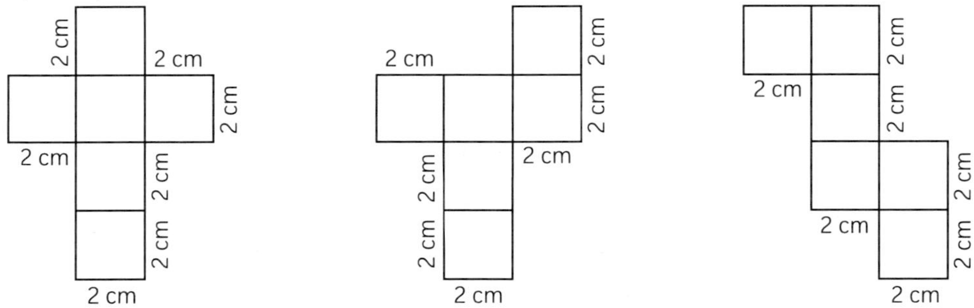

b) Beispiele:

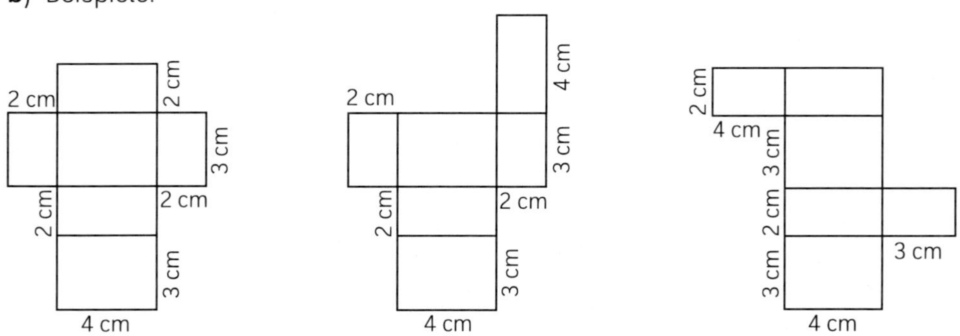

5 Beispiele:

(1) (2) (3) (4)

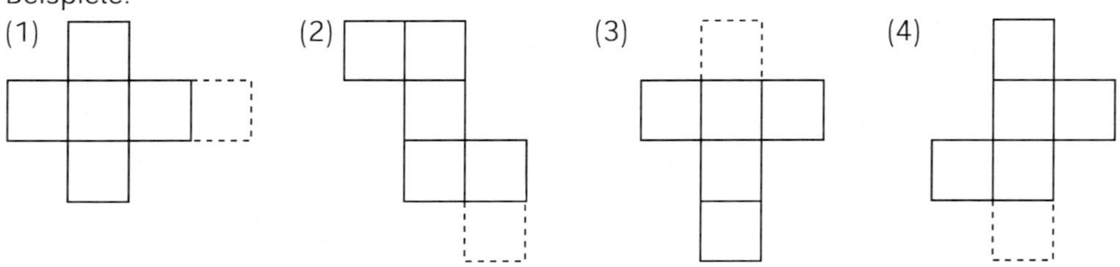

6 **a)** Die Netze (1), (3) und (4) sind Würfelnetze. Netz (2) ist kein Würfelnetz, denn beim Zusammenklappen liegen zwei Seitenflachen übereinander.

b) (1) (3) (4)

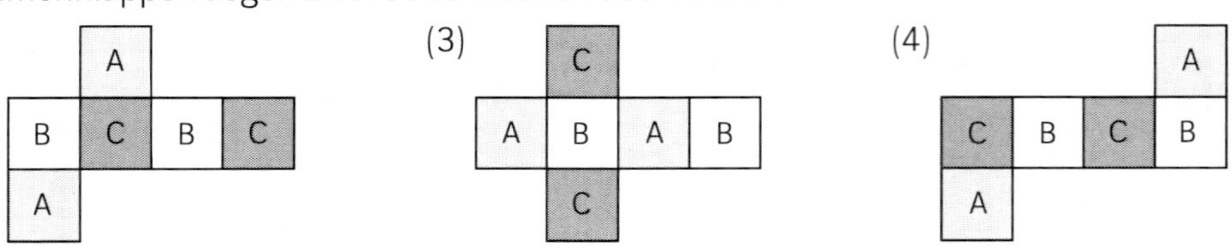

c) (1) (3) (4)

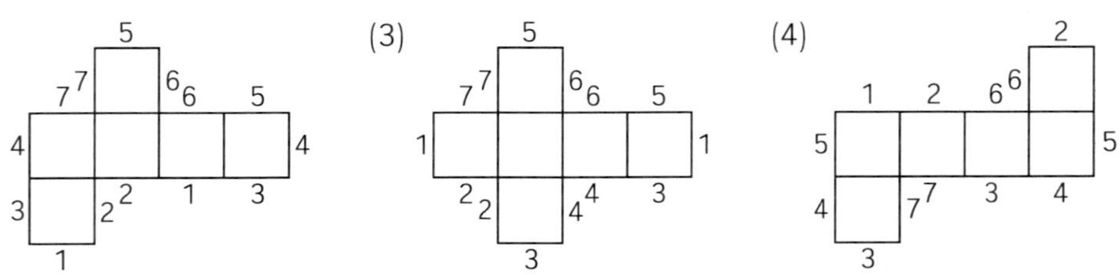

Seite 171

7 **a)** Die Netze (1), (3) und (4) sind Quadernetze. Netz (2) ist kein Quadernetz, denn z. B. sind die beiden quadratischen Seitenflächen im Quader gegenüberliegende Seitenflächen und können im Netz nicht aneinander liegen.

b) (1) und (2)

Netz (1)

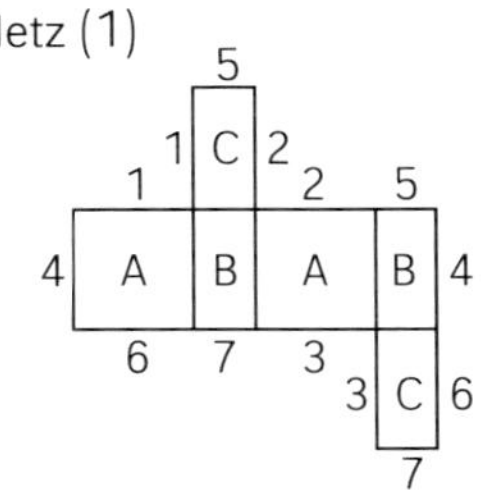

Netz (3)

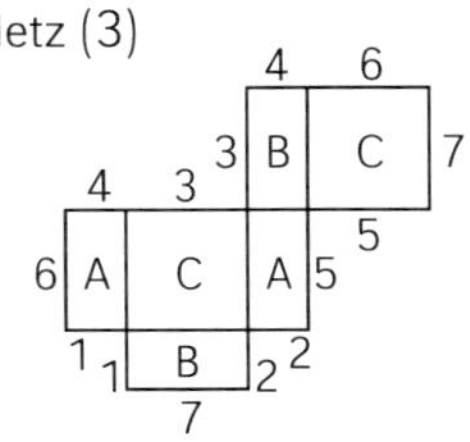

Netz (4)

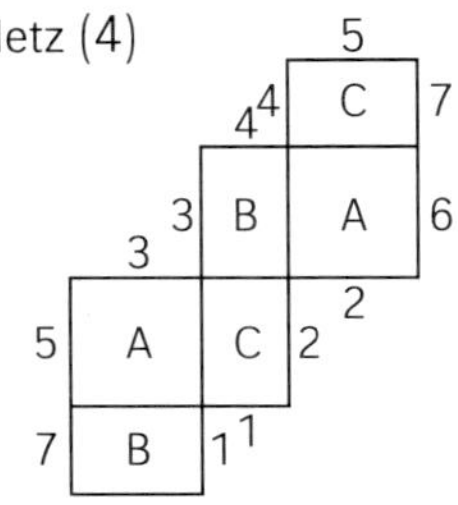

8 Insgesamt gibt es 20 verschiedene Würfelnetze, wenn man das Umklappen der Netze nicht zulässt. Bei 18 Würfelnetzen kann man je zwei Netze durch Umklappen auseinander erhalten. Wenn man das Umklappen erlaubt, was bei ausgeschnittenen Netzen selbstverständlich ist, gibt es nur $2 + 9 = 11$ verschiedene Würfelnetze.
Würfelnetze, die man durch Umklappen auseinander erhält, sind in den Bildern mit einem Doppelpfeil gekennzeichnet.

Seite 171

9 **a)** und **b)**

Netz (1)

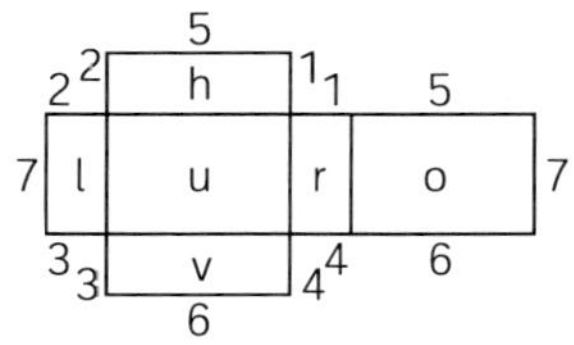

Netz (2)

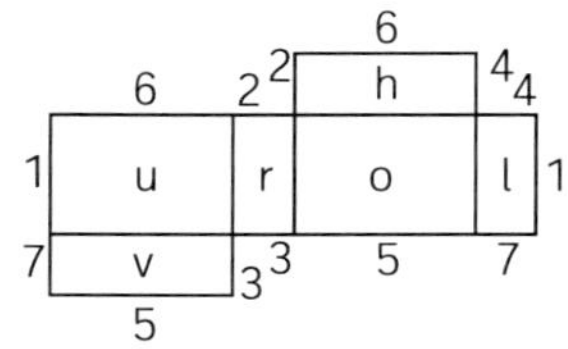

Netz (3)

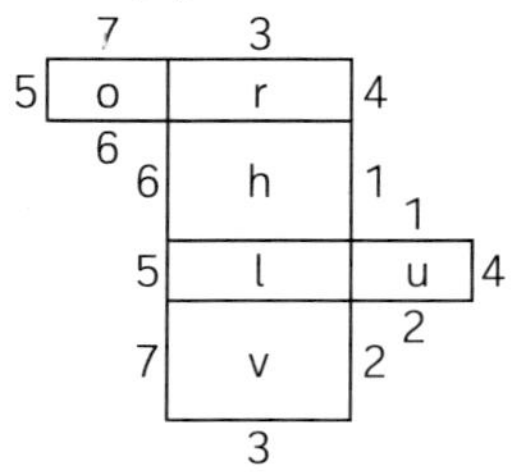

Netz (4)

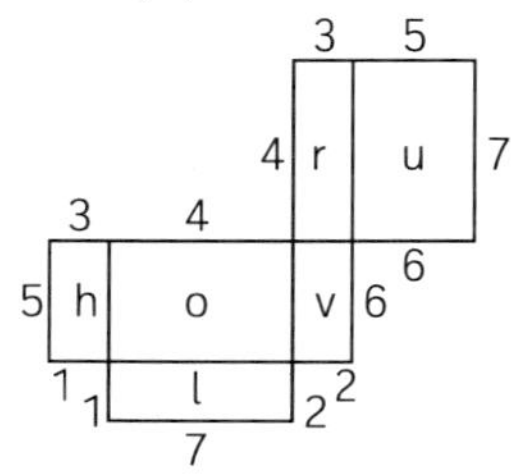

Kantenmodelle

10 Jeweils 4 Strohhalme müssen gleich lang sein. Alle Strohhalme, die an einer Ecke zusammentreffen, müssen zueinander orthogonal sein.

11 **a)** Von den 12 Drahtstücken müssen vier Stücke 6 cm, vier Stücke 4 cm und vier Stücke 2 cm lang sein.

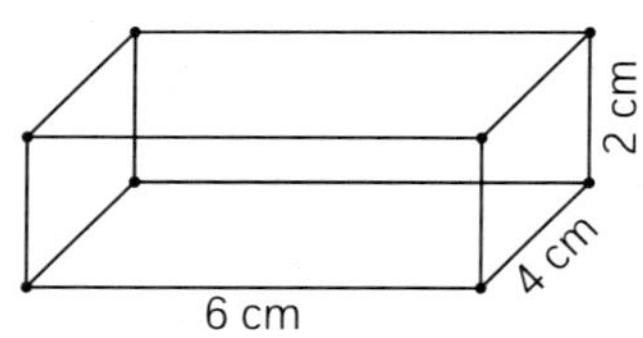

b) In den Ecken stoßen keine gleich langen Kanten zusammen.

c) $4 \cdot (6\,cm + 4\,cm + 2\,cm) = 4 \cdot 12\,cm = 48\,cm$
Der Draht muss 48 cm lang sein.

Seite 172

12 Ein Würfel hat 12 gleich lange Seiten.

a) (1) $12 \cdot 7\,cm = 84\,cm$ Man benötigt 84 cm Draht.
(2) $12 \cdot 4{,}5\,cm = 12 \cdot 45\,mm = 540\,mm = 54\,cm$ Man benötigt 54 cm Draht.

b) (1) $72\,cm : 12 = 6\,cm$ Der Würfel hat eine Kantenlänge von 6 cm.
(2) $960\,mm : 12 = 80\,mm = 8\,cm$ Der Würfel hat eine Kantenlänge von 8 cm.

13 Es gibt jeweils vier Kanten mit gleicher Länge.

a) $4 \cdot 7\,cm + 4 \cdot 3\,cm = 40\,cm$; $60\,cm - 40\,cm = 20\,cm$; $20\,cm : 4 = 5\,cm$
Der Quader ist 5 cm hoch.

b) $4 \cdot 8\,cm + 4 \cdot 5\,cm = 52\,cm$; $60\,cm - 52\,cm = 8\,cm$; $8\,cm : 4 = 2\,cm$
Der Quader ist 2 cm breit.

c) $4 \cdot 4\,cm + 4 \cdot 2\,cm = 24\,cm$; $60\,cm - 24\,cm = 36\,cm$; $36\,cm : 4 = 9\,cm$
Der Quader ist 9 cm lang.

Seite 172
Weiterüben

14 a)
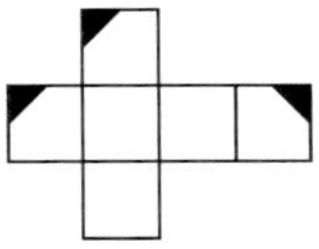
b)
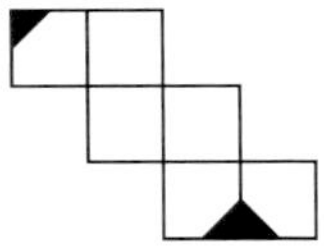
c)
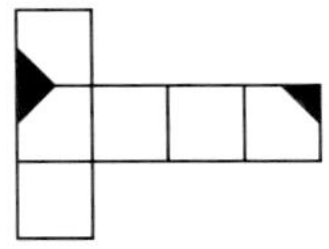
d)
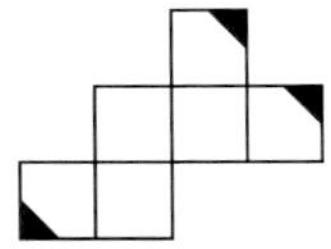

15 1. Möglichkeit: 4 cm lang, 3 cm breit, 1 cm hoch
2. Möglichkeit: 5 cm lang, 2 cm breit, 1 cm hoch
3. Möglichkeit: 1 cm lang, 1 cm breit, 6 cm hoch
4. Möglichkeit: 2 cm lang, 3 cm breit, 3 cm hoch
5. Möglichkeit: 2 cm lang, 2 cm breit, 4 cm hoch

16 Es gibt 14 verschiedene Netze.
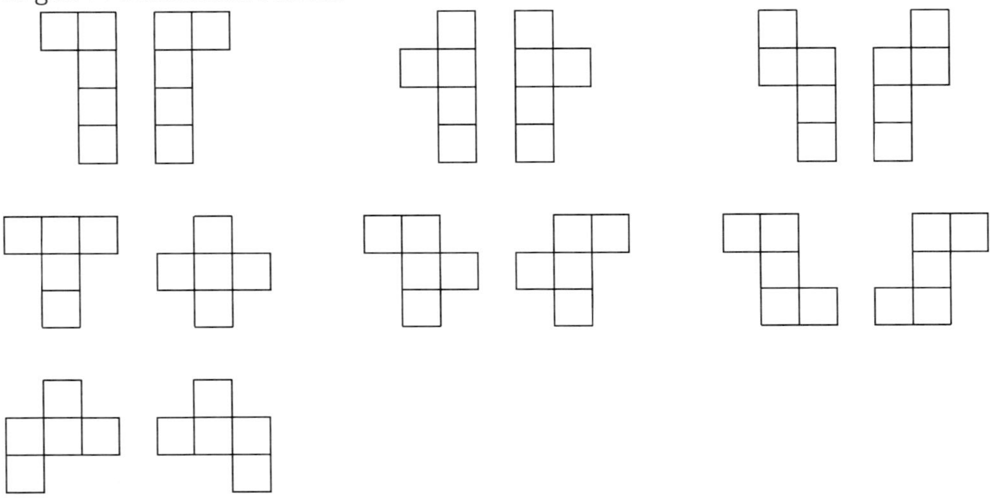

17 a)
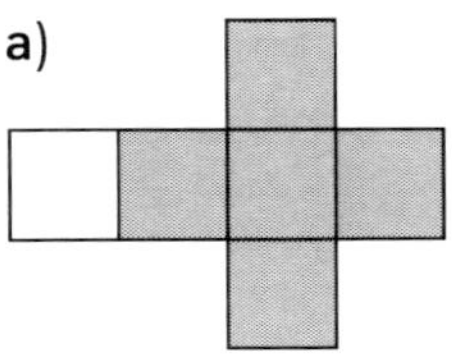
b)
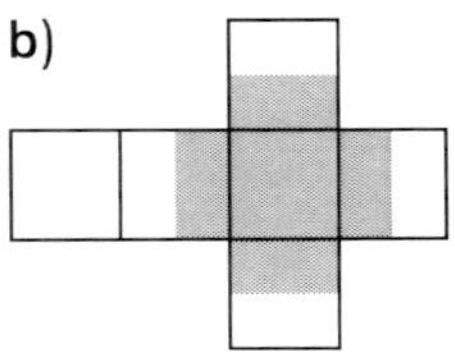
c)
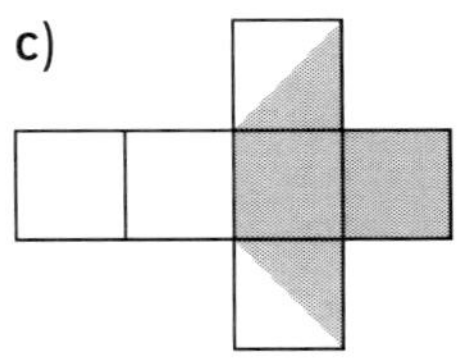
d)
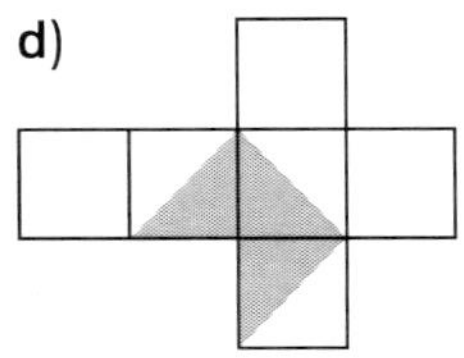

Das kann ich noch!

A 1) 720 mm 2) 24 000 mg 3) 1 080 s 4) 37 000 g
5) 63 dm 6) 1 032 h 7) 81 020 kg 8) 3,7 cm

B 1) 4 m 2) 0,1 g 3) 0,0002 kg 4) 13 h
5) 1,72 dm 6) 0,0706 kg 7) 0,173 km 8) 2,405 m

4.7 Schrägbild eines Quaders

Seite 173
Einstieg

Keine Lösungen

Seite 174
Üben

1

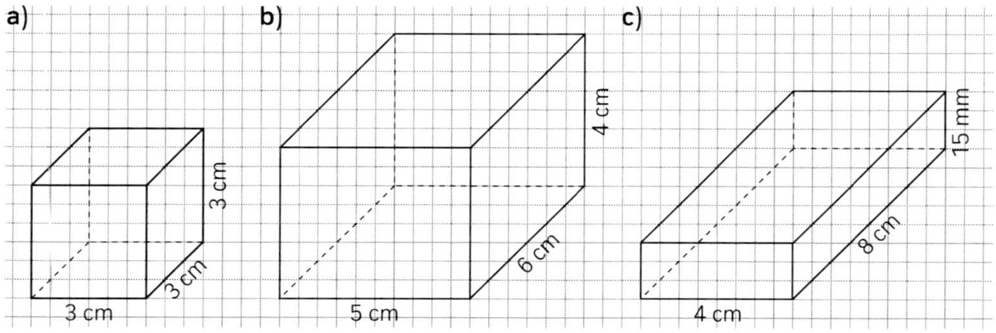

2

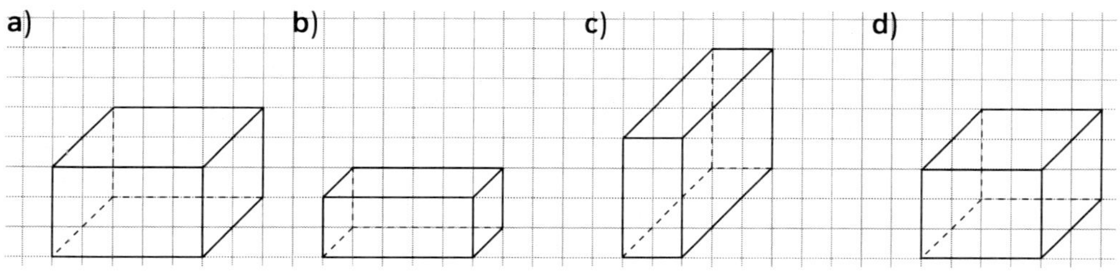

3 Sarahs Zeichnung vermittelt nicht den Eindruck eines Würfels. Die hintere Seitenfläche sieht viel kleiner aus.
Marias Zeichnung vermittelt einen guten Eindruck eines Würfels.
Lauras Zeichnung vermittelt auch nicht den Eindruck eines Würfels. Sie vermittelt eher den Eindruck eines Quaders, dessen Vorderfläche zwar quadratisch ist, aber die nach hinten verlaufenden Kanten sehen viel länger aus als die vorderen Kanten.

Seite 175

4

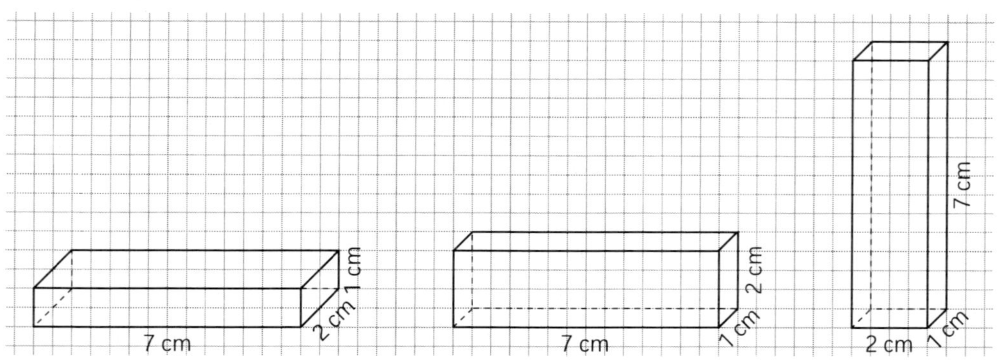

5 Im Schrägbild sind die vordere und die hintere Seitenfläche des Quaders wieder Rechtecke. Die anderen Seitenflächen werden als Parallelogramme gezeichnet.

Seite 175
Weiterüben

6 **a)** Nicht alle zueinander orthogonalen Kanten des Quaders sind im Schrägbild zueinander orthogonal, z. B. sind die schräg nach hinten verlaufenden Kanten nicht orthogonal zu den Kanten der Vorderfläche.
b) Zueinander parallele Kanten eines Quaders sind auch im Schrägbild parallel zueinander.

7 **a)** Nur die vordere und die hintere Seitenfläche des Würfels sind auch im Schrägbild Quadrate. Die anderen Seitenflächen werden als Parallelogramm gezeichnet.
b) Die Kanten der vorderen und der hinteren Seitenfläche des Würfels werden in wahrer Länge gezeichnet. Die nach hinten verlaufenden Kanten werden verkürzt gezeichnet.
c) Zueinander parallele Kanten des Würfels sind auch im Schrägbild zueinander parallel.
d) Nicht alle zueinander orthogonalen Kanten des Würfels sind im Schrägbild zueinander orthogonal, z. B. sind die schräg nach hinten verlaufenden Kanten nicht orthogonal zu den Kanten der Vorderfläche.

8 (1) Man sieht ihn von rechts oben:

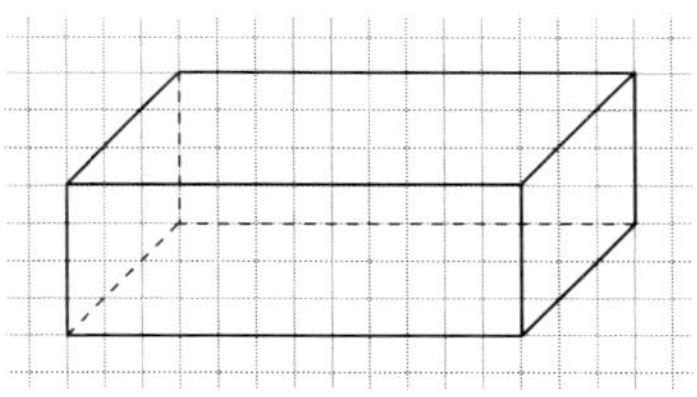

(2) Man sieht ihn von rechts unten.

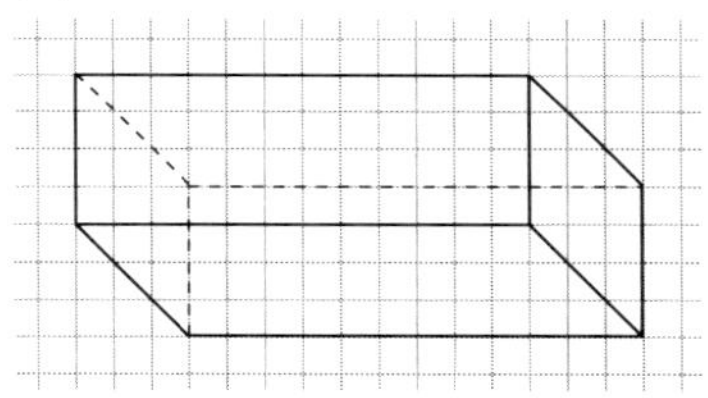

(3) Man sieht ihn von links unten:

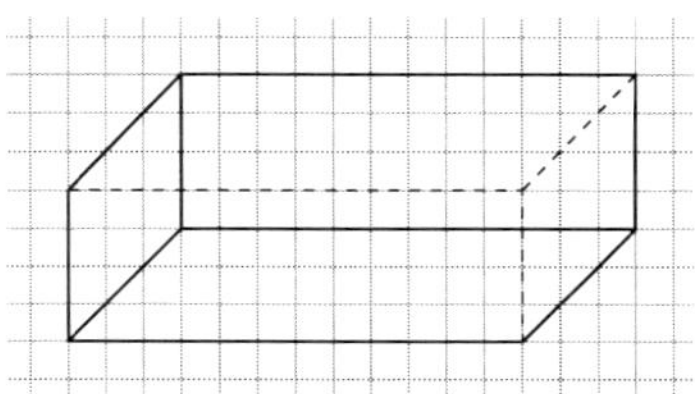

(4) Man sieht ihn von links oben.

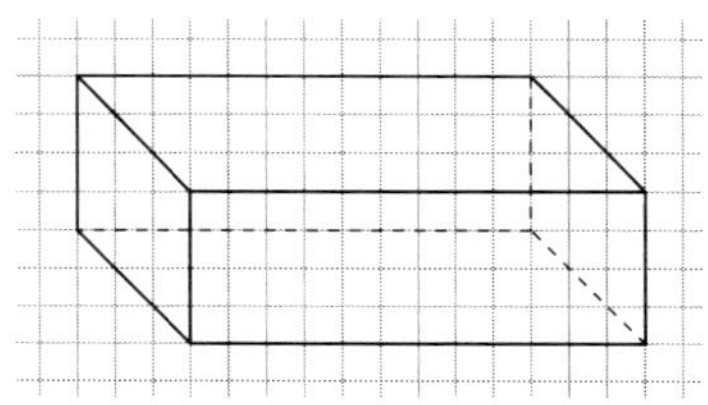

9 **a)**

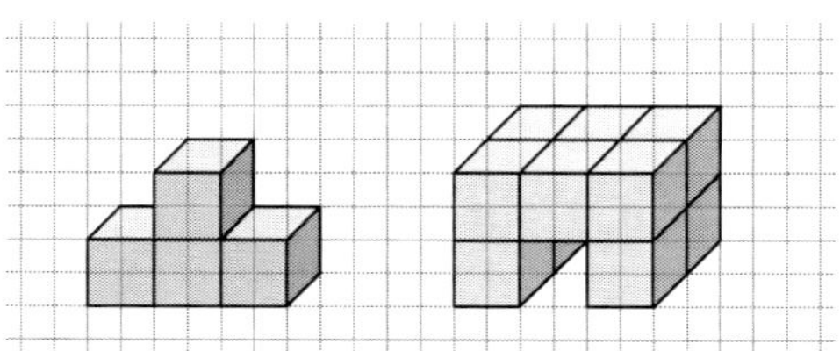

b) Keine Lösungen

Seite 175

10 a)

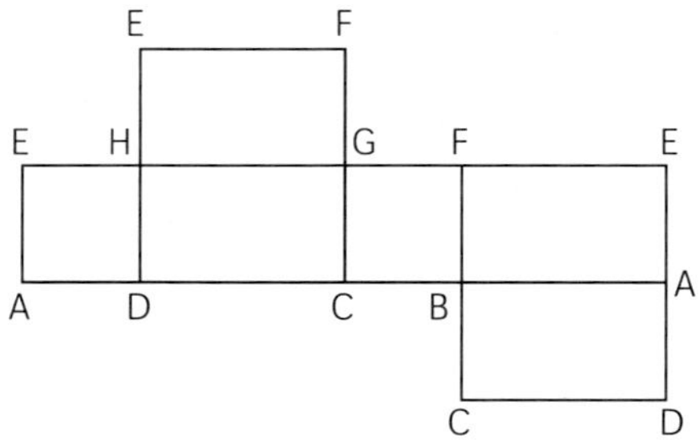

b)

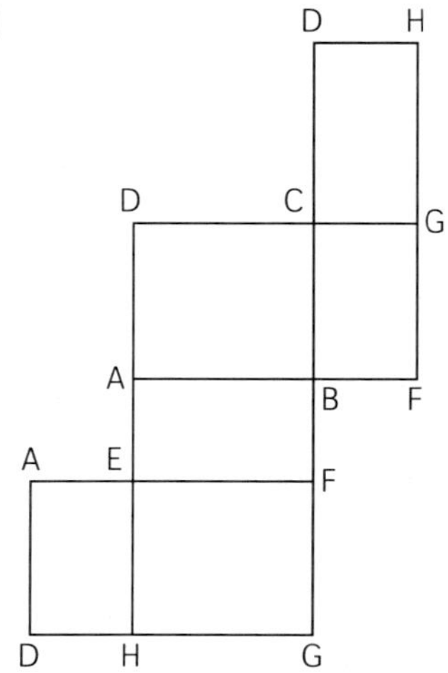

c)

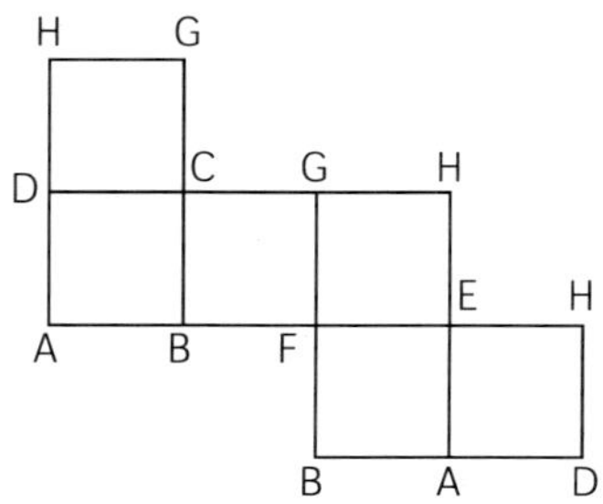

d)

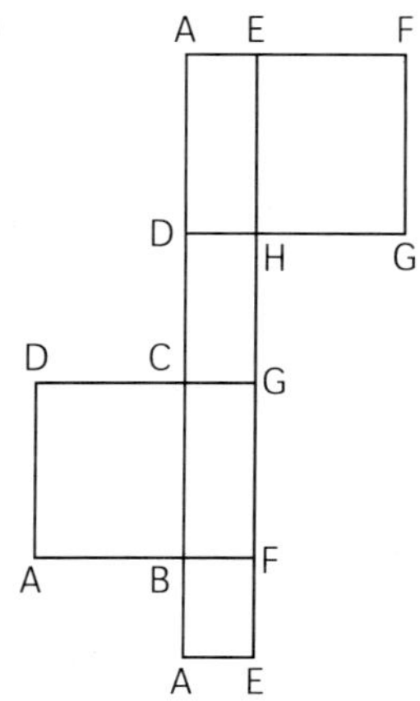

Seite 176

11 Beispiele:

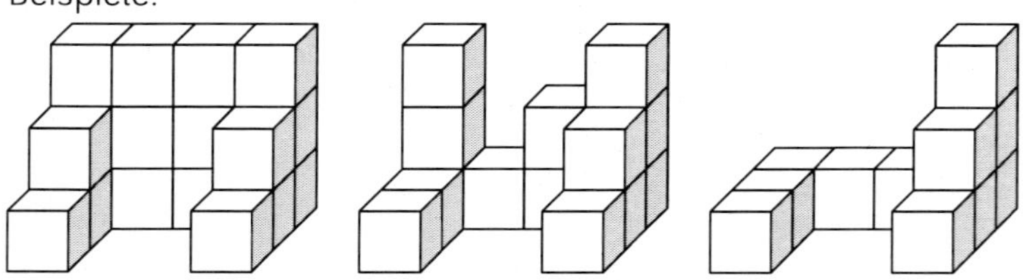

12 a)

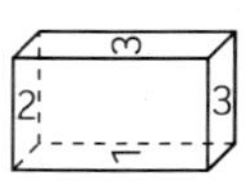

1 = gelb
2 = grün
3 = grau

b)

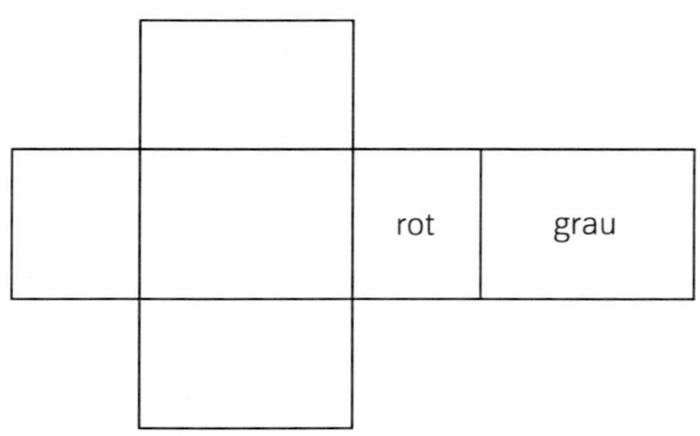

Seite 176

12 c)

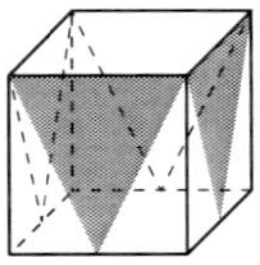

d)

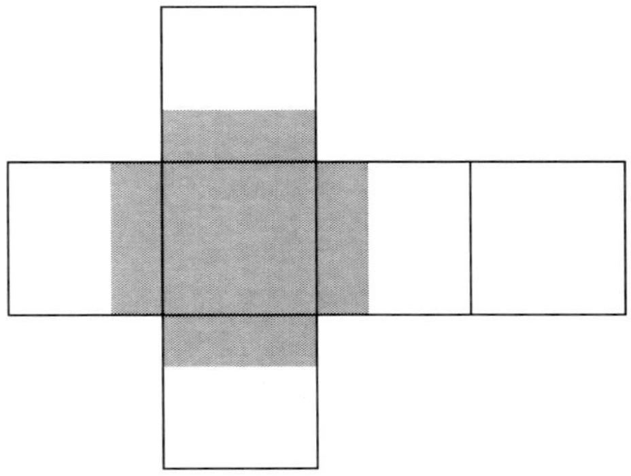

13 a)

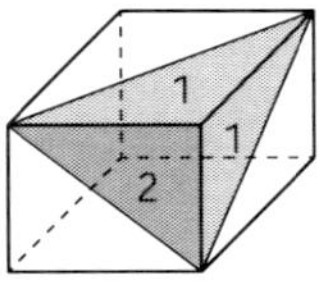

b)

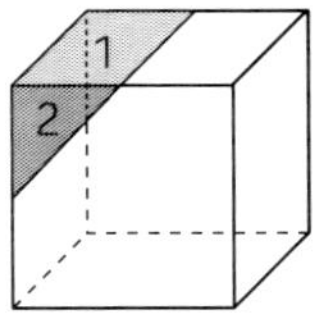

c)

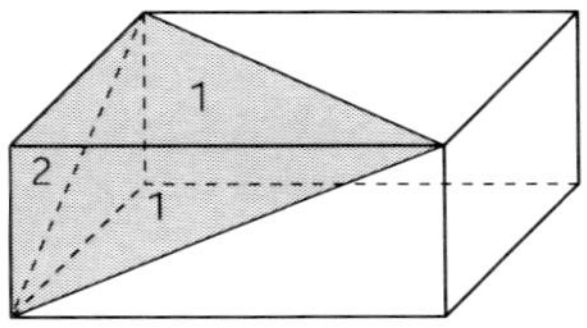

14

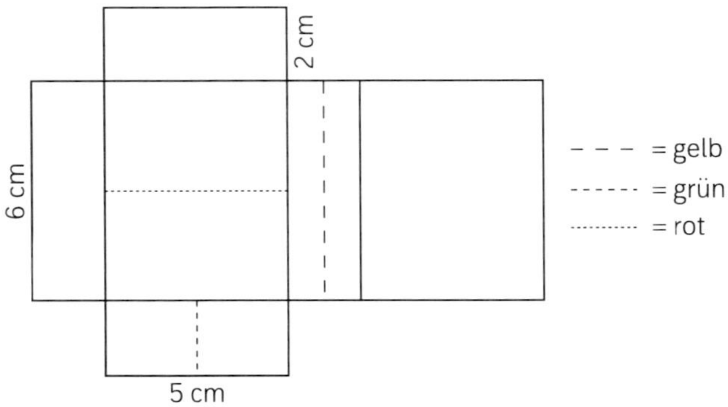

15

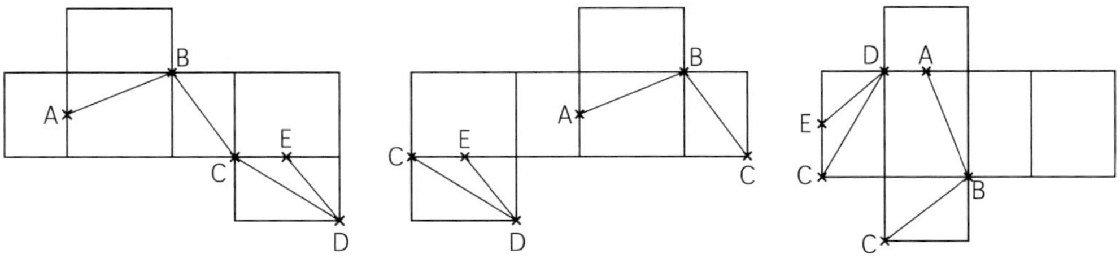

4.8 Ansichten zusammengesetzter Körper

Seite 177
Einstieg

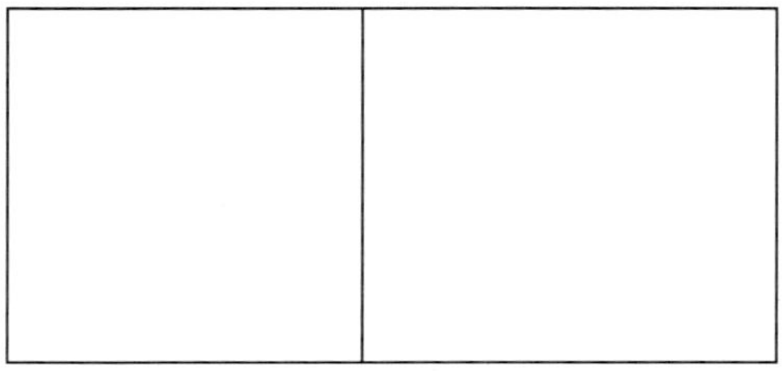
Ansicht von vorne

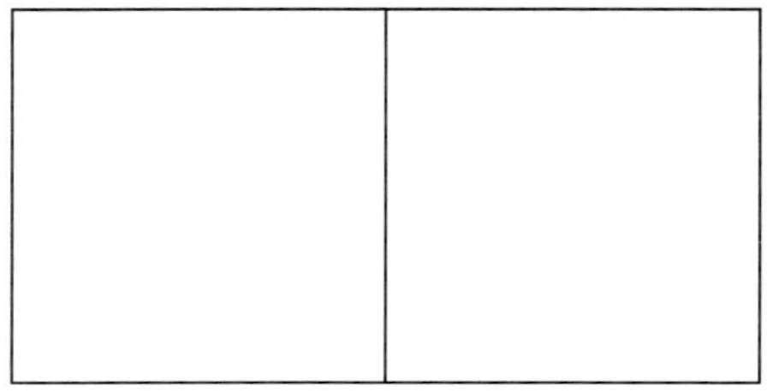
Ansicht von rechts

Seite 178
Üben

1 **a)** (1)

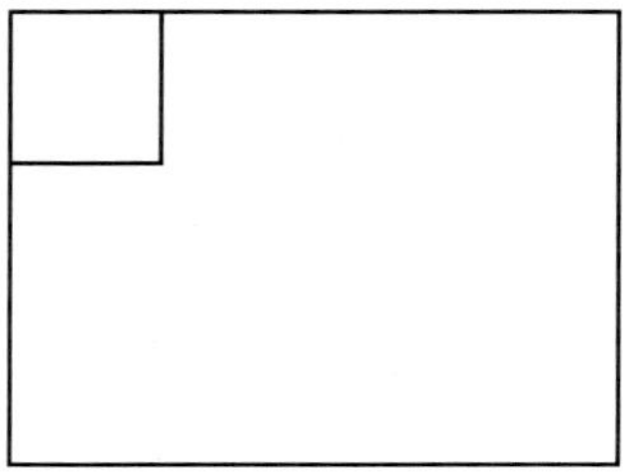

(2)

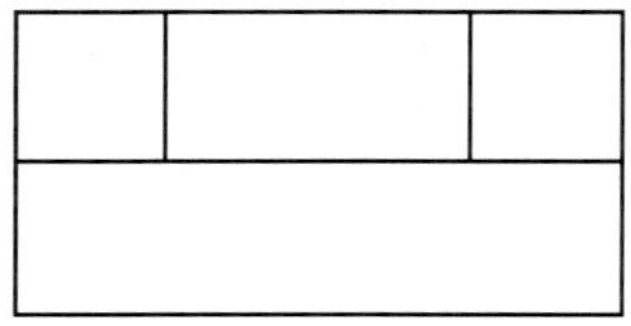

(3)

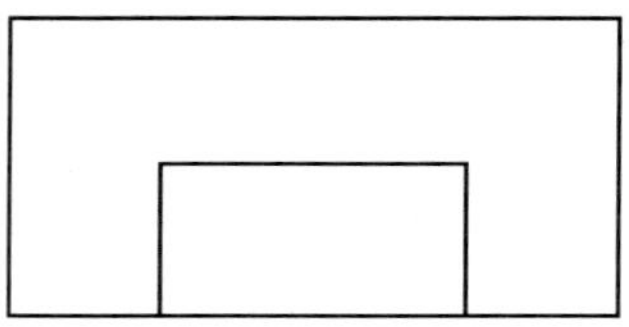

(4)

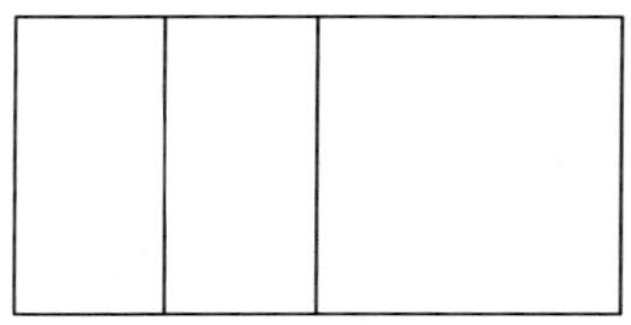

Seite 178

1 **b)** (1) Vorderansicht:

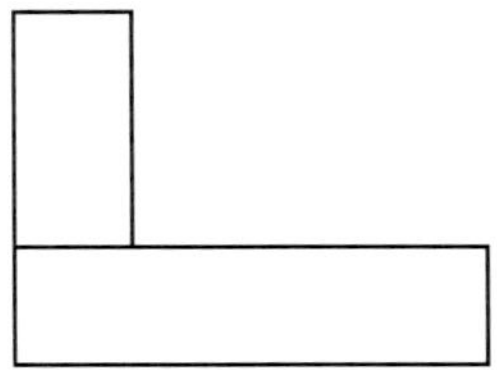

Seitenansicht von rechts:

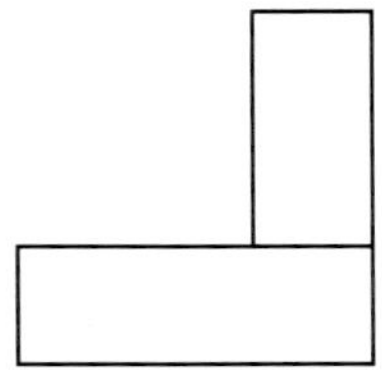

(2) Vorderansicht:

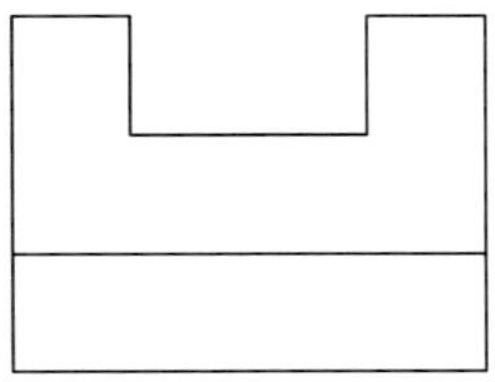

Seitenansicht von rechts:

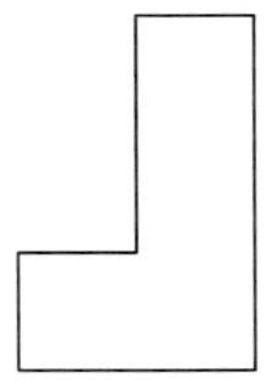

(3) Vorderansicht:

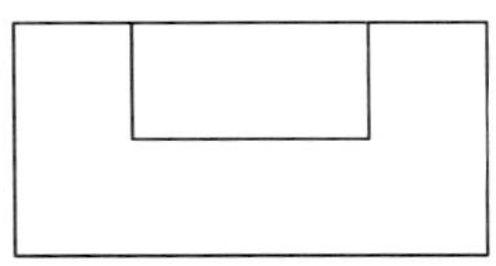

Seitenansicht von rechts:

(4) Vorderansicht:

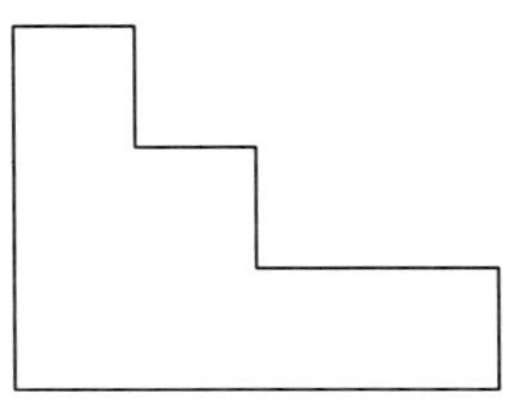

Seitenansicht von rechts:

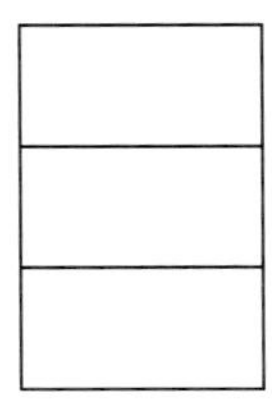

2 Schrägbild:

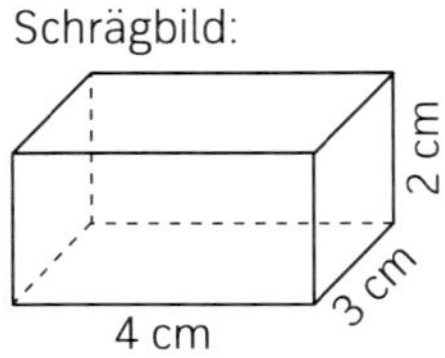

Draufsicht:

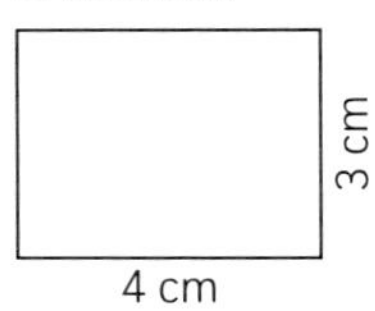

Vorderansicht:

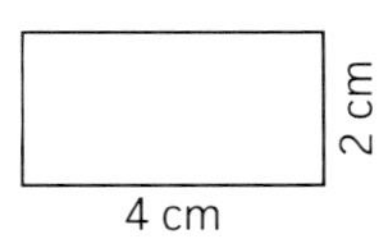

Rechtsansicht:

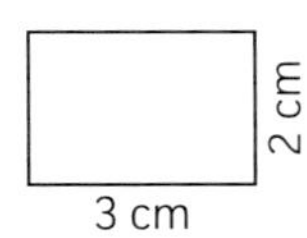

Seite 178

3 a)

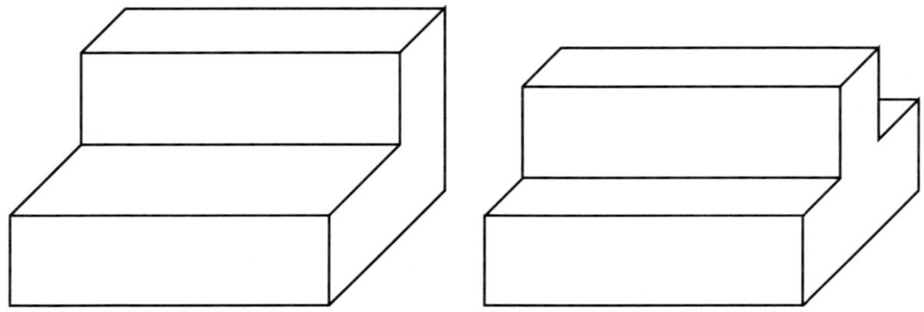

b)

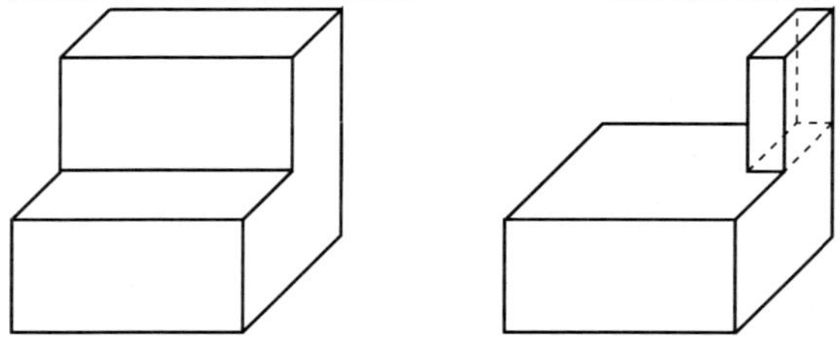

c)

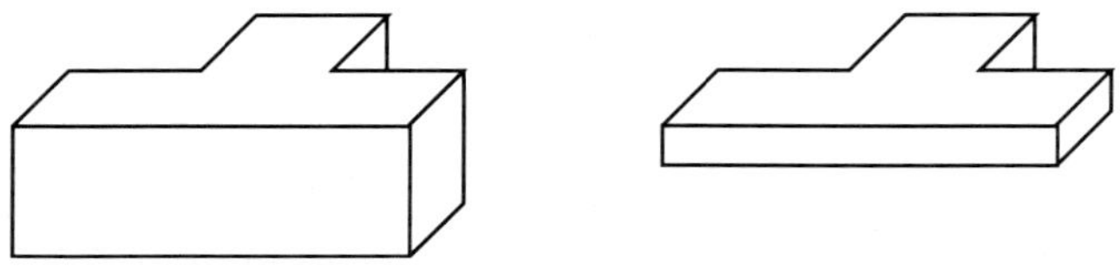

d)

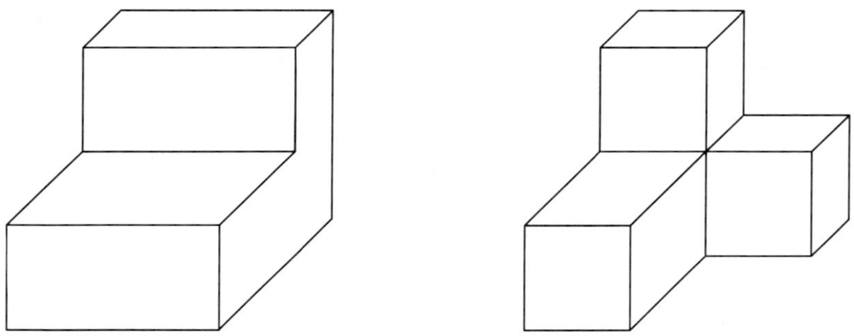

4 (1) A, D, F, H (2) C, E, G

Seite 179

5 **a)** A ist die Rechsansicht von (4)
B ist die Rechtsansicht aus der Vogelperspektive von (7)
C ist die Rechtsansicht von (3)
D ist die Draufsicht von (5)
E ist die Draufsicht von (1) – (4)
b) Keine Lösungen
c) Keine Lösungen

Seite 179

6 a) Grundriss:

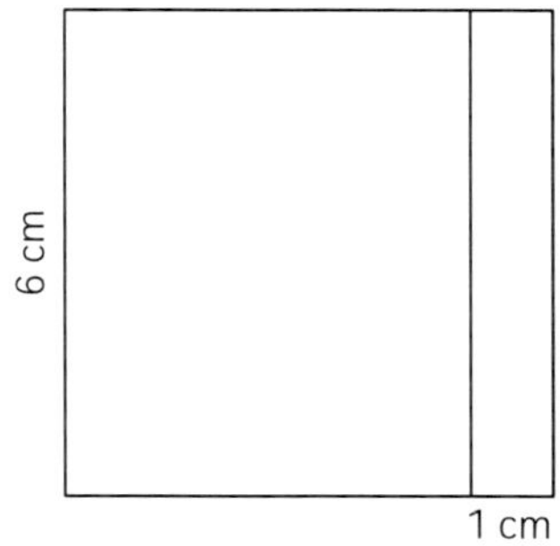

Vorderansicht:

Seitenansicht von rechts:

b) Grundriss:

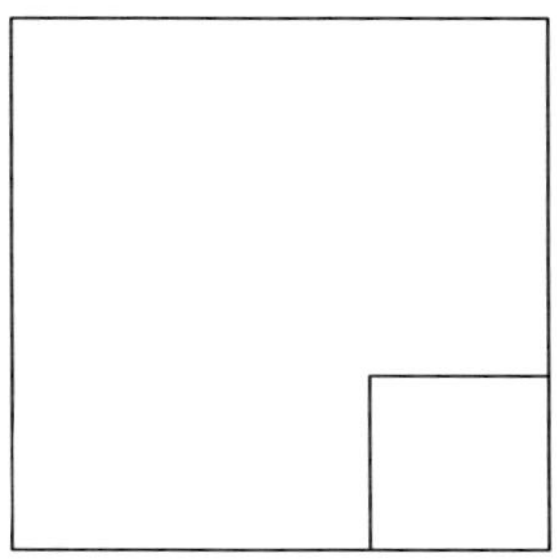

Vorderansicht:

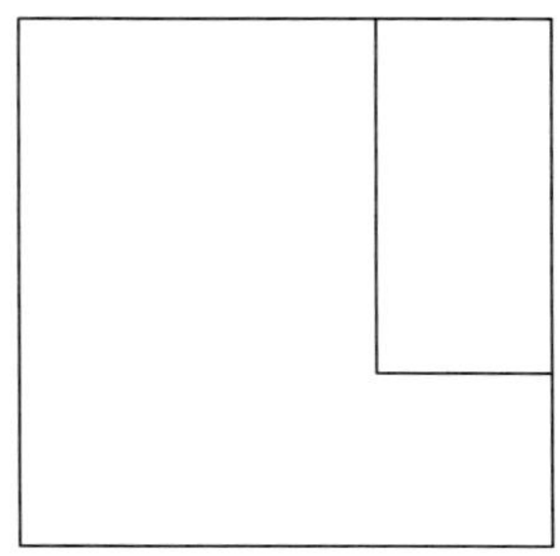

Seitenansicht von rechts:

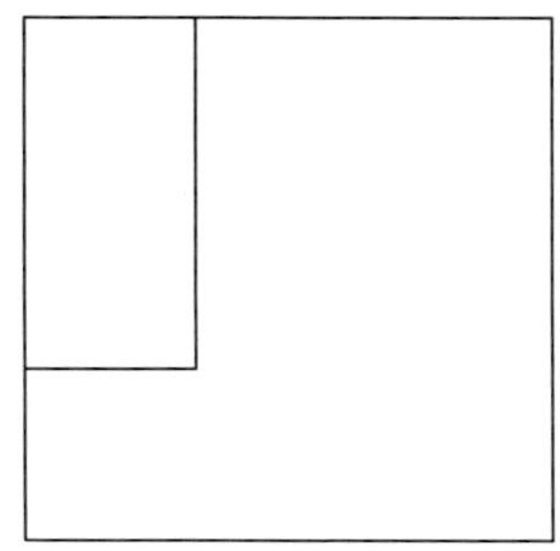

c) Grundriss:

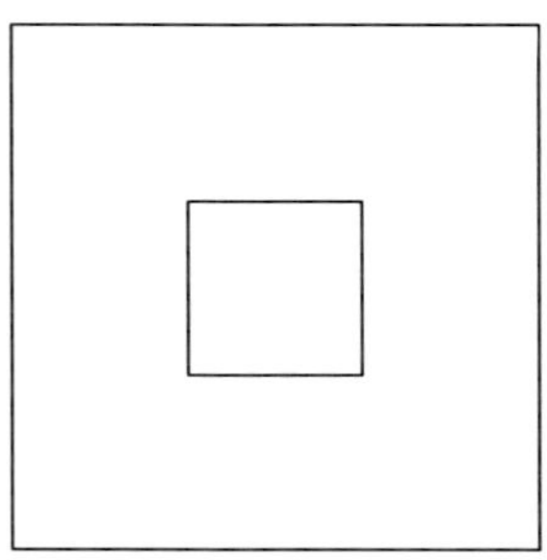

Vorderansicht:

Seitenansicht von rechts:

Seite 179
Weiterüben

7 **a)** Der Grundriss passt zu Körper (1).

b) (1) Vorderansicht:

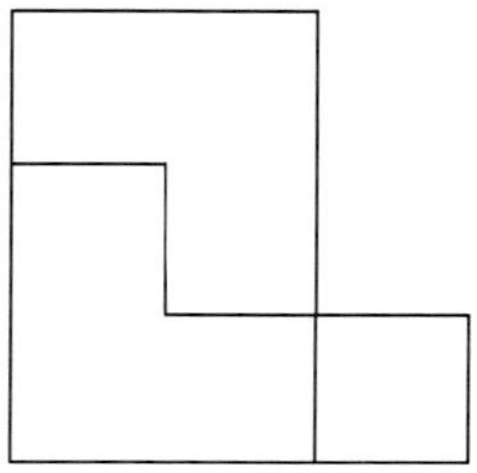

Seitenansicht von rechts:

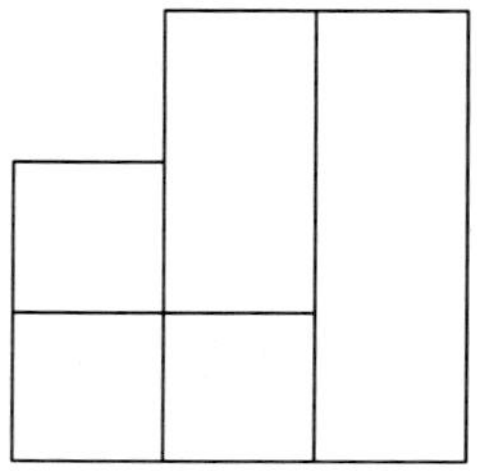

b) (2) Grundriss:

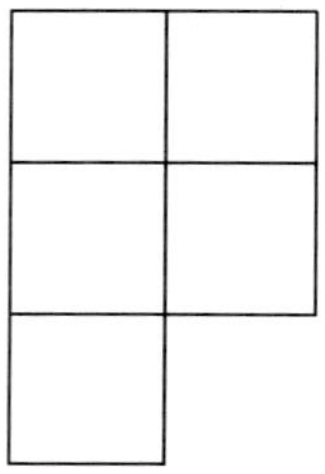

Vorderansicht:

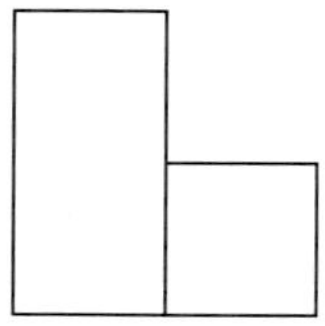

Seitenansicht von rechts:

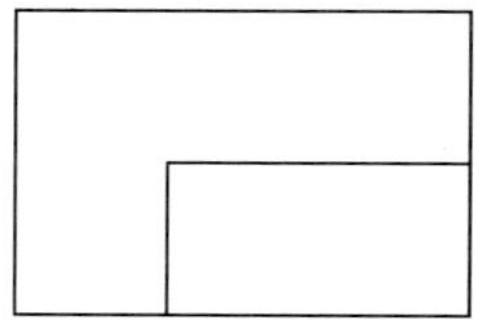

(3) Grundriss:

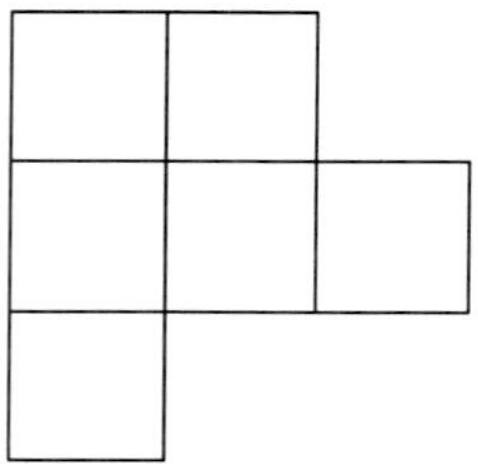

Vorderansicht:

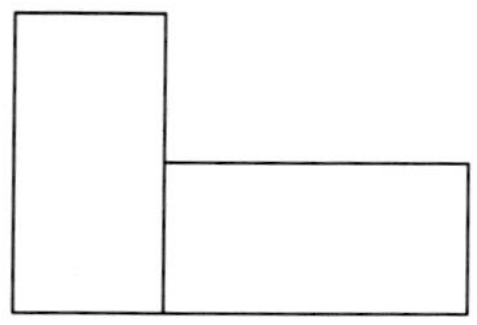

Seitenansicht von rechts:

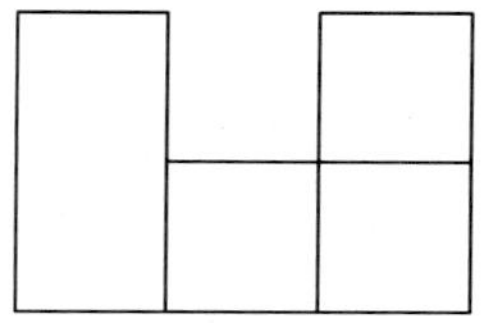

(4) Grundriss:

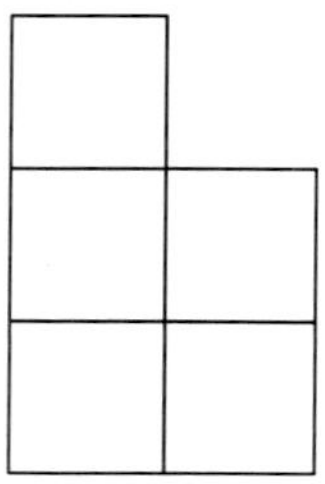

Vorderansicht:

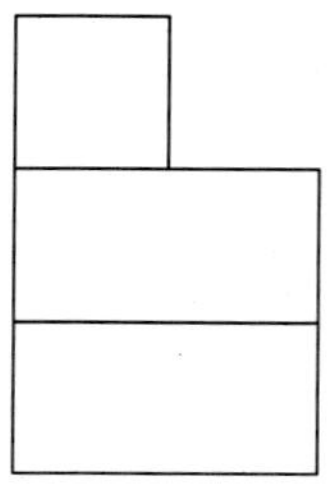

Seitenansicht von rechts:

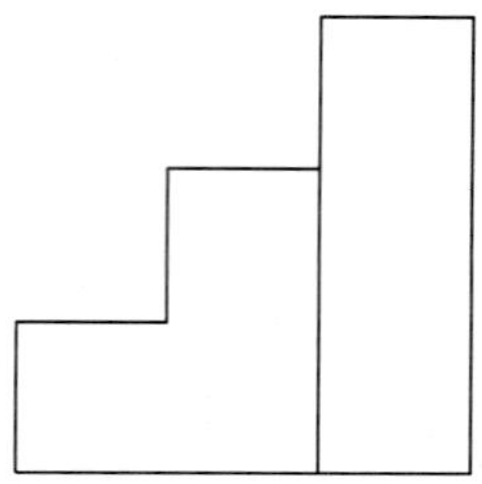

4.9 Volumen von Körpern

Seite 180
Einstieg

Bilder zu (1):
Der Inhalt der Tasse wird gemessen.
Bilder zu (2):
Die Wassermenge, die die Tasse verdrängt, wird gemessen.

Seite 181
Üben

1 **a)** Eine Diagonallänge eines Karokästchens entspricht zwei Karolängen.
Quader (1) ist 3 Karos lang, 4 Karos breit und 4 Karos hoch.
Quader (2) ist 6 Karos lang, 4 Karos breit und 2 Karos hoch.
Zerschneidet man Z. B. Quader (2) in der Mitte der langen Seite und legt die beiden Teile übereinander, so erhält man Quader (1).
Beide Quader haben also denselben Rauminhalt.

b)

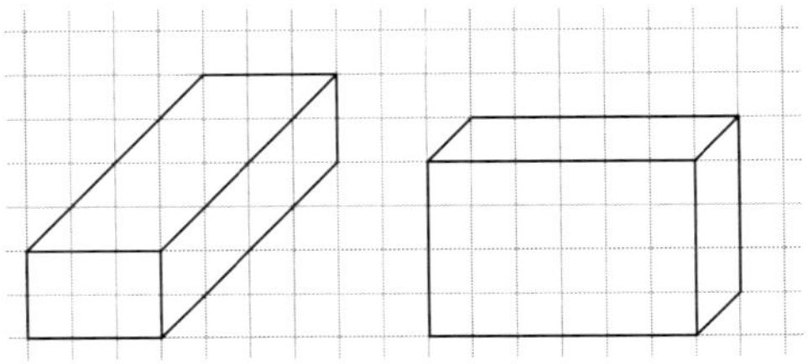

2

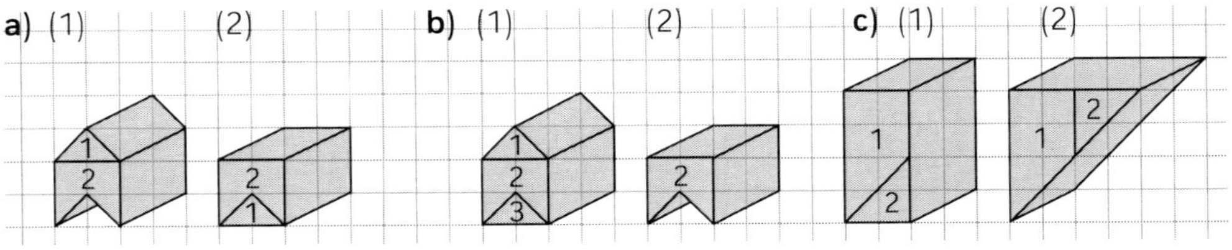

a) Bei dem Körper (1) kann man das obere Prisma mit dreieckiger Grundfläche abtrennen und unten ergänzen. So erhält man den Quader (2).
Die Körper (1) und (2) haben also dasselbe Volumen.
b) Körper (1) ist ein Quader mit einem aufgesetzten Prisma mit dreieckiger Grundfläche.
Bei Körper (2) ist dieses Prisma aus dem Quader ausgeschnitten und das aufgesetzte Prisma fehlt.
Körper (1) hat also ein größeres Volumen.
c) Bei Körper (2) kann man das Prisma mit dreieckiger Grundfläche oben rechts abtrennen und unten rechts ergänzen. Man erhält dann den Quader (1).
Die Körper (1) und (2) haben also dasselbe Volumen.

3 Die Körper (1), (2) und (4) sind aus denselben Teilkörpern zusammengesetzt.
Sie haben dasselbe Volumen.
Bei Körper (3) ist der Quader im Vergleich zu Körper (1) nur halb so groß. Das Volumen ist kleiner.

Seite 181

4 Beispiele:

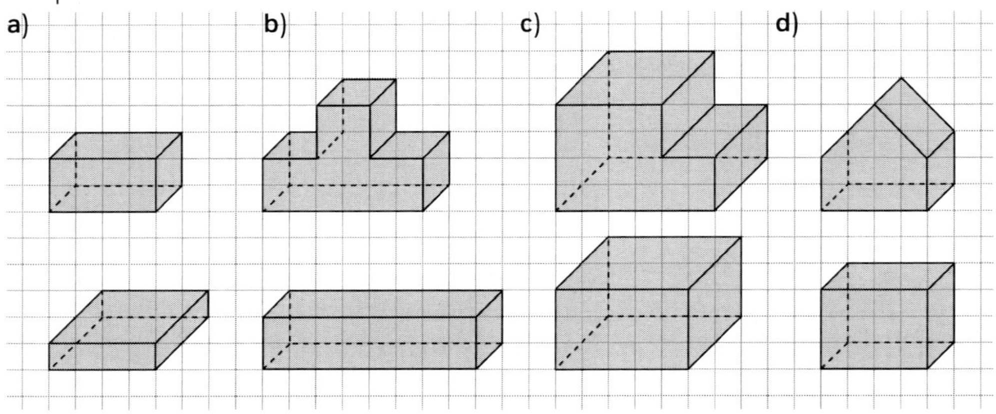

Seite 182

5 Körper A und Körper B haben gleiches Volumen. Körper B (Blei) ist aber schwerer als Körper A (Holz). Körper A und Körper C haben also das gleiche Gewicht.
Körper C besteht aus Blei, da er ein geringeres Volumen hat als Körper A und als Körper B, aber das gleiche Gewicht wie Körper A.

Vergleich durch Ausfüllen mit gleichen Körpern

6 In den linken Karton passen 2 Bücher nebeneinander und 4 Bücher übereinander. Das sind insgesamt 8 Bücher.
In den rechten Karton passen 3 Bücher nebeneinander und 2 Bücher übereinander. Das sind insgesamt 6 Bücher.
Der linke Karton ist größer als der rechte Karton.

7 Stauraum auf dem Deck: $8 \cdot 4 \cdot 3 = 96$ Container
Stauraum unter Deck: $5 \cdot 4 \cdot 4 = 80$ Container
Stauraum insgesamt: $96 + 80 = 176$ Container

Weiterüben

8 Körper A: 11 W   Körper B: 10 W   Körper C: 12 W   Körper D: 10 W

4.10 Volumeneinheiten

Seite 183
Einstieg

In den Würfel passen 2 kleine Würfel nebeneinander, 2 hintereinander und 2 übereinander. Das sind insgesamt $2 \cdot 2 \cdot 2 = 8$ kleine Würfel. Der große Würfel hat ein Volumen von $8\,cm^3$.

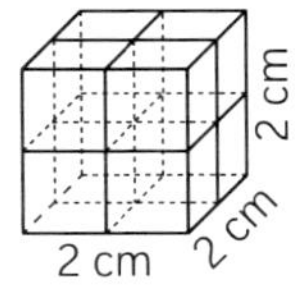

Seite 184
Üben

1 In Teilaufgabe d) kann man das obere dreieckige Prisma und das dreieckige Prisma in der 2. Reihe rechts zu einem Quader zusammensetzen (siehe Bild rechts).

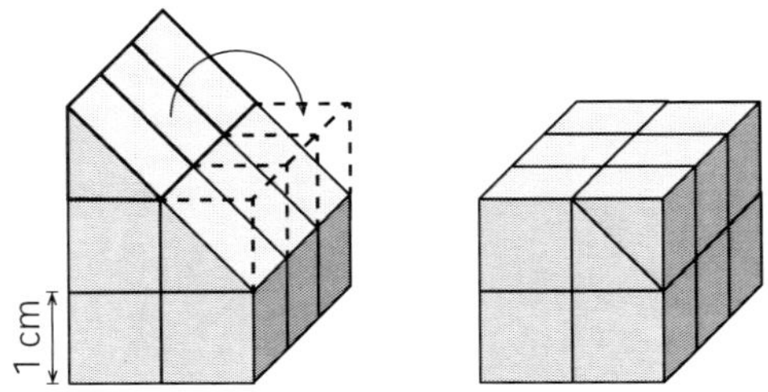

a) $8\,cm^3$ **b)** $8\,cm^3$
c) $27\,cm^3$ **d)** $12\,cm^3$

2 In Teilaufgabe d) kann man das obere dreieckige Prisma und das dreieckige Prisma in der 2. Reihe rechts zu einem Quader zusammensetzen (siehe Bild rechts).

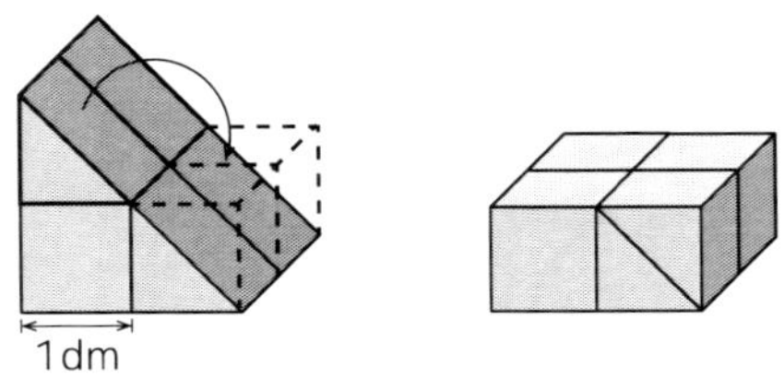

a) $27\,dm^3$ **b)** $5\,dm^3$
c) $16\,dm^3$ **d)** $4\,dm^3$

Seite 185

3 In Teilaufgabe d) kann man je zwei dreieckige Prismen zu einem Würfel mit der Kantenlänge 1 m zusammensetzen (siehe Bild rechts).

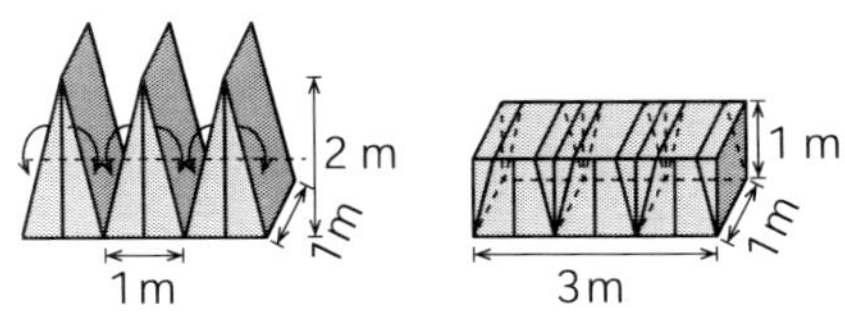

a) $4\,cm^3$ **b)** $5\,dm^3$
c) $3\,mm^3$ **d)** $3\,m^3$

4 **a)** (1) $5\,dm^3$ (2) $14\,dm^3$ (3) $8\,dm^3$ (4) $5\,dm^3$

b) (1)
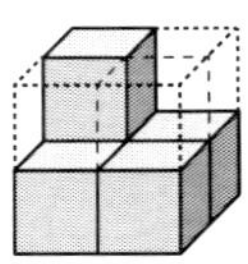
(2)
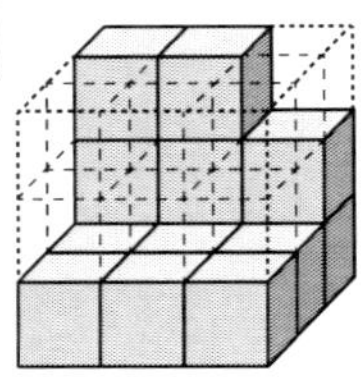
(3)
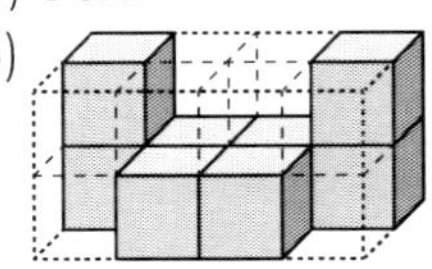
(4)
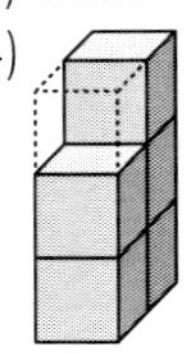

(1) Ergänzungskörper $V = 3\,dm^3$ Quader $V = 8\,dm^3$
(2) Ergänzungskörper $V = 13\,dm^3$ Quader $V = 27\,dm^3$
(3) Ergänzungskörper $V = 8\,dm^3$ Quader $V = 16\,dm^3$
(4) Ergänzungskörper $V = 1\,dm^3$ Quader $V = 6\,dm^3$

Seite 185

5 Beispiele:

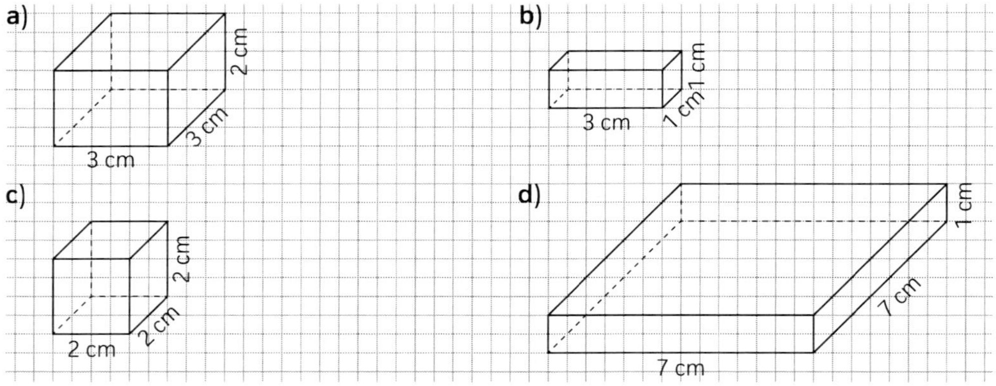

6 (1) m^3 (2) l (3) ml (4) l (5) l (6) ml bzw. l (7) l (8) l

Weiterüben

7 Man kann Volumen nur vergleichen, wenn sie mit identischen Körper gemessen werden. Würfel können unterschiedlich groß sein und haben dann auch unterschiedliches Volumen. Man kann die Messungen dann nicht vergleichen. Das gilt auch für Quader, Löffel oder Tassen.
Wenn man Volumen mit der Einheit $1\,cm^3$ misst, kann man die Messungen dann auch vergleichen.

8 In Großbritannien und den USA wird Benzin an den Tankstellen in der Einheit Gallone verkauft, die in Großbritannien und in den USA aber verschieden groß sind.
Großbritannien: 1 Gallone = 4,5 l USA: 1 Gallone = 3,75 l
Erdöl wird häufig in der Einheit Barrel angegeben: 1 Barrel = 159 l

4.11 Umrechnen von Volumeneinheiten

Seite 186
Einstieg

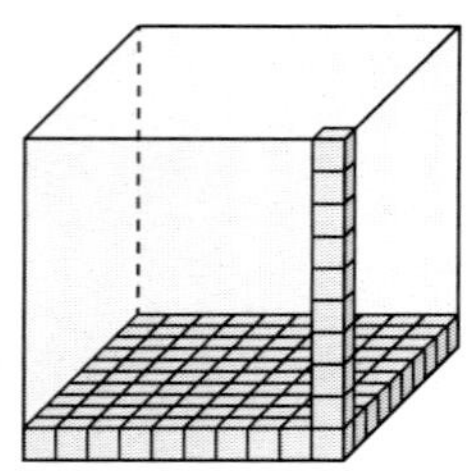

Ein Würfel mit der Kantenlänge 1 m hat ein Volumen von $1\,m^3$. Diesen Würfel kann man mit kleinen Würfeln der Kantenlänge 1 dm ausfüllen. Die kleinen Würfel haben das Volumen $1\,dm^3$.
In eine Reihe passen 10 kleine Würfel. Eine Schicht besteht aus 10 Reihen. In einer Schicht sind $10 \cdot 10 = 100$ kleine Würfel.
Übereinander passen 10 dieser Schichten. Das sind dann insgesamt $10 \cdot 100 = 1\,000$ kleine Würfel.
Daran erkennt man: $1\,m^3 = 1\,000\,dm^3$
Einen Würfel mit 1 dm Kantenlänge kann man mit 1 000 Würfeln der Kantenlänge 1 cm auslegen und erhält so die Umrechnung $1\,dm^3 = 1\,000\,cm^3$.
Einen Würfel mit 1 cm Kantenlänge kann man mit 1 000 Würfeln der Kantenlänge 1 mm auslegen und erhält so die Umrechnung $1\,cm^3 = 1\,000\,mm^3$.

Seite 187
Üben

1 **a)** (1) 1 dm^3 = 1 000 cm^3, also 1 000 Würfel der Kantenlänge 1 cm.
(2) 8 dm^3 = 8 · 1 000 cm^3 = 8 000 cm^3, also 8 000 Würfel der Kantenlänge 1 cm.
b) (1) 1 m^3 = 1 000 dm^3, also 1 000 Würfel der Kantenlänge 1 dm.
(2) 12 m^3 = 12 · 1 000 dm^3 = 12 000 dm^3, also 12 000 Würfel der Kantenlänge 1 dm.

2

a) 2000 cm^3	**b)** 5000 dm^3	**c)** 3000 mm^3	**d)** 8000 ml
e) 18000 cm^3	**f)** 413000 dm^3	**g)** 68000 mm^3	**h)** 37000 ml
i) 15000 l	**j)** 4000 l	**k)** 7 dm^3	**l)** 15 ml

3

a) 2 dm^3	**b)** 180 m^3	**c)** 200 dm^3	**d)** 4000 l
e) 40 dm^3	**f)** 250000 cm^3	**g)** 73 m^3	**h)** 37 ml
i) 7000 l	**j)** 400 hl		

4

a) 7000 cm^3	**b)** 8000 dm^3	**c)** 7000 mm^3	**d)** 9000 ml
e) 2000000 cm^3	**f)** 42000000 cm^3	**g)** 9000 cm^3	**h)** 30000 cm^3
i) 5000000 ml	**j)** 24000000 mm^3	**k)** 23000 l	**l)** 18000 cm^3

5

a) 3 m^3 742 dm^3	**b)** 48 dm^3 46 cm^3	**c)** 2 m^3 759 dm^3	**d)** 54 m^3 928 dm^3
e) 68 m^3 549 dm^3	**f)** 8 m^3 39 dm^3	**g)** 38 l 537 ml	**h)** 4 l 45 ml
i) 1 dm^3 47 cm^3	**j)** 32 dm^3 8 cm^3	**k)** 8 dm^3 249 cm^3	**l)** 62 dm^3 49 cm^3
m) 49 m^3 307 dm^3	**n)** 3 m^3 18 dm^3	**o)** 2 m^3 31 dm^3	**p)** 87 m^3 906 dm^3
q) 5 m^3 125 dm^3	**r)** 14 cm^3 109 mm^3		

6

a) 2150 dm^3	**b)** 18280 cm^3	**c)** 4014 dm^3	**d)** 41050 cm^3
e) 63002 dm^3	**f)** 4005 cm^3	**g)** 10325 dm^3	**h)** 20010 cm^3
i) 28750 mm^3	**j)** 19030 ml	**k)** 19004 mm^3	**l)** 9004 ml

Kommaschreibweise

Seite 188

7

a) 3 m^3 754 dm^3	**b)** 12 l 456 ml	**c)** 24 m^3 259 dm^3	**d)** 3 l 550 ml
e) 27 m^3 485 dm^3	**f)** 8 l 256 ml	**g)** 0 m^3 400 dm^3	**h)** 9 dm^3 240 cm^3
i) 2 m^3 550 dm^3	**j)** 18 l 400 ml	**k)** 9 dm^3 708 cm^3	**l)** 0 dm^3 703 cm^3
m) 43 m^3 700 dm^3	**n)** 9 l 200 ml	**o)** 23 m^3 11 dm^3	**p)** 4 cm^3 20 mm^3
q) 42 dm^3 43 cm^3	**r)** 0 m^3 75 dm^3	**s)** 8 l 70 ml	**t)** 5 dm^3 98 cm^3

8

a) 4,725 m^3	**b)** 3,4 dm^3	**c)** 4,05 dm^3	**d)** 14,05 cm^3
e) 10,23 cm^3	**f)** 28,063 l	**g)** 7,004 l	**h)** 0,75 l
i) 23,002 dm^3	**j)** 0,8 m^3	**k)** 0,05 dm^3	**l)** 0,006 cm^3

9

a) 2,431 m^3	**b)** 44,873 m^3	**c)** 5,732 m^3	**d)** 8,47 m^3
e) 1,245 l	**f)** 7,419 m^3	**g)** 8,24 m^3	**h)** 48,4 m^3
i) 19,4 l	**j)** 2,5 l	**k)** 7,039 m^3	**l)** 2 l
m) 0,418 l	**n)** 3,027 l	**o)** 0,702 l	**p)** 71,506 m^3
q) 0,2 l	**r)** 0,5 m^3	**s)** 0,709 m^3	**t)** 0,035 m^3

Seite 188

10 a) $8\,m^3 = 8\,000\,dm^3 = 8\,000\,000\,cm^3$
b) $700\,dm^3 = 700\,000\,cm^3$
c) $5\,ml = 5\,cm^3$
d) $2\,m^3\,3\,dm^3 = 2\,003\,dm^3$
e) $900\,ml = 0{,}9\,l$
f) $700\,m = 0{,}7\,km$
g) $6\,000\,mm^2 = 60\,cm^2$; richtig
h) $2\,km^3 = 2\,000\,000\,000\,m^3$
i) $8\,hl = 800\,l$

11 a) $8\,513\,dm^3 \approx 9\,m^3$; $12\,147\,dm^3 \approx 12\,m^3$; $7\,619\,l \approx 8\,m^3$; $12{,}456\,m^3 \approx 12\,m^3$; $54{,}98\,m^3 \approx 55\,m^3$; $46\,501\,l \approx 47\,m^3$
b) $19\,349\,ml \approx 19\,l$; $3\,604\,ml \approx 4\,l$; $24{,}491\,l \approx 24\,l$; $12{,}50\,l \approx 13\,l$; $874{,}3\,ml \approx 1\,l$; $990\,cm^3 = 0{,}99\,dm^3 \approx 1\,l$
c) (1) $3\,dm^3\,827\,cm^3$; $4{,}302\,dm^3$; $3\,l\,508\,ml$; $4\,dm^3\,1\,cm^3$
(2) $6\,cm^3\,812\,mm^3$; $6\,807\,mm^3$; $6\,cm^3\,805\,mm^3$; $6\,814\,mm^3$
(3) $7\,m^3\,349\,dm^3$; $7{,}25\,m^3$; $7\,321\,dm^3$; $7{,}267\,m^3$

Weiterüben

12 Bei 130 l pro Tag sind es etwa $4\,000\,l = 4\,m^3$ im Monat. Für diese Menge muss man 8 € Trinkwassergebühren und 14 € Abwassergebühren zahlen, insgesamt also 22 €.

13 a) $1\,m^3 = 1\,000\,000\,cm^3$; $1\,000\,000 \cdot 30\,mg = 30\,000\,000\,mg = 30\,000\,g = 30\,kg$
Man kann $1\,m^3$ Styropor tragen.
b) $1\,m^3 = 1\,000\,000\,cm^3$; $19{,}3\,g = 19\,300\,mg$;
$1\,000\,000 \cdot 19\,300\,mg = 19\,300\,000\,000\,mg = 19\,300\,000\,g = 19\,300\,kg = 19{,}3\,t$
Man kann das Gold nicht mit dem Pkw transportieren.

4.12 Volumen eines Quaders

Seite 189
Einstieg

An der 4 cm langen Kante passen 4 Würfel nebeneinander. 3 solcher Stangen mit 4 Würfeln passen hintereinander, denn die nach hinten verlaufende Kante ist 3 cm lang. Man erhält somit unten eine Platte mit $4 \cdot 3$ Würfeln.
2 solcher Platten passen übereinander, denn der Würfel ist 2 cm hoch.
Insgesamt kann man den Würfel mit $4 \cdot 3 \cdot 2$, also 24 Würfeln der Größe $1\,cm^3$ ausfüllen. Das Volumen des Quaders beträgt $24\,cm^3$.

Seite 190
Üben

1 a) $V = 7\,cm \cdot 6\,cm \cdot 2\,cm = 84\,cm^3$
b) $V = 5\,cm \cdot 5\,cm \cdot 5\,cm = 125\,cm^3$
c) $V = 3\,m \cdot 3\,m \cdot 4\,m = 36\,cm^3$
d) $V = 65\,mm \cdot 48\,mm \cdot 35\,mm = 109\,200\,mm^3 = 109{,}2\,cm^3$
e) $7\,dm \cdot 5\,dm \cdot 1\,dm = 35\,dm^3$
f) $12\,m \cdot 5\,m \cdot 11\,m = 660\,m^3$

2 a) $V = 70\,mm \cdot 35\,mm \cdot 92\,mm = 225\,400\,mm^3 = 225{,}4\,cm^3$
b) $V = 44\,mm \cdot 120\,mm \cdot 800\,mm = 4\,224\,000\,mm^3 = 4\,224\,cm^3 = 4{,}224\,dm^3$
c) $V = 4\,cm \cdot 50\,cm \cdot 85\,cm = 17\,000\,cm^3 = 17\,dm^3$
d) $V = 150\,mm \cdot 15\,mm \cdot 12\,mm = 27\,000\,mm^3 = 27\,cm^3$
e) $V = 255\,cm \cdot 75\,cm \cdot 23\,cm = 439\,875\,cm^3 = 439{,}875\,dm^3$
f) $V = 1\,220\,mm \cdot 30\,mm \cdot 5\,mm = 183\,000\,mm^3 = 183\,cm^3$

Seite 190

3 $V = 240\,cm \cdot 180\,cm \cdot 90\,cm = 3\,888\,000\,cm^3 = 3\,888\,l$; $3\,888 : 10 = 388$ R 8
In dem Behälter befinden sich fast 389 Eimer Wasser.

4 $V = 18\,m \cdot 12\,m \cdot 4\,m = 864\,m^3$; $864 \cdot 280\,€ = 241\,920\,€$
Das Haus kostet etwa 242 000 €.

5 $V = 1\,km \cdot 2\,m \cdot 4\,m = 1\,000\,m \cdot 2\,m \cdot 4\,m = 8\,000\,m^3$
Es müssen $8\,000\,m^3$ Erde bewegt werden.

6 Keine Lösungen

7 **a)** (1) Eine Kantenlänge wird mit dem Faktor 2 multipliziert, dann wird das Volumen auch mit dem Faktor 2 multipliziert. Es verdoppelt sich.
(2) Eine Kantenlänge wird mit dem Faktor 3 multipliziert, dann wird das Volumen auch mit dem Faktor 3 multipliziert. Es verdreifacht sich.
b) (1) Zwei Kantenlängen werden mit dem Faktor 2 multipliziert, dann wird das Volumen mit dem Faktor $2 \cdot 2 = 4$ multipliziert. Es vervierfacht sich.
(2) Zwei Kantenlängen werden mit dem Faktor 3 multipliziert, dann wird das Volumen mit dem Faktor $3 \cdot 3 = 9$ multipliziert. Es verneunfacht sich.
c) (1) Drei Kantenlängen werden mit dem Faktor 2 multipliziert, dann wird das Volumen mit dem Faktor $2 \cdot 2 \cdot 2 = 8$ multipliziert. Es verachtfacht sich.
(2) Drei Kantenlängen werden mit dem Faktor 3 multipliziert, dann wird das Volumen mit dem Faktor $3 \cdot 3 \cdot 3 = 27$ multipliziert. Es versiebenundzwanzigfacht sich.

Berechnen von Seitenlänge und Flächeninhalt aus dem Volumen

Seite 191

8 **a)** Das Volumen ist das Produkt aus den drei Kantenlängen des Quaders. Man muss hier also umgekehrt das Volumen durch die beiden gegebenen Kantenlängen dividieren.
$b = 48\,cm^3 : 6\,cm : 2\,cm = 8\,cm^2 : 2\,cm = 4\,cm$ Der Quader ist 4 cm breit.
b) Flächeninhalt der Grundfläche: $A = 48\,cm^3 : 3\,cm = 12\,cm^2$

9 $b = 96\,m^3 : 6\,m : 8\,m = 16\,m^2 : 8\,m = 2\,m$

10 Flächeninhalt der Grundfläche: $A = 768\,cm^3 : 8\,cm = 96\,cm^2$
Beispiele für mögliche Maße der Grundfläche:
12 cm lang und 8 cm breit; 16 cm lang und 6 cm breit; 32 cm lang und 3 cm breit

Weiterüben

11 **a)** $V = 30\,cm \cdot 68\,cm \cdot 34\,cm = 69\,360\,cm^3 = 69{,}36\,dm^3 = 69{,}36\,l$
b) $V = 240\,cm \cdot 8\,m \cdot 3\,m = 240\,cm \cdot 800\,cm \cdot 300\,cm = 57\,600\,000\,cm^3 = 57{,}6\,m^3$
$830 \cdot 69\,360\,cm^3 = 57\,568\,800\,cm^3$
Vom Volumen her passen die Kartons in den Lkw, aber die Kartons können von den Maßen her nicht alle so genau nebeneinander und übereinander gestapelt werden, sodass weniger Kartons auf den Lkw passen.

Seite 191

12 **a)** $V = 4\,cm \cdot 2\,cm \cdot 7\,cm = 56\,cm^3 = 56\,ml$
Die Verpackung ist 8-mal so groß wie der Inhalt.
b) $V = 5\,cm \cdot 5\,cm \cdot 15\,cm = 375\,cm^3 = 375\,ml$
Die Verpackung ist 5-mal so groß wie der Inhalt.
c) $V = 7\,cm \cdot 4\,cm \cdot 11\,cm = 308\,cm^3 = 308\,ml$
Die Verpackung ist 8-mal so groß wie der Inhalt.

4.13 Oberflächeninhalt eines Quaders

Seite 193
Üben

1 **a)** $O = 2 \cdot 5\,cm \cdot 4\,cm + 2 \cdot 5\,cm \cdot 2\,cm + 2 \cdot 4\,cm \cdot 2\,cm = 76\,cm^2$
b) $O = 2 \cdot 5\,cm \cdot 5\,cm + 2 \cdot 5\,cm \cdot 5\,cm + 2 \cdot 5\,cm \cdot 5\,cm = 150\,cm^2$
c) $O = 2 \cdot 3\,m \cdot 2\,m + 2 \cdot 3\,m \cdot 1\,m + 2 \cdot 2\,m \cdot 1\,m = 22\,m^2$
d) $O = 2 \cdot 55\,mm \cdot 32\,mm + 2 \cdot 55\,mm \cdot 24\,mm + 2 \cdot 32\,mm \cdot 24\,mm = 7\,696\,mm^2$

2 Quader links:
$O = 2 \cdot 2\,cm \cdot 4\,cm + 2 \cdot 2\,cm \cdot 3\,cm + 2 \cdot 4\,cm \cdot 3\,cm = 16\,cm^2 + 12\,cm^2 + 24\,cm^2 = 52\,cm^2$
Felix hat im ersten Produkt den Faktor 2 vergessen.
Quader rechts:
$O = 2 \cdot 10\,cm \cdot 6\,cm + 2 \cdot 10\,cm \cdot 2\,cm + 2 \cdot 6\,cm \cdot 2\,cm$
$= 120\,cm^2 + 40\,cm^2 + 24\,cm^2 = 184\,cm^2$
Felix hat hier ganz falsch gerechnet.

3 **a)** $O = 2 \cdot 10\,cm \cdot 6\,cm + 2 \cdot 10\,cm \cdot 5\,cm + 2 \cdot 6\,cm \cdot 5\,cm = 280\,cm^2$
b) $O = 2 \cdot 8\,cm \cdot 4\,cm + 2 \cdot 8\,cm \cdot 3\,cm + 2 \cdot 4\,cm \cdot 3\,cm = 136\,cm^2$
c) $O = 2 \cdot 5\,cm \cdot 10\,cm + 2 \cdot 5\,cm \cdot 5\,cm + 2 \cdot 10\,cm \cdot 5\,cm = 250\,cm^2$
d) $O = 2 \cdot 6\,cm \cdot 6\,cm + 2 \cdot 6\,cm \cdot 6\,cm + 2 \cdot 6\,cm \cdot 6\,cm = 216\,cm^2$

4 **a)** $V = 24\,cm \cdot 12\,cm \cdot 1\,200\,cm = 345\,600\,cm^3$
$345\,600 \cdot 700\,mg = 241\,920\,000\,mg = 241\,920\,g = 241{,}92\,kg$
b) $O = 2 \cdot 24\,cm \cdot 12\,cm + 2 \cdot 24\,cm \cdot 1\,200\,cm + 2 \cdot 12\,cm \cdot 1\,200\,cm = 86\,976\,cm^2 \approx 8{,}7\,m^2$

5 **a)** $O = 2 \cdot 7\,m \cdot 7\,m + 2 \cdot 7\,m \cdot 7\,m + 2 \cdot 7\,m \cdot 7\,m = 6 \cdot 49\,m^2 = 294\,m^2$
$V = 7\,m \cdot 7\,m \cdot 7\,m = (7\,m)^3 = 343\,m^3$
b) Die Oberfläche eines Würfels mit der Kantenlänge a besteht aus 6 Quadraten mit dem Flächeninhalt $A = a^2$. Für den Oberflächeninhalt des Würfels gilt also: $O = 6 \cdot a^2$
Der Würfel ist ein Quader, bei dem alle Kantenlängen gleich lang sind.
Für das Volumen gilt: $V = a \cdot a \cdot a = a^3$

6 **a)** $V = (2\,cm)^3 = 8\,cm^3$ $\quad O = 6 \cdot (2\,cm)^2 = 6 \cdot 4\,cm^2 = 24\,cm^2$
b) $V = (3\,cm)^3 = 27\,cm^3$ $\quad O = 6 \cdot (3\,cm)^2 = 6 \cdot 9\,cm^2 = 54\,cm^2$
c) $V = (4\,mm)^3 = 64\,cm^3$ $\quad O = 6 \cdot (4\,mm)^2 = 6 \cdot 16\,mm^2 = 96\,mm^2$
d) $V = (5\,mm)^3 = 125\,mm^3$ $\quad O = 6 \cdot (5\,mm)^2 = 6 \cdot 25\,mm^2 = 150\,mm^2$

Seite 193

7 **a)** (1) Quader A: $V = 3\,cm \cdot 4\,cm \cdot 2\,cm = 24\,cm^3$
$O = 2 \cdot 3\,cm \cdot 4\,cm + 2 \cdot 3\,cm \cdot 2\,cm + 2 \cdot 4\,cm \cdot 2\,cm = 52\,cm^2$
Quader B: $V = 2\,cm \cdot 6\,cm \cdot 2\,cm = 24\,cm^3$
$O = 2 \cdot 2\,cm \cdot 6\,cm + 2 \cdot 2\,cm \cdot 2\,cm + 2 \cdot 6\,cm \cdot 2\,cm = 56\,cm^2$
Beide Quader haben gleiches Volumen, aber unterschiedliche Oberflächeninhalte.
(2) Quader A: $V = 1\,m \cdot 3\,m \cdot 3\,m = 9\,m^3$
$O = 2 \cdot 1\,m \cdot 3\,m + 2 \cdot 1\,m \cdot 3\,m + 2 \cdot 3\,m \cdot 3\,m = 30\,m^2$
Quader B: $V = 7\,m \cdot 1\,m \cdot 1\,m = 7\,m^3$
$O = 2 \cdot 7\,m \cdot 1\,m + 2 \cdot 7\,m \cdot 1\,m + 2 \cdot 1\,m \cdot 1\,m = 30\,m^2$
Beide Quader haben gleichen Oberflächeninhalt, aber unterschiedliche Volumen.
b) Beispiel für gleiches Volumen und verschiedene Oberflächeninhalte:

Quader A: 5 cm, 4 cm, 3 cm	$V = 60\,cm^3$	$O = 94\,cm^2$
Quader B: 6 cm, 5 cm, 2 cm	$V = 60\,cm^3$	$O = 104\,cm^2$

Beispiel für gleichen Oberflächeninhalt und verschiedenes Volumen:

Quader A: 15 cm, 5 cm, 15 cm	$V = 1\,125\,cm^3$	$O = 750\,cm^2$
Quader B: 5 cm, 35 cm, 5 cm	$V = 875\,cm^3$	$O = 750\,cm^2$

Seite 194

8 **a)**

Kantenlängen 64 m, 1 m, 1 m	$O = 258\,m^2$
Kantenlängen 32 m, 2 m, 1 m	$O = 196\,m^2$
Kantenlängen 16 m, 2 m, 2 m	$O = 136\,m^2$
Kantenlängen 8 m, 4 m, 2 m	$O = 112\,m^2$

b) Der Würfel mit der Kantenlänge 4 cm hat das Volumen $V = 64\,m^3$ und den Oberflächeninhalt $O = 96\,m^2$. Das ist der kleinstmögliche Oberflächeninhalt für einen Quader mit dem Volumen $64\,m^3$.

9 **a)** Fehlende Kantenlänge: $120\,cm^3 : 5\,cm : 6\,cm = 4\,cm$
Oberflächeninhalt: $O = 148\,cm^2$
b) Fehlende Kantenlänge: $24\,m^3 : 3\,m : 2\,m = 4\,m$
Oberflächeninhalt: $O = 52\,cm^2$
c) Fehlende Kantenlänge: $84\,cm^3 : 14\,cm : 3\,cm = 2\,cm$
Oberflächeninhalt: $O = 152\,cm^2$
d) Fehlende Kantenlänge: $729\,dm^3 : 9\,dm : 9\,dm = 9\,dm$
Oberflächeninhalt: $O = 486\,cm^2$
e) Fehlende Kantenlänge: $135\,m^3 : 3\,m : 15\,m = 3\,m = 30\,dm$
Oberflächeninhalt: $O = 198\,m^2 = 19\,800\,dm^2$

Seite 194

10 Die Verpackung im Bild wurde aufgeschnitten. Es gibt 3 verschiedene Möglichkeiten, die Packungen so zusammenzustellen, dass beide Packungen zusammen wieder einen Quader ergeben.

1. Möglichkeit

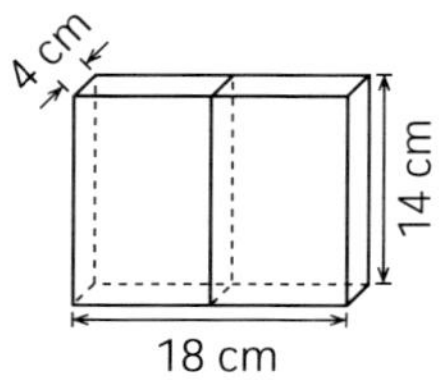

$O = 760\,cm^2$

2. Möglichkeit

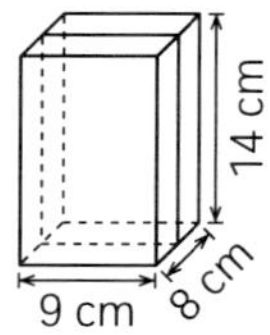

$O = 620\,cm^2$

3. Möglichkeit

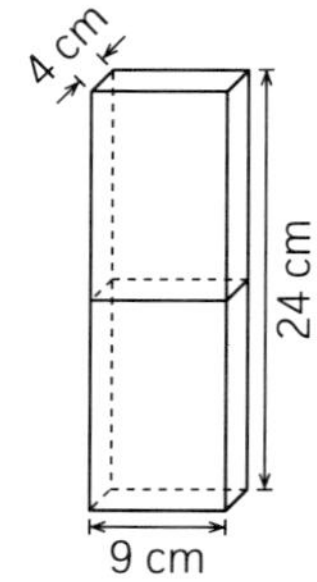

$O = 800\,cm^2$

Bei der Auswahl der Verpackungen sind natürlich auch noch andere Dinge von Bedeutung.

Weiterüben

11 Man erkennt sofort, dass es nicht sinnvoll ist, die Pakete alle in einer Schicht anzuordnen, da dann die Oberfläche sicher größer ist. Es verbleiben also nur die folgenden Anordnungen, die sinnvoll sein könnten.

1. Anordnung $2 \times 3 \times 5$: $O = 1\,300\,cm^2$

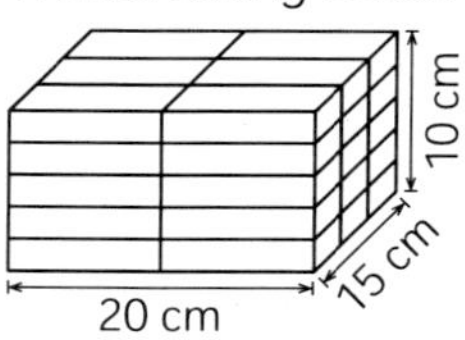

2. Anordnung $2 \times 5 \times 3$: $O = 1\,540\,cm^2$

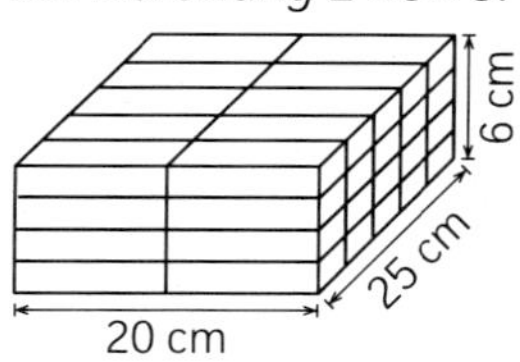

3. Anordnung $3 \times 2 \times 5$: $O = 1\,400\,cm^2$

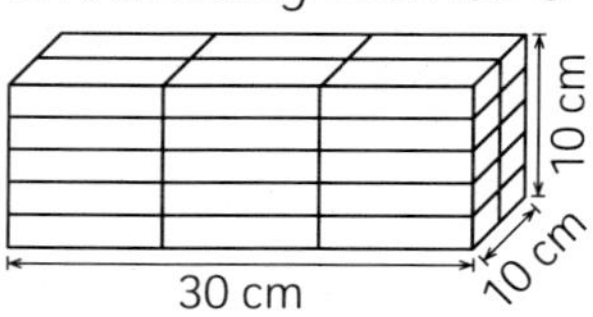

4. Anordnung $3 \times 5 \times 2$: $O = 1\,940\,cm^2$

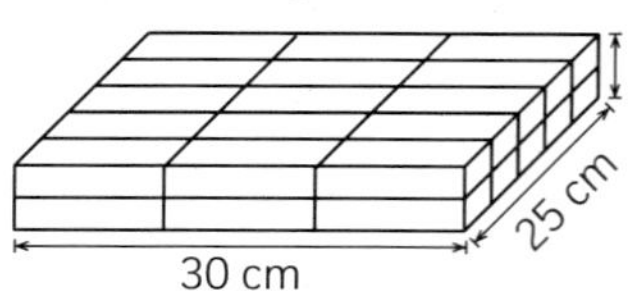

5. Anordnung $5 \times 2 \times 3$: $O = 1\,720\,cm^2$

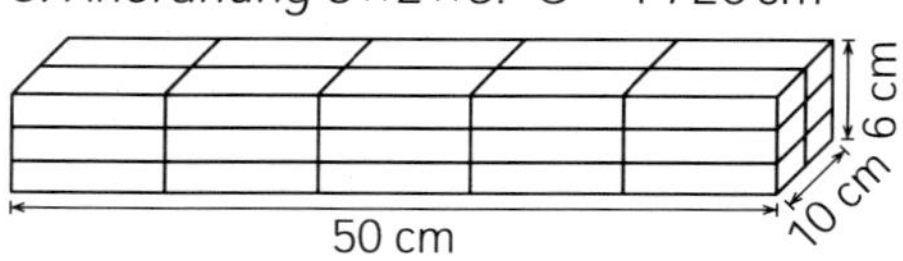

6. Anordnung $5 \times 3 \times 2$: $O = 2\,020\,cm^2$

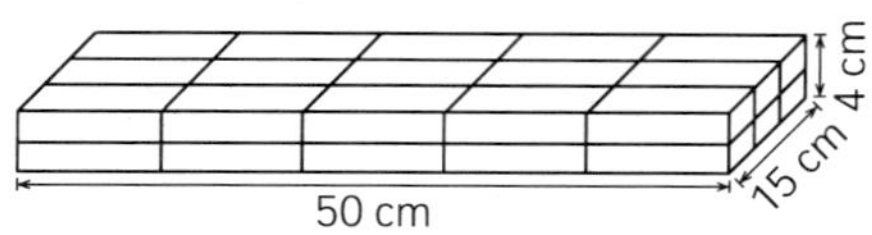

Die dritte Anordnung ist am günstigsten. Bei der Auswahl der Verpackungen sind natürlich auch noch andere Dinge von Bedeutung.

Seite 194

12 Alle Seitenflächen des Quaders werden viermal so groß. Der Oberflächeninhalt ist die Summe der Flächeninhalte der Seitenflächen und wird daher auch viermal so groß.

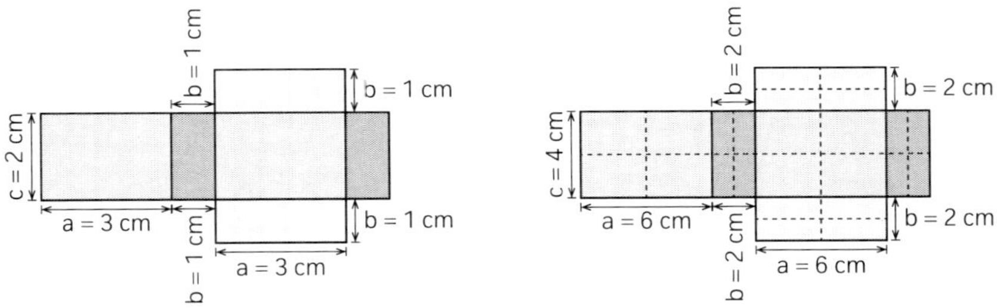

Das kann ich noch!

A 34 mm = 3,4 cm

B 16 mm = 1,6 cm

C 20 mm = 2 cm

4.14 Rechnen mit Oberfläche und Volumen

Seite 195 Einstieg

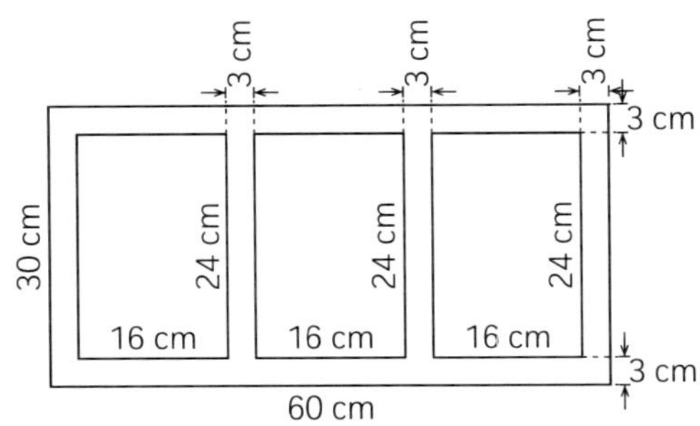

Am Grundriss des Steins rechts erkennt man z. B. zwei Möglichkeiten zur Berechnung des Volumens:

(1) Zerlegen in Quader

Man kann den Stein in Quader zerlegen und dann deren Volumen addieren.

Zwei Quader an den längeren Seiten mit den Maßen 60 cm, 3 cm und 20 cm

Zwei Quader an den kürzeren Seiten und zwei Quader in der Mitte, alle vier mit den Maßen 24 cm, 3 cm und 20 cm.

Volumen der ersten beiden Quader: $V_1 = 2 \cdot 60\,cm \cdot 3\,cm \cdot 20\,cm = 7\,200\,cm^3$

Volumen der vier anderen Quader: $V_2 = 4 \cdot 24\,cm \cdot 3\,cm \cdot 20\,cm = 5\,760\,cm^3$

Volumen des Steines: $V = V_1 + V_2 = 7\,200\,cm^3 + 5\,760\,cm^3 = 12\,960\,cm^3$

(2) Ergänzen zu einem Quader

Man kann zunächst auch den großen Quader mit den Maßen 60 cm, 30 cm, 20 cm (Außenmaße des Steins) berechnen und davon das Volumen der drei inneren Löcher mit den Maßen 16 cm, 24 cm und 20 cm subtrahieren.

Volumen des großen Quaders: $V_g = 60\,cm \cdot 30\,cm \cdot 20\,cm = 36\,000\,cm^3$

Volumen der drei kleinen Quader: $V_k = 3 \cdot 16\,cm \cdot 24\,cm \cdot 20\,cm = 23\,040\,cm^3$

Volumen des Steines: $V = V_g - V_k = 36\,000\,cm^3 - 23\,040\,cm^3 = 12\,960\,cm^3$

Der Stein hat ein Volumen von $12\,960\,cm^3$. Jeweils $1\,cm^3$ wiegt 1,5 g.

Gewicht eines Mauersteins: $12\,960 \cdot 1{,}5\,g = 19\,440\,g = 19{,}44\,kg$

Seite 196
Üben

1 Man kann den Körper in Quader zerlegen und deren Volumen addieren oder den Körper durch Quader zu einem großen Quader ergänzen und von dessen Volumen die Volumen der ergänzten Quader subtrahieren. Hierzu ist jeweils ein Beispiel angegeben.

a) $V = 64\,cm \cdot 42\,cm \cdot 21\,cm + 28\,cm \cdot 42\,cm \cdot 26\,cm = 87\,024\,cm^3$

$V = 64\,cm \cdot 42\,cm \cdot 47\,cm - 36\,cm \cdot 42\,cm \cdot 26\,cm = 87\,024\,cm^3$

b) $V = 34\,cm \cdot 42\,cm \cdot 10\,cm + 2 \cdot 11\,cm \cdot 42\,cm \cdot 7\,cm = 20\,748\,cm^3$

$V = 34\,cm \cdot 42\,cm \cdot 17\,cm - 12\,cm \cdot 42\,cm \cdot 7\,cm = 20\,748\,cm^3$

c) $V = 175\,cm \cdot 340\,cm \cdot 80\,cm + 45\,cm \cdot 340\,cm \cdot 45\,cm = 5\,448\,500\,cm^3$

$V = 175\,cm \cdot 340\,cm \cdot 125\,cm - 2 \cdot 65\,cm \cdot 340\,cm \cdot 45\,cm = 5\,448\,500\,cm^3$

d) $V = 1\,cm \cdot 4\,cm \cdot 5\,cm + 3 \cdot 1\,cm \cdot 4\,cm \cdot 1\,cm = 20\,cm^3 + 3 \cdot 4\,cm^3 = 32\,cm^3$

$V = 2\,cm \cdot 4\,cm \cdot 5\,cm - 2 \cdot 1\,cm \cdot 4\,cm \cdot 1\,cm = 40\,cm^3 - 8\,cm^3 = 32\,cm^3$

2 Der Mann ist etwa 1,75 m bis 1.80 m groß. Man erhält damit ungefähr die nebenstehenden Maße.

$V = 250\,cm \cdot 25\,cm \cdot 400\,cm - 150\,cm \cdot 25\,cm \cdot 300\,cm$

$= 1\,375\,000\,cm^3 = 1\,375\,dm^3 = 1{,}375\,m^3$

$1\,375\,000 \cdot 2{,}4\,g = 3\,300\,000\,g = 3\,300\,kg = 3{,}3\,t$

Als Schätzwert für das Gewicht erhält man 3,3,t.

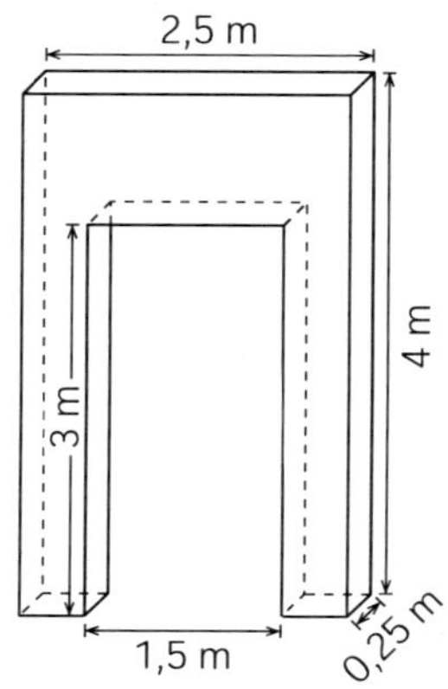

3 **a)** Umbauter Raum:

$V = 16\,m \cdot 9\,m \cdot 3\,m + 14\,m \cdot 11\,m \cdot 3\,m - 3\,m \cdot 3\,m \cdot 3\,m$

$= 867\,m^3$

Kosten für das Haus: $867 \cdot 290\,€ = 251\,430\,€ = 250\,000\,€$

b) Umbauter Raum:

$V = 20\,m \cdot 13\,m \cdot 2\,m + 18\,m \cdot 15\,m \cdot 2\,m - 7\,m \cdot 7\,m \cdot 2\,m = 1\,443\,m^3$

$1\,443\,m^3 : 4\,m^3 = 360$ R3

Es sind 361 Fahrten erforderlich.

Vervielfachen und Dividieren bei Volumina

Seite 197

4 **a)** $2\,700\,m^3 : 6 = 450\,m^3$ Der umbaute Raum eines Reihenhauses ist $450\,m^3$ groß.

b) $4\,400\,m^3 : 550\,m^3 = 8$ Es können 8 Reihenhäuser gebaut werden.

5 **a)** $315 \cdot 80\,l = 25\,200\,l = 25\,200\,dm^3 = 25{,}2\,m^3$ Es fallen $25{,}2\,m^3$ Müll an.

b) $16\,m^3 : 80\,l = 16\,000\,l : 80\,l = 200$ Es können 200 Mülltonnen entleert werden.

c) $45 \cdot 4\,400\,l = 198\,000\,l = 198\,m^3$; $198\,m^3 : 22\,m^3 = 9$ Es sind 9 Fahrten des Müllwagens erforderlich.

d) $483\,m^3 : 23\,m^3 = 21$ Es sind 21 Fahrten erforderlich.

e) $504\,m^3 : 24 = 21\,m^3$ Ein Wagen muss $21\,m^3$ Müll aufnehmen.

d) Keine Lösungen

6 **a)** $V = 24\,m \cdot 8\,m \cdot 4\,m = 768\,m^3$; $768\,m^3 : 40\,m^3 = 19$ R 8

In dem Stall dürfen 19 Pferde aufgenommen werden.

b) $V = 35\,m \cdot 9\,m \cdot 3\,m = 945\,m^3$; $20 \cdot 40\,m^3 = 800\,m^3$

Die 20 Pferde dürfen in dem Stall untergebracht werden.

Seite 197

7 **a)** Das Volumen eines Wasserbeckens beträgt $48\,m^3$, das Volumen eines anderen Wasserbeckens $53\,m^3$. Wie groß ist das Volumen der beiden Wasserbecken zusammen?
Rechnung: $48\,m^3 + 53\,m^3 = 101\,m^3$
Antwort: In die beiden Becken passen $101\,m^3$ Wasser.
b) In einer großen Tonne sind 2 170 l Wasser. Es werden 827 l Wasser abgefüllt. Wie viel Liter Wasser sind noch in der Tonne?
Rechnung: $2170\,l - 827\,l = 1343\,l$
Antwort: In der Tonne sind noch 1 343 l Wasser.
c) Für ein Pferd sind $40\,m^3$ Luftraum vorgeschrieben. Im Stall sind 3 Pferde? Wie viel Luftraum wird mindestens benötigt?
Rechnung: $3 \cdot 40\,m^3 = 120\,m^3$
Antwort: Für die 3 Pferde wird mindestens $120\,m^3$ Luftraum benötigt.
d) Der umbaute Raum eines Bürogebäudes beträgt $4800\,m^3$. Das Gebäude wird in 12 gleich große Büros unterteilt. Wie groß ist der umbaute Raum für jedes Büro?
Rechnung: $4800\,m^3 : 12 = 400\,m^3$
Antwort: Der umbaute Raum für ein Büro beträgt $400\,m^3$.
e) $120\,m^3$ Sand wird mit einem Wagen abtransportiert. Der Wagen fasst $4\,m^3$. Wie viele Fahrten sind nötig?
Rechnung: $120\,m^3 : 4\,m^3 = 30$
Antwort: Der Wagen muss 30-mal fahren.
f) 225 l Öl wird in 25-l-Behälter abgefüllt. Wie viele Behälter werden voll?
Rechnung: $225\,l : 25\,l = 9$
Antwort: Es werden 9 Behälter gefüllt.

8 Frage: Wie viel m^3 Sand ist in der Grube?
Rechnung: $V = 8\,m \cdot 3\,m \cdot 0{,}5\,m = 80\,dm \cdot 30\,dm \cdot 5\,dm = 12000\,dm^3 = 12\,m^3$
Antwort: Die Sandgrube enthält $12\,m^3$ Sand.
Frage: Welches Volumen hat der Balken?
Rechnung: $V = 34\,cm \cdot 1\,m \cdot 2\,cm = 34\,cm \cdot 100\,cm \cdot 2\,cm = 6800\,cm^3 = 6{,}8\,dm^3$
Antwort: Der Balken hat ein Volumen von $6{,}8\,dm^3$.

Seite 198
Weiterüben

9 $V = 9{,}20\,m \cdot 2{,}10\,m \cdot 5\,cm + 1{,}50\,m \cdot 3{,}20\,m \cdot 5\,cm$
$= 920\,cm \cdot 210\,cm \cdot 5\,cm + 150\,cm \cdot 320\,cm \cdot 5\,cm$
$= 966000\,cm^3 + 240000\,cm^3$
$= 1206000\,cm^3 = 1206\,dm^3 = 1206\,l$
$1206\,l : 120\,l = 10$ R 6
Um das Beet vollständig mit einer 5 cm hohen Schicht zu bedecken benötigt man 11 Säcke. Man kommt aber mit 10 Säcken auch fast aus.
$11 \cdot 2{,}49\,€ = 27{,}39\,€$ oder $10 \cdot 2{,}49\,€ = 24{,}90\,€$
Man muss für Rindenhumus mit Kosten von 27,39 € rechnen, ggf. auch nur mit 24,90 €.

10 $A = 15\,m \cdot 10\,m + 6\,m \cdot 4\,m = 174\,m^2$: $\quad 174 \cdot 3\,l = 522\,l$
An dem Tag hätte Familie Griep 522 l Wasser gewinnen können.

Seite 198

11 Am Netz rechts (Maße in cm) erkennt man, dass die Oberfläche aus einem Rechteck mit den Seitenlängen 100 cm und 40 cm sowie aus den beiden L-förmigen Flächen besteht.

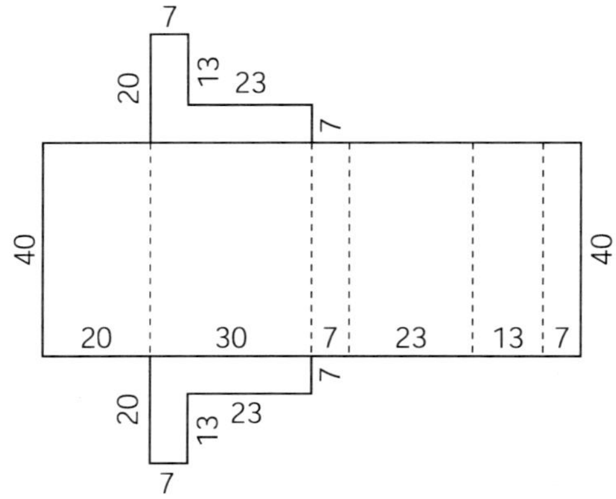

$O = 100\,cm \cdot 40\,cm$
$\quad + 2 \cdot (30\,cm \cdot 7\,cm + 7\,cm \cdot 13\,cm)$
$\quad = 4\,000\,cm^2 + 602\,cm^2 = 4\,602\,cm^2$

Oberflächeninhalt von 20 Steinen:
$O_{gesamt} = 20 \cdot 4602\,m^3 = 92\,040\,cm^2$
$5\,m^2 = 50\,000\,cm^2$, also benötigt man 2 Dosen Farbe. Sie reichen für $100\,000\,cm^2$.

12 **a)** Untere Bodenfläche: $A_1 = 60\,cm \cdot 19\,cm = 1\,140\,cm^2$
Äußere Randflächen: $A_2 = 2 \cdot 60\,cm \cdot 21\,cm + 2 \cdot 19\,cm \cdot 21\,cm = 3\,318\,cm^2$
Obere Randfläche: $A_3 = 2 \cdot 60\,cm \cdot 3\,cm + 2 \cdot 13\,cm \cdot 3\,cm = 438\,cm^2$
Innere Bodenfläche: $A_4 = 54\,cm \cdot 13\,cm = 702\,cm^2$
Innere Randflächen: $A_5 = 2 \cdot 54\,cm \cdot 18\,cm + 2 \cdot 13\,cm \cdot 18\,cm = 2\,412\,cm^2$
Betonfläche insgesamt: $O = A_1 + A_2 + A_3 + A_4 + A_5 = 8\,010\,cm^2$
Herr Meier muss $8\,010\,cm^2$, also etwa $80\,dm^2 = 0{,}8\,m^2$ Betonfläche streichen.
b) $V = 60\,cm \cdot 19\,cm \cdot 21\,cm - 54\,cm \cdot 13\,cm \cdot 18\,cm = 11\,304\,cm^3$
Gewicht des Blumenkübels: $11\,304 \cdot 2\,g = 22\,608\,g$
Der Kübel wiegt ungefähr 22,6 kg.

13 $V = 2 \cdot 38\,cm \cdot 12\,cm \cdot 250\,cm + 51\,cm \cdot 8\,cm \cdot 250\,cm = 330\,000\,cm^3 = 330\,dm^3$
Gewicht des Trägers: $330\,000 \cdot 8\,g = 2\,640\,000\,g = 2\,640\,kg = 2{,}64\,t$

Seite 199

14 **a)** Vorder- und Rückseite:
$A_1 = 2 \cdot (20\,cm \cdot 5\,cm + 3\,cm \cdot 4\,cm + 3\,cm \cdot 2\,cm) = 236\,cm^2$
Die restlichen Flächen sind alle 4 cm breit:
$A_2 = (20\,cm + 7\,cm + 3\,cm + 2\,cm + 14\,cm + 4\,cm + 3\,cm + 9\,cm) \cdot 4\,cm = 248\,cm^2$
Oberflächeninhalt des Holzbausteins: $O = A_1 + A_2 = 484\,cm^2$
b) $V = 20\,cm \cdot 5\,cm \cdot 4\,cm + 3\,cm \cdot 4\,cm \cdot 4\,cm + 3\,cm \cdot 2\,cm \cdot 4\,cm = 472\,cm^3$

Seite 199

15 **a)** Schrägbild rechts verkleinert.

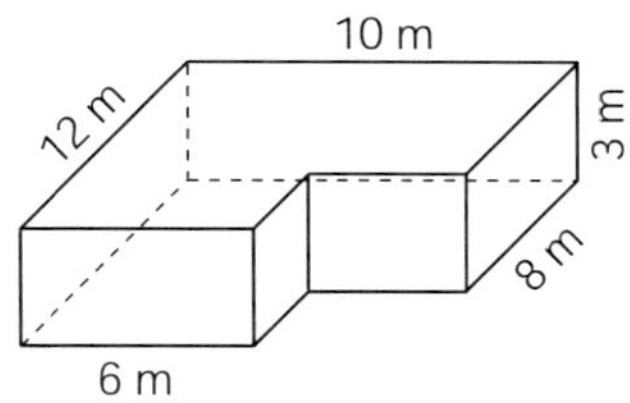

b) Netz rechts verkleinert; Maße in m.

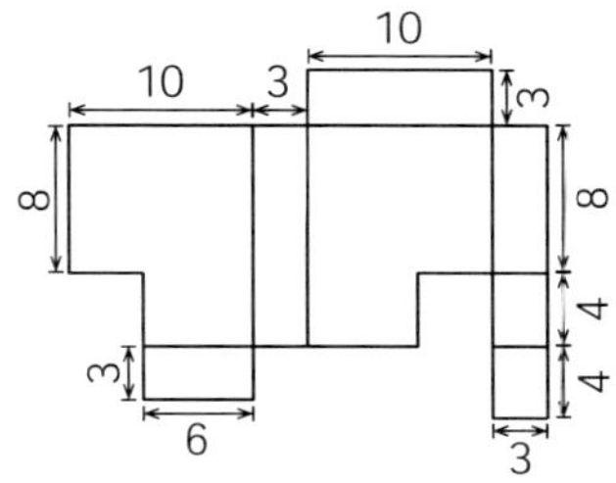

c) (1) $A = 12\,m \cdot 10\,m - 4\,m \cdot 4\,m = 104\,m^2$

(2) $V = 104\,m^2 \cdot 3\,m = 312\,m^3$

(3) $O = 2 \cdot A + (2 \cdot 10\,m + 2 \cdot 12\,m) \cdot 3\,m = 340\,m^2$

16 **a)** $V = (124\,cm \cdot 48\,cm + 78\,cm \cdot 47\,cm + 35\,cm \cdot 25\,cm) \cdot 800\,cm$
$= 8\,394\,400\,cm^3 = 8394{,}4\,dm^3 \approx 8\,340\,dm^3$

Für $10\,dm^3$ benötigt man 4 Steine. Man benötigt also für das Fundament $840 \cdot 4 = 3\,360$ Steine. Wenn jeder 50. Stein beschädigt ist, muss man noch 68 Steine zusätzlich bestellen, also insgesamt etwa 3 430 Steine.

b) Die Deckfläche besteht aus den grauen Streifen. Zu streichende Fläche:

$O = 2 \cdot (124\,cm \cdot 48\,cm + 78\,cm \cdot 47\,cm + 35\,cm \cdot 25\,cm)$
$+ 2 \cdot (48\,cm + 47\,cm + 25\,cm) \cdot 800\,cm$
$= 212\,986\,cm^2 \approx 2\,130\,dm^2 = 21{,}3\,m^2$

17 Beispiele:

(1): $225\,m^3 : 25\,m^3 = 9$

$96\,cm^3 : 12\,mm^3 = 96\,000\,mm^3 : 12\,mm^3 = 8\,000$

(2): $180\,cm^3 : 9\,cm = 20\,cm^2$

$350\,m^3 : 700\,dm = 350\,000\,dm^3 : 700\,dm = 500\,dm^2 = 0{,}5\,m^2$

(3): $150\,dm^3 : 25\,dm^2 = 6\,dm$

$24\,cm^3 : 8\,mm^2 = 24\,000\,mm^3 : 8\,mm^2 = 3\,000\,mm = 300\,cm = 3\,m$

(4): $72\,m^3 : 8 = 9\,m^3$

$144\,dm^3 : 25 = 144\,000\,dm^3 : 25 = 5\,760\,dm^3$

5. Mathematik im Alltag

Seite 203
Einstiegsseite

Die abgebildeten Personen können als Bezugsgröße dienen.
Brückenlänge: Ein Geländer-Segment ist ca. 1,5 m lang und es sind ca. 50 Segmente zu sehen. Dadurch ergibt sich eine Länge von $1{,}5\,m \times 50 = 75\,m$. (Die genaue Länge beträgt 76 m.)
Höhe der Felsen: Die Höhe des mittigen Felsens über der Brücke beträgt ca. 18 Brückensegmente. Dadurch ergibt sich eine Höhe von $1{,}5\,m \times 18 = 27\,m$.

5.1 Lösen von Sachaufgaben – Modellieren

Seite 204
Einstieg

Mögliche Überlegungen und Annahmen:
(1) Zur angegebenen Größe eines Verkaufsstandes müssen noch weitere Flächen betrachtet werden: Platz für mindestens einen Transporter, Platz zum Entladen und Platz für weitere Ware, ausreichend Bewegungsfreiheit am Stand, Hauptzufahrtswege. Somit ist pro Stellplatz mindestens der Platz für ein durchschnittliches Klassenzimmer von ca. $50\,m^2$ einzuplanen. Geht man von $5\,000\,m^2$ aus, würde dies theoretisch Platz für 100 Stände ergeben. Diese Anzahl hängt jedoch auch von der konkreten Anordnung ab.
(2) Durch die abgebildeten Bäume und mögliche andere Gestaltungselemente wie Fußwege, Sitzgelegenheiten und Pflanzungen schränken die Größe der Stellfläche ein. Nimmt man an, dass an drei Seiten ein ca. 10 m breiter Streifen nicht als Verkaufsfläche nutzbar ist, reduziert sich die Größe der Fläche dadurch um $1\,800\,m^2$ auf $3\,200\,m^2$. Es verbleibt unter dieser Annahme Platz für 64 Stellplätze.
(3) Die Erreichbarkeit von Wasser- und Stromanschlüssen könnte die Lage einiger Stellplätze und damit die Gesamtanzahl zusätzlich einschränken. Somit könnte man unter diesen Annahmen von einer maximalen Anzahl von 50 Stellplätzen ausgehen.
(4) Für einen Wochenmarkt in einer Kleinstadt ist zu vermuten, dass 10 bis 20 Verkaufsstände realistisch sind. Der Platz ist somit mehr als ausreichend.

Seite 206
Üben

1 **a)** Es fehlen 29 €. Bei 4 Monaten beträgt die Sparrate 7,25 €.
b) 0,35 €. (In Auflage A[1] befindet sich hier im Schulbuch ein Fehler.)
c) Die Aussage stimmt.
d) Preis für gebrauchte Inline-Skates (mit je 4 Rollen): 20 € + 12 € + 12 € = 44 €;
Differenz zu neuen Inline-Skates: 79 € – 44 € = 35 €
Gründe für gebrauchte Inline-Skates:
(1) Gebrauchte Inline-Skates sind um 35 € billiger.
(2) Da die 50 € für den Kauf gebrauchter Inline-Skates ausreichen, kann Max sofort kaufen und muss nicht warten.
(3) Er hätte sogar 5 € übrig und könnte sein Taschengeld für andere Dinge sparen.

Seite 206

2 **a)** Die Standfläche auf dem Schrank ist 90 cmm × 55 cm groß. Deshalb muss die Entscheidung für Aquarium 2 mit der Grundfläche 80 cm × 35 cm fallen.

b) $80\,cm \times 35 \times 35\,xm = 98\,000\,cm^3 = 98\,l$

c)

Packungsinhalt	Einzelpreis	Anzahl Packungen pro Monat	Gesamtpreis
1 000 ml	12,96 €	1	12,96 €
500 ml	6,29 €	2	12,58 €
250 ml	3,99 €	4	15,96 €

Bei Packungen zu je 500 ml ergibt sich der günstigste Preis mit 12,58 €.

Seite 207

3 **a)** Keine Lösung

b) $A = 2 \cdot 8\,m \cdot 1{,}5\,m + 2 \cdot 5\,m \cdot 1{,}5\,m + 5 \cdot 8\,m = 24\,m^2 + 15\,m^2 + 40\,m^2 = 79\,m^2$

c) Firma Kleb und Spachtel: $79 \cdot 9{,}00\,€ + 79 \cdot 21{,}50\,€ = 711\,€ + 1\,698{,}50\,€ = 2\,409{,}50\,€$

Firma Fliesenprofi:

$79 \cdot 7{,}50\,€ + 79 \cdot 21{,}00\,€ + 100{,}00\,€ = 592{,}50\,€ + 1\,659\,€ + 100\,€ = 2\,351{,}50\,€$

Die Firma Fliesenprofi ist preiswerter. Es ergibt sich eine Ersparnis von 58,00 €.

d) 10 cm unter dem Beckenrand: $1{,}50\,m - 10\,cm = 150\,cm - 10\,cm = 140\,cm = 1{,}4\,m$

$5\,m \cdot 8\,m \cdot 1{,}4\,m = 56\,m^3$

4 **a)** 6,50 €

b) Nein. 2 Erwachsene und 2 Kinder zahlen für 2 h zusammen nur 25 €.

c) Keine Lösungen

5 Es gibt diverse Möglichkeiten.

Das kann ich noch!

A

1) 72 cm ≈ 7 dm	2) 1 678 g ≈ 2 kg	3) 12 dm ≈ 1 m	4) 430 s ≈ 7 min
5) 5 555 kg ≈ 6 t	6) 1 499 m ≈ 1 km	7) 28 mm ≈ 3 cm	8) 445 mg ≈ 0 kg
9) 77 cm ≈ 8 dm	10) 105 min ≈ 2 h	11) 7 849 g ≈ 8 kg	12) 99 dm ≈ 10 m

Seite 208

6 **a)** (1) 420 kg Kraftfutter

(2) $100\,\frac{kg}{Tag}$; für 6 Tage reichen 2 Ballen Stroh.

(3) 420 kg Kraftfutter; 100,80 €
700 kg Heu; 56,00 €
700 kg Stroh; 63,00 €
Gesamt: 219,80 €

(4) 15 Pferde für 7 Tage: 525 kg
5 Pferde für 5 Tage: 125 kg

2 Ballen Heu (600 kg) reichen also nicht aus.

Eine Runde ist ca. 230 m lang (Bestimmung z. B. mithilfe eines Fadens oder mit Steckzirkel etc.) Sarahs Pferd legt also eine Strecke von $4 \cdot 230\,m = 920\,m$ zurück.

b) Nein; $300\,\frac{m}{min} = 5\,\frac{m}{s}$

Sarah; $\frac{400\,m}{78\,s} = 5{,}13\,\frac{m}{s}$

Seite 208

7 Notwendig sind nur die Angaben zur geplanten Abfahrtszeit, zur Verspätung zu Beginn und am Ende und zur geplanten Ankunftszeit.
Damit ergibt sich als Lösung der Aufgabe eine Fahrzeit von 31 Minuten.

8 Z. B. Wie viel Gewicht pro Meter muss der Gigaliner befördern? Wie viel mal mehr Gewicht kann ein Gigaliner gegenüber einem gewöhnlichen LKW transportieren? Um wie viel m ist ein Gigaliner länger als ein gewöhnlicher LKW?

9 $V = 11\,\text{m} \cdot 13\,\text{m} \cdot 3\,\text{m} = 429\,\text{m}^3$ Kosten: $231{,}66\,€ \approx 230\,€$

Seite 209

10 **a)** Wir berechnen für die erste Meldung, wie viel Liter pro m^2 gefallen ist.
$1\,\text{m}^2 \cdot 4\,\text{mm} = 1\,000\,000\,\text{mm}^2 \cdot 4\,\text{mm} = 4\,000\,000\,\text{mm}^3 = 4\,\text{dm}^3 = 4\,l$
Die beiden Angaben stimmen also überein.
b) Grundfläche des Hauses: $A = 9\,\text{m} \cdot 11\,\text{m} = 99\,\text{m}^2$
Bei $4\,l$ Regen pro m^2 wären es dann $99 \cdot 4\,l = 396\,l$ Regenwasser.
Dabei ist es egal, ob der Regen senkrecht oder schräg nach unten fällt.
Wenn der Regen schräg fällt, wird der Regen durch die Tannen abgefangen und das Dach bekommt entsprechend weniger Regen ab.

11 (1) 89 Tage
(2) $\approx 220\,\text{km}$
(3) $\approx 24{,}7\,\frac{\text{km}}{\text{Tag}}$

Seite 210

12 **a)** Bisherige Einnahmen: $12\,000 \cdot 6\,€ + 500 \cdot 12\,€ = 78\,000\,€$
Einnahmen nach dem Umbau: $10\,800 \cdot 8\,€ + 2\,250 \cdot 17\,€ + 12 \cdot 32\,€ = 125\,034\,€$
Mehreinnahmen: $125\,034\,€ - 78\,000\,€ = 47\,034\,€$
b) $1\,200\,000\,€ : 47\,034\,€ \approx 25{,}5$
Die Kosten sind nach 26 Heimspielen wieder eingespielt.

Weiterüben

13 **a)** Ja, weil der Wert des Volumens mehr als neun Mal so groß ist wie die Eigenmasse.
b) Es kann sich um einen Messfehler bei einer oder mehreren Größen handeln. Schon wenn man 0,5 mm je Größe zu wenig messen würde, würden die korrekten Werte bereits ein Volumen von über $1\,l$ ergeben.
Möglicherweise handelt es sich auch um (zulässige) Schwankungen bei der Herstellung.

14 Man kann die Länge a der Schachtel etwa am Geodreieck ablesen $a \approx 10\,\text{cm}$.
Die Breite b und die Höhe c der Schachtel kann man schätzen, $b \approx 5\,\text{cm}$, $c \approx 3\,\text{cm}$.
Fassungsvermögen der Schachtel: $V \approx 10\,\text{cm} \cdot 5\,\text{cm} \cdot 3\,\text{cm} = 150\,\text{cm}^3$

15 Keine Lösungen

5.2 Schätzen und Überschlagen – Fermi-Aufgaben

Seite 211
Einstieg

Nimmt man an, dass der Mensch vor dem Nussknacker 1,80 m groß ist, wäre der Nussknacker etwa 4,5 m hoch.

Seite 212
Üben

1 (1) Die Person vor dem Turm ist etwa 1,75 m groß. Der Turm ist etwa 13-mal so hoch.
$13 \cdot 175\,\text{cm} = 2\,275\,\text{cm} = 22{,}75\,\text{m}$.
Der Turm ist etwa 23 m hoch.
(2) Es sind 11 Reihen Autos zu sehen. In einer Reihe sind 22 bis 24 Autos:
$11 \cdot 22 = 242$ und $11 \cdot 24 = 264$ Autos
Es sind geschätzt ungefähr 250 Autos auf dem Foto.
(3) Unter den vier Apfelsinen, die man oben sehen kann, liegen im Eimer wohl noch zwei Schichten. Da die vier Apfelsinen oben über den Rand des Eimers herausragen, sind in jeder Schicht wohl nur 3 Apfelsinen. Insgesamt sind es dann $3 + 3 + 4 = 10$ Apfelsinen.
(4) In einer Reihe sind 18 Container. Es sind 9 Reihen zu sehen.
In einer Schicht sind also $9 \cdot 18 = 162$ Container.
Es gibt 6 Schichten, das sind dann $6 \cdot 162 = 972$ Container.
Da die oberen Schichten nicht alle ganz voll sind, sind es etwa 900 Container.

2 **a)** Annahme 1: Der Abstand der zur Fahrbahn senkrechten Träger beträgt ca. 10 m.
Annahme 2: Wegen der Symmetrie ergeben sich ca.
$4 \cdot 7 + 4$ (Brückenmitte) $= 32$ Einteilungen zu je 10 m.
Für die Brücke ergibt sich unter diesen Annahmen eine Gesamtlänge von ca. 320 m.
(Die genaue Länge beträgt 260 m.)
b) Etwa 16 Reihen zu je 12 Pflanzen ergeben insgesamt 192 Blumenpflanzen.

Seite 213

3 **a)** Annahme: In einem Quadrat stehen 6 Personen.
Die Anzahl der Quadrate ergibt sich aus:
$2 \cdot 2 + 2 \cdot 15 + 2 \cdot 15 + 3 \cdot 6 + 2 \cdot 15 + 2 \cdot 15 + 3 \cdot 4 + 2 \cdot 15$
$= 10 \cdot 15 + 3 \cdot 6 + 3 \cdot 4 + 2 \cdot 2 = 184$ Quadrate
Bei Annahme von 6 Personen pro Quadrat ergeben sich $6 \times 184 = 1\,104$ Personen als Gesamtanzahl.
b) Keine Lösungen

4 Das Schiff ist etwa 20 m lang. Da der Eisblock auf dem Foto weiter weg ist, erscheint er dort kleiner. Er wird etwa die Maße 300 m, 100 m, 50 m haben.
Volumen des Eisberges über Wasser: $V \approx 300\,\text{m} \cdot 100\,\text{m} \cdot 50\,\text{m} = 1\,500\,000\,\text{m}^3$
Volumen des Eisberges unter Wasser: $9 \cdot 1\,500\,000\,\text{m}^3 = 13\,500\,000\,\text{m}^3$

Seite 213

5 **a)** (1) $2 \cdot 1{,}00\,€ + 1{,}50\,€ + 3 \cdot 1{,}70\,€ + 2 \cdot 0{,}70\,€$
$= 2{,}00\,€ + 1{,}50\,€ + 5{,}10\,€ + 1{,}40\,€ = 10{,}00\,€$
Das Geld reicht aus, da man immer aufgerundet hat.
Genauer Preis 9,89 €.
b) In 6 Stunden fährt man 780 km. Man benötigt also länger und sollte etwa siebeneinhalb Stunden einrechnen. Wenn man genau rechnet, sind es 6 Stunden und 15 Minuten.
c) Ein Jahr mit 365 Tagen hat $365 \cdot 24 = 8\,760$ Stunden, also etwa 9 000 Stunden.
1 Millionen Stunden sind also über 100 Jahre.

6 Eine Zeile hat ungefähr 80 Buchstaben. Bei 40 Zeilen pro Seite sind das 3 200 Buchstaben pro Seite, bei 250 Seiten dann 800 000 Buchstaben. Wenn man Bilder, Absätze usw. berücksichtigt, sind es eher noch weniger, zumindest keine Millionen.

Seite 214

7 **a)** Siehe Beispiele in Aufgabe 5.
b) Gründe für nicht regelkonformes Runden:
Um das Ergebnis nicht mehrfach in die gleiche Richtung zu verfälschen, könnte es bei Addition und Multiplikation u. U. hilfreich sein, gegensinnig zu runden.
(Bsp.: $5{,}675 \cdot 0{,}298 \approx 5 \cdot 0{,}5$)
Bei Subtraktion und Division verhält es sich gerade entgegengesetzt:
Hier kann es sinnvoll sein, gleichsinnig zu runden.
Beispiel: $360 : 150 = 2{,}4$

		Abweichung		Abweichung
gegensinniges Runden:	$400 : 100 = 4$	1,6	$300 : 200 = 1{,}5$	0,9
gleichsinniges Runden:	$400 : 200 = 2$	0,4	$300 : 100 = 3$	0,6

Fermi-Aufgaben

8 Für eine artgerechte Haltung benötigt man pro Meerschweinchen eine Fläche mit einer Größe von mindestens $0{,}5\,m^2$. Die Einstreu sollte jede Woche gewechselt werden. Für die Größe des Kinderzimmers wird $15\,m^2$ angenommen.

Höhe der Einstreu im Käfig mit $0{,}5\,m^2$	Verbrauch in einem Jahr	Höhe im Kinderzimmer
5 cm	$52 \cdot 0{,}5\,m^2 \cdot 0{,}05\,m = 1{,}30\,m^3$	$\frac{1{,}3\,m^3}{15\,m^2} \approx 0{,}09\,m$
6 cm	$52 \cdot 0{,}5\,m^2 \cdot 0{,}06\,m = 1{,}56\,m^3$	$\frac{1{,}56\,m^3}{15\,m^2} \approx 0{,}10\,m$
7 cm	$52 \cdot 0{,}5\,m^2 \cdot 0{,}07\,m = 1{,}82\,m^3$	$\frac{1{,}82\,m^3}{15\,m^2} \approx 0{,}12\,m$

Seite 215

9 **a)** Z. B.: Wie hoch ist die Buche? Wie viele Äste bzw. Zweige hat die Buche? Wie viele Blätter sind an einem Zweig?
b) Z. B.: Wie lang/breit/hoch ist das Klassenzimmer? Welchen Radius hat ein 1-Cent-Stück? Wie dick ist es?
c) Z. B.: Wie viele Lampen gibt es pro Zimmer/Wohnung/Haus? Wie viele Haushalte gibt es in Deutschland? Wie hoch ist der prozentuale Anteil an Energiesparlampen?
d) Z. B.: Wie oft kommt das „e“ durchschnittlich vor? Wie dick ist eine Seite?

Seite 215

10 Keine Lösungen

11 Linkes Bild: Anzahl der Chips in der Schale.
Man kann die Chips in der oberen Schicht der vorderen Hälfte der Schale zählen. Es sind etwa 30 Chips. Die obere Schicht der ganzen Schale enthält also etwa 60 Chips. Die Menge wird etwa 15-mal in die Schale passen. Dann sind es ungefähr 900 Chips in der Schale.
Rechtes Bild: Anzahl der Buchstaben auf einer Doppelseite.
Auf einer Seite sind etwa 35 bis 40 Zeilen und in jeder Zeile etwa 50 Buchstaben.
Auf einer Doppelseite sind also ungefähr $2 \cdot 35 \cdot 50 = 3500$ Buchstaben bis $2 \cdot 40 \cdot 50 = 4000$ Buchstaben.
Das hängt natürlich vom Format und von der Schriftgröße der Buchstaben ab. So hat das Mathematikbuch ein größeres Format als das im Foto abgebildete Buch.

Weiterüben

12 Keine Lösungen

13 **a)** (1) $4000 + 74000 = 78000$; $5000 + 75000 = 80000$; $4637 + 74589 = 79226$
(2) $22000 - 5000 = 17000$; $21000 - 6000 = 15000$; $21345 - 5978 = 15367$
(3) $400 \cdot 300 = 120000$; $500 \cdot 400 = 200000$; $453 \cdot 337 = 152661$
(4) $8400 : 70 = 120$; $8000 : 80 = 100$; $8395 : 73 = 115$
b) (1) zu kleiner Wert:
zu (1) Beide Summanden abrunden;
zu (2) Den Minuenden abrunden und den Subtrahenden aufrunden;
zu (3) Beide Faktoren abrunden;
zu (4) Den Dividenden abrunden und den Divisor aufrunden.
(2) zu großer Wert:
zu (1) Beide Summanden aufrunden;
zu (2) Den Minuenden aufrunden und den Subtrahenden abrunden;
zu (3) Beide Faktoren abrunden aufrunden;
zu (4) Den Dividenden aufrunden und den Divisor abrunden.

14 **a)** Es gibt Hauptverkehrszeiten (Arbeitsbeginn, Arbeitsende, Schulbeginn, Schulende, Einkaufszeiten, ...) und weniger befahrene Zeiten.
b) (1) $6 \cdot 193 = 1150 \approx 1200$ (2) $3 \cdot 336 = 1008 \approx 1000$
(3) $4 \cdot 281 = 1124 \approx 1100$ (4) $2 \cdot 147 = 294 \approx 300$
c) Da man über die Morgenstunden, den Vormittag und über die Nachtstunden keine Aussage hat, ist eine Aussage sehr unsicher. Man könnte z. B. mit $500 \cdot 24$, also mit 12000 Autos rechnen (siehe auch Teilaufgabe b).
d) Die Aussage könnte richtig sein, ist aber nicht sinnvoll, da die Autos nicht 24 Stunden lang genau gezählt wurden. Man kann also nur einen Schätzwert angeben.

5.3 Planung von Projekten

Seite 216
Einstieg

Es sind insgesamt 6 Personen zu verköstigen. Folgende Lebensmittel könnten exemplarisch eingekauft werden:

Kategorie	Lebensmittel	Einzelpreis in €	Anzahl	Gesamtpreis in €
Getränke	Sechserpack Mineralwasser	3,69	1	3,69
	Orangensaft & Apfelsaft	0,99	2 Flaschen	1,98
	Bio-Limonade	0,79	6 Flaschen	4,74
Salzgebäck	Chips	1,50	2 Packungen	3,00
	Cracker	0,99	1 Packung	0,99
Abendessen	Zutaten Kartoffelsalat			7,00
	Packung Wiener Würstchen	3,60	2	7,20
	Gemüse (Paprika, Tomaten, Radieschen)			6,00

Bei dieser Beispielrechnung müssten 34,60 Euro entrichtet werden.
Es sind also ca. 35 € bis 40 € einzuplanen.

Seite 217
Üben

1 **a)** Herkömmliche Verpackungen bestehen oft aus zwei Komponenten, dem Packmittel und dem Packhilfsmittel. Als Packmittel wird das Behältnis bezeichnet, in dem die Ware transportiert wird (Blechdose, Plastikschachtel, Pappkarton, Glasflasche, ...). Das Packmittel ermöglicht einen sicheren Transport (Polstermaterialien, Schaumstoff, Styropor, Luftkissenfolie, Klebeband, ...). Aber auch Klebeband, Etiketten, Labels, ... gehören dazu.
Alternative Verpackungsmaterialien: Biokunststoff oder Bioplastik, Papier, Pflanzenfasern, ...
Sogenannte „Unverpackt-Stationen" ermöglichen die Selbstabfüllung von Lebensmitteln wie Müsli, Getreide, Nudeln. Wurst und Käse können zum Teil in mitgebrachte Behälter verpackt werden. Für Brot und Brötchen kann man Beutel mitbringen.

b) Keine Lösungen

c) Keine Lösungen

Seite 217

2 Welche Schritte sind bei der Renovierung der Reihe nach auszuführen?
Z. B.: Ein Zeitplan sollte erstellt werden; Welche Materialien werden benötigt?
Welche Personen helfen mit und übernehmen welche Aufgaben?
Welche Kosten entstehen bei der Planung und Durchführung des Projekts?

	Wohnzimmer	Schlafzimmer
Böden	Flächeninhalt ca. 55 m^2 Kosten Belag ca. 657,25 €	Flächeninhalt ca. 32 m^2 Kosten Belag ca. 382,40 €
	Kosten für den Belag ca. 1039,65 €	
Wände	Flächeninhalt ca. 71 m^2 Anzahl Tapetenrollen 14	Flächeninhalt ca. 57 m^2 Anzahl Tapetenrollen 11
	Kosten für die Tapete 424,75 € Kosten für den Kleber 47,40 € Wenn man davon ausgeht, dass 10 l Farbe für ca. 60 m^2 Fläche reichen, dann ergibt sich folgende Kostenaufstellung: Kosten für die grüne Farbe (ein Eimer) 29,95 € Kosten für die weiße Farbe (zwei Eimer) 93,98 €	

Die Gesamtkosten für die Renovierung betragen bei diesen Annahmen 1 635,73 €. Sowohl beim Fußbodenbelag als auch bei den Tapeten müssten Verschnitte berücksichtigt werden. Man wird mit Kosten zwischen 1 700 € und 1 800 € rechnen müssen.

3 Keine Lösungen

Seite 218

4 **a)** 5,9 km + 11,9 km = 17,8 km = 18 km
b) Ungefähr 6 Stunden
c) Insgesamt dauert die Wanderung etwa $7\frac{3}{4}$ Stunden. Sie müssen spätestens um 9:15 Uhr aufbrechen.

5 **a)** Oma: $5 \cdot 1\,€ = 5\,€$ Vater: $5 \cdot 2{,}50\,€ = 12{,}50\,€$
insgesamt: $5\,€ + 12{,}50\,€ = 17{,}50\,€$
b) Firma: $5 \cdot 3{,}50\,€ = 17{,}50\,€$ insgesamt: $17{,}50\,€ + 17{,}50\,€ = 35\,€$
c) Keine Lösungen
d) Keine Lösungen

Seite 219
Weiterüben

6 Keine Lösungen